港則法の解説

海上保安庁　監修

海　文　堂

推 薦 の 言 葉

海陸の交通の接点である港においては，狭あいな海域に多数の船舶がひんぱんに出入するため，船舶の衝突，乗揚げ等の事故発生のひん度が高く，ことに原油等の危険物が大量に荷役・運搬されている港にあっては，いったん事故が発生した場合，大惨事につながる可能性も強いといえます。

港則法は，こうした港内における船舶交通の安全及び整とんを図るため，昭和23年に，「開港港則」にかわる港内交通法規として制定されました。

本法は，港内における航法，水路の保全，工事・作業等について規制するとともに，とくに船舶交通のふくそうする港については，特定港に指定して港長を置き，船舶の入出港状況のは握，停泊場所の指定，危険物荷役の規制等を行っています。

御承知のように，港内における船舶交通の安全は，関係者全員がこうした交通法規を誠実に遵守することによってはじめて確保されるものであって，当庁においても，海上保安官による指導，講習会の開催等あらゆる手段により，その周知及び励行に努力してきたところであります。

昨今は，港内における船舶交通のふくそう化及び危険物荷役量の増大の傾向が著しく，このため，本法の精神及び内容について，一層深い理解がなされることの必要性が痛感されておりました。

このようなときに，本法について明確かつ詳細に解説した本書が世に出されることは，まことに有意義なことであると考えます。

本書が，一人でも多くの海事関係者の方々に広く読まれ，港内における船舶交通の安全の確保に貢献することを心から願って，これを広く関係方面に推薦する次第であります。

昭和56年11月

海上保安庁長官　　妹 尾 弘 人

はしがき

港則法は，港内における船舶交通の安全及び港内の整とんを図ることを目的とした法律で昭和23年に制定された。

この法律は，わが国の重要な法律の一であるが専門的な分野にわたる事項も多く，また政省令・告示までを含めると膨大なものとなり，かねてから法令全体についての体系的かつ総合的なしかも正確で詳しい解説書の出版が望まれていたところである。本書はこれらの要望に応えるべく執筆されたものであり，既に刊行されている「海上衝突予防法の解説」及び「海上交通安全法の解説」と姉妹編をなすものである。

海上交通の安全の確保という目標は，関係者のすべてが，交通ルールを理解し，遵守することによりはじめて達成できるものである。本書によって，一人でも多くの関係者が，港則法の精神と内容を理解され，海難の防止に協力されることを切に希望するものである。

最後に，本書の監修および執筆に当られた加藤書久，稗田茂麿，桑原薫，本保芳明，合崎功，酒井康雄，道明昇，池田敏郎，上岡宜隆，小森田重寿，森重俊也の諸氏の御労苦に敬意を表するとともに，本書の出版を企画され，ともすれば遅れがちな当研究会の執筆作業に対し，絶えず暖かい激励を送っていただいた海文堂出版株式会社に対し，深い感謝の意を表する次第である。

昭和56年11月

海上交通法令研究会

目　次

Ⅰ　総　論

Ⅱ 各 論

凡　　例

- 法…………港則法
- 令…………港則法施行令
- 規則………港則法施行規則

Ⅰ　総　　論

1　港則法制定の経緯

港則法は，「開港港則」（明治31年７月勅令第139号）に代わるものとして，昭和23年７月15日法律第174号として制定された。

開港港則は，「外国通商ヲ許シタル諸港」について，港と港の区域とを指定し，入出港の届出，停泊場所の指定，移動の命令，危険物積載船舶に対する港長の指揮等港則法と同様の規定のほか，伝染病予防のための衛生官吏の臨検，港務局による係船浮標の設置とその使用料の支払義務等についても定めていた。

第２次世界大戦が終了し，昭和21年に新憲法が制定されたが，同法の制定によってもその制定以前に施行された法令は，その内容が新憲法に反しない限り，引き続き効力を有することとなった（憲法第98条）。その際の法形式は，新憲法下においてその内容を所管事項とする法形式によることになるが，勅令たる「開港港則」は公権力を背景として人の自由を制約し，又は義務を課し，あるいはその違反について加罰するという，法律をもってのみ規定できる事項を内容とした命令であるので，新憲法下では法律の形式をとるべきこととなる。

そのような趣旨を明らかにするため，新憲法施行前の昭和22年４月18日「日本国憲法施行の際現に効力を有する命令の規定の効力等に関する法律」（法律第72号）が制定され，新憲法施行の際，現に効力を有する命令の規定で法律をもって規定すべき事項を定めているものは，昭和22年12月31日まで，法律と同一の効力を有するものとされた。

昭和22年12月29日法律第244号で前記法律第72号の一部が改正され，昭和23年５月２日までに必要な改廃の措置をとることを条件として開港港則は国会の議決により法律に改められたものとされた。さらに，昭和23年５月31日法律第

44号で，前記法律第72号の一部が改正され，必要な改廃の措置をとるべき期限が同年7月15日まで延期され，かつ，同日までに法律として制定され，又は廃止されない限り同年7月16日以後その効力を失うことが明示された。

港則法案は，同年の第2回国会に政府案として提出され，7月1日に成立し，港則法附則により施行期日は公布の日から60日を超えない期間内において政令で定めることとし，7月15日に公布，同日港則法の施行期日を定める政令（昭和23年政令第163号）も公布して，開港港則が効力を失う7月16日から施行することとなった。

この間の昭和23年5月1日海上保安庁が創設され，港長業務は同庁が施行するところとなった。

港則法施行規則も，前身である開港港則施行規則の改正として検討され，同年10月9日運輸省令第29号として公布されたが，その適用は港則法施行の日（7月16日）からとなっている。

2 港則法の沿革

2－1 開港港則以前

江戸時代における我が国海運は寛永12年に500石積以上の船舶の建造が禁じられ，また，寛永13年の鎖国令により邦船の海外渡航が禁止されたため，比較的小型の船舶による国内輸送が発達し，特に江戸幕府の設置により中央集権制が確立され，江戸が一大消費地となり，江戸を中心とした消費物資の流通が主な海上輸送であった。

江戸時代末期の開国により外国貿易が始まるとともに海運がいっそう盛んとなり，明治3年1月太政官布告により「商船規則」が制定され，入港届，荷役時の運上所免許等の港内取締りのための規制が明文化され，明治6年1月太政官布告による「港内取締規則」，明治7年11月前規則に代わるものとして，同じく「国内廻漕規則」を経て，明治8年11月「西洋形日本船各開港場出入規則」が太政官布告で制定された。

また，主要港においても，「横浜入港内国船の碇泊規則」（明治５年11月）「函館支庁函館港内国船碇泊取締規則」（明治14年１月）「札幌県小樽港碇泊船取締規則」（明治16年４月）等が定められていた。

2－２ 開港港則

日清戦争後から明治30年代にかけて大型外航船が英国から輸入され，また，国内でも大型船が建造され，欧米諸国への遠洋航路が開設されるに及んで，外航海運は飛躍的な発展をみることとなり，我が国各港への船舶の入出港が増加し，このため，開港における交通規制等を図る必要が生じ，明治31年７月７日勅令第139号により開港港則が制定された。

開港港則は24条から成り，その概要は次のとおりである。

○開港及びその区域　（第１条）（制定当初）
横浜，神戸，新潟，夷港，大阪，長崎，函館（７港）
○入港届及び国旗・信号符字の掲揚　（第２条）
○他船・陸上との交通制限　（第３条）
○停泊場所の指定　（第４条）
○港長旗及び港長の臨船検査　（第５条）
○航路内投錨の禁止及び帆船の縮帆等　（第６条）
○夜間の船燈掲示　（第７条）
○暴風雨時等の予備錨及び機関の準備　（第８条）
○爆発物等積載船舶に対する港長の指揮，Ｂ旗の掲揚，荷役場所の制限等　（第９条）
○修繕船等の停泊場所指定　（第10条）
○火災時の信号及び銃砲等の使用制限　（第11条）
○指定伝染病予防のための臨検，黄旗の掲示，上陸制限等　（第12条）
○塵芥等の海中投棄禁止，脱落防止措置及び除去　（第13条）
○出港届　（第14条）
○航路障害物の除去命令　（第15条）
○係船浮標の設置及びその使用料の徴収　（第16条）

○燈船等への係留禁止及び修繕費用の支弁 (第17条)
○罰則 (第18条)
○船長の罰金等支払義務 (第19条)
○罰金等未払船の出港差止め (第20条)
○港長，船長及び港の定義 (第21条)
○軍艦の停泊場所確保 (第22条)
○軍艦に対する適用除外 (第23条)
○施行期日等の告示及び実施細則への委任 (第24条)

開港港則では，第24条で，本則施行の時期及び場所は逓信大臣が告示し，実施細則は逓信大臣が発布することとされていた。

2－3　港則法制定以後

港則法制定以後において，港の追加，他法令の引用部分の改正等を除き，実質的かつ主要な改正は次のとおりである。

なお，港則法制定当時の適用港は418港であり，特定港は次の56港で当時の開港と一致していた。

稚内，留萌，根室，釧路，小樽，室蘭，函館，青森，八戸，船川，釜石，酒田，塩釜，新潟，夷，京浜，横須賀，清水，伏木東岩瀬，七尾，名古屋，武豊，敦賀，四日市，宮津，舞鶴，和歌山下津，田辺，大阪，神戸，小松島，坂出，高知，新居浜，今治，境，宇野，浜田，尾道糸崎，呉，広島，岩国，徳山下松，宇部，萩，関門，博多，三池，唐津，住ノ江，佐世保，長崎，口之津，厳原，三角，鹿児島

イ．昭和24年５月24日法律第98号による港則法の一部改正

(イ) 係留施設管理者と港長との事務，権限範囲の明確化

係船浮標，さん橋，岸壁等の係留施設に係留する船舶についても，港長が係留施設の管理者の意見を徴してびょう地を指定できることとなっていたが，係留施設管理者と当該係留施設に係留する船舶との関係は一定の契約に基づいたものであり，使用料の支払いにより成り立っているものであ

るから，危険物積載船舶等の一部を除いて，係留する場合は当該施設の管理者に任せることとし，港長はびょう泊する場合のみ場所を指定することとなった。

このため，係留施設の使用届を港長に対し提出するよう当該管理者に義務付けるとともに，船舶交通の安全上必要があると認めるときは，港長が係留施設の使用を制限し，又は禁止することができることとし，また，港長と係留施設の管理者との間の信号等に関する便宜供与の規定を追加した。

(ロ) 廃物投棄の禁止等

当初，「港内その他日本国の水域における水質の汚濁防止については，別に法律でこれを定める。」こととしていたが，水質の汚濁防止については，防止の目的に応じてそれぞれの法律で定めることとなり，港内の船舶交通の安全と港内の整とんを図るため必要な廃物投棄の禁止等の規定を設けた。なお，本改正案と同趣旨の規定が開港港則第13条及び同則施行規則第36条に置かれていた。

(ハ) 準用規定の追加

新たに特定港以外の港における準用規定を設けて，特定港において規制している事項のうち所要の一部については，他の港においても準用させることとし，その場合は，当該港の所在地を管轄する海上保安本部長がその事務を行うこととした。

このほか，特定港のみにあった海難発生時の通報義務を特定港以外の港にも適用することとし，通報先として海上保安本部，海上保安部署の長又は港長とした。また，停泊の制限（第11条），航法の特例（第19条），漁ろうの制限（第35条）について，適用が特定港に限っていたものを，広くすべての港とした。

ロ．昭和25年5月23日法律第198号海上保安庁法の一部改正による改正

本庁の部制，地方の管区制の採用等の大規模な機構改革が行われ，昭和23年運輸省告示第209号により設置していた港長事務所が廃止となり，港長事務は，当該港に置かれている海上保安部署で行うこととなった。

これに伴い，海難発生時の通報先，特定港以外の港における準用規定の事務を行う者としての海上保安本部の長は削除した。

ハ．昭和26年4月2日法律第123号港則法の一部改正

(イ)　特定港内において船舶に火災が発生したときに行うべき火災警報の規定を新たに設けた。

(ロ)　特定港以外の港に対する準用規定により，港長の職権を行う者を海上保安監部の長その他管区海上保安本部の事務所の長とした。

ニ．昭和38年7月12日法律第141号港則法の一部改正

昭和37年11月18日京浜港京浜運河内で発生した第1宗像丸とT・ブロビク号との衝突炎上事故等を契機とした改正である。当時臨海工業地帯の造成が急激に発展し，船舶は大型化，高速化の傾向にあったが，特に，エネルギー転換による石油類の需要増加及び原油輸入の自由化による油タンカーの大型化等により，港内交通がふくそう化し，また，油流失による火災の危険も増大しつつある情勢に対処して，港則法の規制を次のとおり強化した。

(イ)　避航すべき船舶範囲の拡大

雑種船は，港内では「汽船及び帆船」の進路を避けることとしていたものを「雑種船以外の船舶」の進路を避けることとし，また，船舶交通が著しく混雑する特定港内では，「小型船」は「小型船及び雑種船以外の船舶」の進路を避けることとし，これらに伴い，小型船及び雑種船以外の船舶が掲示すべき標識を定めた。

(ロ)　航法に関する特例

航法の特例としては，航路の航法の他は法律に明定してある航法規定に関してのみ例外規定の設定を定めることができることとされていたが（法第19条），港内における地形等の自然的条件により特に必要があるときは，港則法で定める航法以外についても当該港における例外的な航法を定めることができるよう拡大した。

(ハ)　喫煙の制限等

港内にある油送船の付近の水域における火気取扱いを新たに制限し，ま

た，火災発生のおそれがある場合において火気の取扱いを制限し，又は禁止することができることとした。

(ニ) 航行管制の強化，明確化

航法上の特別の定め（第19条）に基づき，施行規則各則において，一部の特定港では別表に定める信号に従うよう定められていたが，航行管制の規定を新たに設け，特定港内の一定の水路を航行する船舶は，港長が行う交通整理信号に従うこと及び水路航行予定時刻を通報することを義務付けた。

(ホ) 交通整理のための制限

船舶交通の制限として，海難発生時における船舶の航行の制限又は禁止に関する港長の制限を追加した。

なお，航行管制及び船舶交通の制限については，特定港以外の港にも準用することとした。

ホ．昭和40年５月22日法律第78号核原料物質，核燃料物質及び原子炉の規制に関する法律の一部改正による改正

外国の原子力船が本邦に寄港するようになったため，原子力船に対する特別の規定を新たに設けて，規制内容についても一般船舶よりも拡充した。また，特定港以外の港にも準用することとした。

へ．昭和40年５月22日法律第80号港則法の一部改正

経済発展に伴う港湾取扱貨物量の増大，港湾利用船舶の多様化等の港湾事情の著しい変化に対応して，港内における船舶交通の規制を臨機に行う必要があるため，法律によって直接定められていた港の区域及び特定港について，政令で定めることとした。

これに伴い，港域法（昭和23年７月15日法律第175号）を廃止し，また，港域法の規定によっていた港湾運送事業法，港湾法，関税法等における港の区域も港則法に基づく政令によることとした。

なお，当時の港則法適用港は494港であり，そのうち特定港は港則法制定当初の56港から住ノ江，口之津両港が削除され，千葉，名瀬，姫路及び松山

の４港が追加となって，合計58港であった。

ト．昭和45年６月１日法律第111号許可・認可等の整理に関する法律による改正

行政の簡素化合理化を図るため，許可･認可等のうち，廃止を要するもの，規制の緩和を要するもの，処分権限の委譲を要するもの等について整理を行うこととなり，許可・認可等の整理に関する法律により，港則法の一部が次のとおり改正された。

(イ) 特定港内におけるごみ船の指定及び捨て場所の指定を廃止した。

(ロ) 特定港内における船舶の進水・ドックへの出入りについての港長への届出は，一定区域における一定の長さ以上の船舶の進水・入出きょに限ることとした。

チ．昭和46年６月１日法律第96号許可・認可等の整理に関する法律による改正

前年と同じく，次のとおり港則法の一部が改正された。

(イ) 港則法を適用する港は，同法の別表で定めることとなっていたが，これを政令で定めることとした。

(ロ) 雑種船以外の船舶が入港し，港内を航行し，通過する場合に義務付けられていた信号符字の掲揚を廃止した。

リ．平成17年５月20日法律第45号港湾の活性化のための港湾法等の一部を改正する法律による改正

1965年の国際海上交通の簡易化に関する条約(FAL条約)の批准に向けて，入出港に係る規制を必要最小限とし，かつ，国際整合性の確保を図る観点から，航海計器や船舶性能の向上，夜間の航行環境の改善等により規制の必要性が低下している函館港，京浜港，大阪港，神戸港，関門港，長崎港及び佐世保港における夜間入港規制を廃止した。

ヌ．平成21年法律第69号港則法及び海上交通安全法の一部を改正する法律による改正

近年（平成12年から平成21年）における海難の発生隻数が減少傾向を示す

ことなく推移していること，輸送効率の向上のため船舶の大型化が進んでいること，自動的に船舶の名称や針路等の把握が可能となる船舶自動識別装置（以下「AIS」という。）の船舶への搭載が進んでいること等，海難の発生状況や海上交通を取り巻く環境の変化を背景とした改正である。改正法により設けられた主な制度は次のとおりである。

(イ) 海域特性に応じた新たな航法の設定

航路において，強潮流のため速力が確保できない船舶が発生するおそれがある場合や霧により視界が制限される場合等には，航路全体での船舶交通の安全を確保する観点から，船舶の航路への入航を制限することが必要となるため，港長が船舶に対し，航路の外で待機するよう指示することができることとした。

(ロ) 船舶の安全な航行を援助するための措置の新設

船舶交通が著しく混雑する特定港内の航路とその周辺の区域を航行する一定の船舶を「特定船舶」として，当該特定船舶の航行を援助するものとして以下の措置を講ずることとした。

① 情報提供と聴取義務

港長が，特定船舶に対して，その航行の安全のために必要となる情報を提供することとし，当該船舶においては，提供された情報を聴取しなければならないこととした。

② 危険防止のための勧告等

港長は，航法の遵守又は危険の防止を図るために必要があると認めるときは，進路の変更等の措置を促す勧告をし，また，その実効性を確保するため，勧告に基づき講じた措置について報告を求めることができることとした。

(ハ) 港内における船舶交通の効率化・安全対策の強化

港内において，船舶の長さに応じた効率的な交通整理を行うとともに，異常な気象等による危険を防止するため，港長が船舶に対し，港内からの退去を命ずること等ができるよう以下の措置を講じた。

① 港内水路での AIS を活用した効率的な交通整理

港内の水路では，信号による交通整理（港内管制）が行われているが，

AISの「長さ」情報を活用することで，信号によって一律に制限するのではなく，船舶の長さによっては安全に行き会うことも可能であることから，このような柔軟な管制を実施可能とした。

② 異常な気象時等の港外への退去命令や必要な措置の勧告等

台風や発達した低気圧の接近時等における港内の船舶交通の危険を防止し，又は混雑を緩和するため，港長が船舶に対して，港内からの退去等を命令し，また，あらかじめ船舶交通の危険を生ずるおそれがあると予想される場合には，必要な措置を講ずるよう勧告できることとした。

ル．平成28年法律第42号海上交通安全法等の一部を改正する法律による改正

近年，船舶の大型化や危険物取扱量の増加が進んでおり，船舶交通が著しくふくそうする海域においては，津波等による非常災害が発生した場合に，危険を防止するため，船舶を迅速かつ円滑に安全な海域に避難させる必要があること，また，平時から信号待ちや渋滞による船舶交通の混雑が発生しており，混雑を緩和し，安全かつ効率的な船舶の運航を実現することが求められていることから，まずは東京湾において，一元的な海上交通管制を構築した。その運用に併せて，非常災害時の海上交通機能の維持等のために，主に次の制度が設けられた。

(イ) 非常災害における海上交通の機能の維持

① 非常災害発生周知措置等

津波などの非常災害が発生した場合における船舶交通の危険を防止するため，船舶に対して海上保安庁長官が移動等を命ずることができるなど，非常災害が発生した場合に船舶交通の危険を防止するための特例措置を講じる海域を，海上交通安全法及び港則法に，それぞれ指定海域及び指定港として設定することとし，海上保安庁長官は，非常災害の発生により，指定海域で船舶交通に危険が生ずるおそれがある場合において，当該危険を防止する必要があると認めるときは，直ちに，非常災害が発生した旨及びこれにより船舶交通の危険が生じるおそれがある旨を，指定海域及びその周辺海域にある船舶に対し周知させる措置をとるとともに，あわせて，指定港内にある船舶に対しても同様の措置をとることと

した。

② 非常災害発生時の情報提供と聴取義務

①の措置の発令から同措置が解除されるまでの間，海上保安庁長官は指定港内にある船舶に対し，当該船舶が航行の安全を確保するために必要な情報を提供することとし，当該船舶は，当該情報を聴取しなければならないこととした。

③ 非常災害発生時の航行制限等

①の措置の発令から同措置が解除されるまでの間，海上交通安全法の指定海域と一体的に船舶交通をコントロールすることができるよう，海上保安庁長官が，指定港に係る船舶の航行の制限や船舶に対する移動命令等の船舶を適切に避難させるために必要な港長等の職権を代行することとした。

(ロ) 事前通報手続きの簡素化

指定港内における水路及び海上交通安全法の指定海域における航路を航行しようとする船舶であって，これらの水路又は航路を航行した後，途中において寄港し，又はびょう泊することなく航行しようとする船舶が，海上交通安全法の巨大船等の航行に関する通報（海上交通安全法第22条）をする際に，あわせて，港則法の水路に係る係留施設を通報したときは，当該水路の航行に係る通報（港則法第38条第２項）をすることを要しないこととした。

(ハ) 船舶交通の安全性の向上

① 水路航行予定時刻の変更等の指示

港長等は，船舶交通が著しく混雑する水路において，多数の船舶が同時に当該水路に入ろうとして船舶同士の衝突の危険性が高まるなど，船舶の当該水路における航行に伴い船舶交通の危険が生ずるおそれがある場合であって，当該危険を防止するため必要があると認めるときは，当該船舶の船長に対し，当該水路を航行する予定時刻の変更，進路警戒船の配備等を指示することができることとした。

② 「雑種船」の名称及び定義の変更

これまで「雑種船」は，外見上からの判別が困難であり，避航義務の有無が曖昧になる等の状況があったことから，その範囲を明確化し，船舶交通の安全性の向上を図るため,「雑種船」の名称を「汽艇等」に改め,「汽艇」の範囲を総トン数20トン未満の汽船とした。

これにより，

イ　これまで雑種船に含まれていなかった総トン数20トン未満で，港外を主な活動範囲としている汽船（プレジャーボート等）が汽艇等の定義に含まれ，

ロ　これまで雑種船に含まれていた港内を主な活動範囲とする総トン数20トン以上の汽船(タグボート等)が汽艇等の定義から外れる

こととなった。

ヲ．令和３年法律第53号海上交通安全法等の一部を改正する法律による改正

台風をはじめとした異常な気象又は海象（以下「異常気象等」という。）の頻発化・激甚化に伴い，近年，湾内や港内において，走錨した船舶が臨海部の施設や他の船舶に衝突する事故が複数発生している。

このため，異常気象等に伴う船舶の重大事故を未然に防止するための対策を強化し,船舶交通の一層の安全の確保を図るため,次の制度が設けられた。

(イ)　異常気象等時における船舶の安全な航行等を援助するための措置

異常気象等が発生した場合に特に船舶交通の安全を確保する必要がある区域において，港長は，航行，停留又はびょう泊している船舶に対して，走錨事故防止に資する情報やびょう泊船舶との異常な接近等を防止するための情報等，船舶が安全に航行，びょう泊等するために必要な情報を提供し，当該船舶に対して当該情報の聴取義務を課すとともに，危険の防止を図るために必要があると認めるときは，進路の変更等の措置を促す勧告をし，また，勧告に基づき講じた措置について当該船舶から報告を求めることができることとした。

(ロ)　港内を含む湾内全域からの船舶の避難を一体的に実施するための海上保安庁長官による港長の職権の代行

異常気象等により，海上交通安全法に基づき，海上保安庁長官が船舶に対し同法適用海域の一定の海域からの退去を勧告し又は命令しようとする

場合に，当該勧告又は命令の対象となる海域及び当該海域に隣接する港からの船舶の退去を一体的に行うことができるよう，海上保安庁長官が，港内の船舶を適切に避難させるために必要な港長等の職権を代行することができることとした。

3 港則法の性格

3－1 行政警察法規であること

港則法は，港内における船舶交通の安全及び港内の整とんを図るため，行政権の主体である国の執行機関としての港長と国民との間の法律関係について定めている行政法規であり，かつ，その内容が指示，命令，制限，禁止，許可等個人に命令し，強制し，その本来の自由を制限する作用を有する警察法規である。

港湾内には，種々の行政作用が交錯しているが，大別すると，港湾の建設，管理運営等に関する管理行政と交通取締り，検疫の施行，密輸入の防止等の警察行政に二分することができる。

港湾の広い意味での管理運営上は，これらの機能を併せ持った方が有利であるとの考えもあるが，管理行政と警察行政とを同一の機関が併有して，いわゆるオールマイティの権限を行使することを避け，施設の管理運営に当たる者は，警察事務に関与すべきではないという考え方により，港則法は開港港則の一部にあった管理事務を削除して警察事務のみとなっている。したがって，その港の経済上の利害等にとらわれず，かつ，すべての船舶に対し公平な立場で事務を運用することができる。

なお，港長が海上保安庁に属している（海上保安庁法第21条）のは次のような理由に基づく。

① 港長が港則法の権限を有効適切に行使するためには，関係法令のほか海運，港湾，船舶，気象等に関する広い知識を必要とするが，海上保安庁は広く海上における警察業務を所掌しており，海上保安官の中から命ぜられた港長はこれらの必要な知識を幅広く有していること。

② 港内における船舶の安全は，法令の励行，海難防止及び救助，航路標識，水路等の行政が総合的に運用されてはじめて十分に確保されるものであり，したがって，多数の船艇・職員を有してこれらの事務を総合的に行っている海上保安庁が港長事務を所掌することが，人的・施設的にも，また，業務上からも最も適当であること。

3－2 港内交通取締法規であること

行政機関が行使する警察権は，一般警察機関のほか消防庁，公安調査庁等多数の機関が行使するものもあり，その及ぶ範囲も海，陸，空と非常に広範である。

港則法は，「船舶交通の安全と港内の整とん」を図る交通警察法規である。

港湾内の行政警察法規としては，検疫の施行等の衛生上（検疫法），密輸入の防止等の関税上（関税法），漁業の取締り等の漁業上（漁業法），水産資源保護や海洋汚染取締り等の海水汚濁防止上（海洋汚染等及び海上災害の防止に関する法律等）のもの等種々あるが，港則法は海上交通に関する取締り等を内容とする船舶の航行の安全確保のための法規である。

開港港則では，港内における船舶交通に関する規制とは直接関係のない関税，検疫その他開港としての特殊な行政警察的規定も含まれていたが，港則法では，港内における船舶交通の安全及び港内の整とんを図るために船舶及び関係者の行動又は行為を規制すべき事項に関してのみ規定されている。

3－3 港内交通に関する統一的法規であること

港則法は，同法で定める港について適用がある交通規制を内容とする法規である。

開港港則では，まず開港の名称とその区域を定め，開港一般に規制すべき事項を定めていたが，施行の時期及び場所は逓信大臣が告示することとなっていた。港則法では，開港のみでなく広く船舶交通のある港に対し適用し，特に船舶交通がふくそうする港等は特定港に指定して規制の強化を図り，さらに，特定港のなかでも３港（京浜，阪神，関門）については厳しい内容とする等規制の差をつけた。

これは，港則事務の取扱いが各港により異なる場合は，入港船舶にとって繁雑かつ不便であり，また，一地方の利便のために行われるべきものではなく広く国際性・公共性を有するものであるから，国の機関によって統一的に行う必要があるからである。

4 港則法の概要

港則法は，港内における船舶交通の安全と港内の整とんを図ることを目的とし，全部で８章，56条から成っている。

その内容は，ふくそうした港内交通に対処するため，海上衝突予防法の特則を定めるとともに次のような規制を行っている。

⑴ 船舶の運航や係留等に関する規制

⑵ 廃物の投棄や工事・作業等船舶の航行の障害となるおそれのある行為の規制

⑶ 船舶の標識等の規制

⑷ 災害を防止するための火気の取扱い，危険物の荷役等の規制

港則法による規制には，適用港すべてについて適用がある規制のほか，航路の設定，危険物荷役の規制，停泊場所の指定等適用港のうち特定港である一部の港のみに適用される規制，非常災害時における措置等指定港のみに適用される規制がある。特定港には海上保安庁法第21条に基づき海上保安官のなかから任命された港長が置かれ事務が処理されている。

令和６年３月現在で適用港は500港，そのうち特定港は87港，指定港は５港である。なお，港長事務を取扱う海上保安部署等は96部署である。

4－1 適用港全部に適用がある規制の内容

イ．運航，係留等

○係留等の制限 （第８条）
○移動命令 （第９条）
○停泊の制限 （第10条）
○出航船優先の原則 （第15条）
○速力制限・帆船の航法 （第16条）
○工作物突端等付近の航法 （第17条）
○汽艇等の避航義務 （第18条第１項）
○特別の航法の定め （第19条）

ロ．水路の保全等

○廃物投棄の禁止等 （第23条第１項，第２項）
○海難報告等 （第24条）
○障害物の除去命令 （第25条）
○工事・作業の許可 （第31条）
○漁ろうの制限 （第35条）
○灯火の制限 （第36条）

ハ．灯火等

○小型船等の灯火 （第26条）
○汽笛等の吹鳴制限 （第27条）
○私設信号の許可 （第28条）

ニ．災害防止

○喫煙等の制限 （第37条）
○原子力船に対する規制 （第40条）

ホ．船舶交通の制限等

○信号遵守義務等 （第38条）
○航行の臨時的制限 （第39条）

4－2 適用港のうち特定港のみに適用がある規制

イ．運航，係留等

○入出港の届出 （第４条）
○港区の設定 （第５条第１項）
○びょう地指定 （第５条第２～４項）
○係留施設供用の届出 （第５条第５項）
○係留施設供用の制限，禁止 （第５条第６項）
○移動の制限 （第６条）
○修繕及び係船の届出 （第７条）
○航路航行義務 （第11条）
○航路内での投びょう等の禁止 （第12条）
○航路での航法〔航路航行船の優先，並列航行の禁止，右側通航，追越し禁止〕 （第13条）
○航路外での待機の指示 （第14条）
○小型船の避航義務 （第18条第２項）
○標識掲示義務 （第18条第３項）
○港長が提供する情報の聴取 （第41条）
○航法の遵守及び危険の防止のための勧告 （第42条）

ロ．水路の保全

○廃物等の除去命令 （第23条第３項）
○行事の許可 （第32条）
○進水等の届出 （第33条）
○竹木材水上荷卸，いかだ係留運行の許可 （第34条）

ハ．災害防止

○危険物積載船に対する指揮 （第20条第１項）
○危険物積載船の停泊，停留場所の指定 （第21条）
○危険物荷役の許可 （第22条）
○火災警報 （第29条，第30条）

4－3　指定港のみに適用がある規制

○非常災害が発生した場合における指定港非常災害発生周知措置等（第46条）
○指定港非常災害発生周知措置がとられた際の情報の提供及び当該情報の聴取（第47条）

5　港則法の適用範囲

5－1　適用区域

港則法は，その適用される港及びその区域を政令で定めることとしており，その区域内に適用されるが，廃物投棄の禁止（法第23条第１項），工事・作業の許可（法第31条第１項），灯火の制限（法第36条第１項）等については，港の区域外の一定の区域又は港の境界付近においても適用されることとなっている。

また，区域は，通常海面とされるもののみでなく，港の形状，通航船舶の実態等から一体として船舶交通規制をすることが必要な場合には，いわゆる河川水面や運河水面等も含めることとされている。

5－2　適用対象

港則法では，適用対象として「…しようとする者」，「何人も…」，「係留施設の管理者」，「当該物件の所有者又は占有者」，「当該船舶の船長」等，明らかに人を指している場合もあるが，多くは他の海事関係法規と同様に「船舶」としている。

この場合における船舶とは，港則法の目的が交通規制にあることから，交通規制単位たる人的物的総合体としての船舶を指しているが，実質的には当該船舶の運航に関して港則法上の責任を有する船長その他これに代わるべき自然人を意味している。

これは，罰則規定において，人を明示した規定には「…の規定に違反した者」としているのに対して，船舶に関する規定では「…の規定に違反したときは，その行為をした者」として区別することにより，船舶を擬人化したものであることが示されている。

適用対象船舶については，国籍を問わないが，外国軍艦には適用がない。また，日米地位協定に基づく提供水域内にある船舶に対しては，米国管理船舶には適用がないが，日本管理船舶には使用条件により港則法の適用が停止しているもの以外について適用がある。

（例えば，令和６年３月１日現在，佐世保港の提供水域はＡ施設水域からＤ施設水域までに分かれ，それぞれの区分で許可取得を要する禁止事項が定められているが，そうした制限事項の範囲内においては港則法の適用が停止していると考えられる。）

6 他法令との関係

6－１ 海上衝突予防法（昭和52年６月１日法律第62号）

港則法は，船舶交通の一般原則を定めている海上衝突予防法の特別法であり，港則法の規定と同法の規定が明らかに抵触し，又は港則法が特別に定めているものを除いて，港内においても同法の適用がある。

港則法制定当時は，旧海上衝突予防法に「本法ハ行政官庁ニ於テ規定シタル港,川其他内海ノ運航ニ関スル特別規則ノ施行ヲ妨ゲズ」とあり,港則法では,「この章並びに第14条第５項及び前条の命令に定めるものの外，港内における航法については，海上衝突予防法（明治25年法律第５号）の定めるところによる。」と規定されていたが，昭和28年，海上衝突予防法の全面改正に伴い，同法第30条第１項で「港及びその境界附近における船舶又は水上航空機が衝突予防に関し遵守すべき灯火又は形象物の表示，信号，航法その他運航に関する事項であって港則法（昭和23年法律第174号）の定めるものについては，同法の定めるところによる。」（現在は法第41条に規定されている。）と定められたので削除された。

法第13条から第18条までの規定は，海上衝突予防法に対する航法の特例となっている。例えば，海上衝突予防法の「行会い船」，「横切り船」の航法（同法第14条・第15条）にかかわらず，航路においては，航路を出入りしようとする船舶が航路を航行している船舶を避けること（法第13条第１項），又は汽船が防波堤の入口付近で互いに行き会うおそれのある場合は，入航船が出航船の進路を避けること（法第15条），あるいは汽艇等（一定の特定港では小型船）は汽艇等（小型船）以外の進路を避けること（法第18条第１項，第２項）等の航法規定がある。

また，法第19条に基づき，同法施行規則の各則で航法の特則が定められているが，それらも海上衝突予防法の特則となる。一方，灯火についても海上衝突予防法の特例を設けており（法第26条），火災警報では海上衝突予防法が引用されている（法第29条第１項）。

6－2　海上交通安全法（昭和47年７月３日法律第115号）

海上交通安全法の航法に関する規定は，港則法の航法に関する規定と同じく海上衝突予防法の特別法であり，港則法が港を適用区域としているのに対し，海上交通安全法は東京湾，伊勢湾及び瀬戸内海を適用区域としている。

港則法に基づく港の区域は，海上交通安全法の適用除外となっており明確に区分されている（海上交通安全法第１条第２項第１号）。ただし，海上交通安全法に定める航路及びその周辺の海域における工事等の許可及びそれ以外の海域における工事等の届出と港則法に基づく港の境界付近における工事・作業の許可については，海上交通安全法に調整規定が設けられている（海上交通安全法第40条第８項，第41条第６項）。

6－3　港湾法（昭和25年５月31日法律第218号）
漁港漁場整備法（昭和25年５月２日法律第137号）

港湾法は，港湾の秩序ある整備と適正な運営を図るとともに，航路を開発し，及び保全することを目的とする法律であって，公物たる港湾の管理法的性格を有する。また，漁港漁場整備法は，漁港漁場整備事業を総合的かつ計画的に推進し，及び漁港の維持管理を適正にすることを目的とした法律であり，港湾法と同様に，公物たる漁港の管理法的性格を有する。

（港湾法による港と漁港漁場整備法による港とは原則として重なることはない。港湾法第３条。）

一方，港則法は，港内における船舶交通の安全及び港内の整とんを図ることを目的とした，海上交通に関する警察法規である。したがって，港湾法に定める港であるか，漁港漁場整備法に定める港（同法第２条）であるかを問わず適用される。

7　電子申請手続

港則法に定める以下の申請・届出等については，「輸出入・港湾関連情報処理システム（NACCS)」を利用した電子申請でも手続を行うことが可能となっている。

令和６年３月１日現在，NACCS で申請・届出が可能な港則法関係手続は次のとおりである。

○入出港届（港則法第４条）
○びょう地指定願（港則法第５条第２項又は第３項）
○係留施設使用届（港則法第５条第５項）
○移動許可申請（港則法第６条第１項）
○移動届（港則法第６条第２項）
○危険物積載船舶停泊場所指定願（港則法第21条）
○危険物荷役許可申請（港則法第22条第１項）
○危険物運搬許可申請（港則法第22条第４項）
○事前通報（港則法第38条第２項）

NACCS では，「輸出入・港湾関連情報処理センター株式会社」に利用申込みを行うことで，利用が可能となる。

NACCS の概要及び利用申込み等は，NACCS ホームページ（https://www.naccs.jp/）で確認することができる。

II　各　　論

第1章　総　　則

■（法律の目的）

第1条　この法律は，港内における船舶交通の安全及び港内の整とんを図ることを目的とする。

〔概要〕　本条は，法の立法趣旨を明確にした規定である。

本条では，法の目的として，(1)「港内における船舶交通の安全」と(2)「港内の整とん」を図ることをあげている。

【解説】　1.「港」とは，天然の地形により，又は人工的に造成することにより，外海の風浪から遮へいされた水面を有して船舶の停泊を確保した場所であるとともに，海上輸送と陸上輸送の接点として岸壁等の係留施設のほか必要な荷役設備，貨物整理場，保管倉庫等を備えた場所である。

港には通常他の海域よりは多くの船舶が出入りするが，港内の水域は広さに限界があり，また，防波堤等の構築物によって複雑な水路を擁しているため，当該水域においてふくそうする船舶を，交通ルールの一般法である海上衝突予防法のみで規制していたのでは，船舶の衝突，座礁等の事故が発生するおそれがあり，港内の交通秩序を保つことが困難であるので，特別の交通ルールを定めることにより，港内における水路の保全，災害の防止等に関する規制を行うこととしたものである。

いわゆる「港」には，法適用港のほか，港湾法，漁港漁場整備法等に定める港や一般的にみなと，湊等と呼ばれている場所もあるが，本法でいう「港」とは，施設を備え，かつ，船舶交通が相当にある場所として交通上の法規制を行う必要がある法適用港のことをいう。

2．「船舶」とは，水上輸送の用に供する船舟類をいい，通常の船舶のほか，クレーン船，台船，杭打船等も含めたあらゆる種類又は形態の船舶であって，広い概念である。

3．「船舶交通」には船舶が機関等を使用して航行中である場合のほか，係留施設に係留し，びょう泊し，又は停留する等船舶の運航の各過程におけるあらゆる状態が含まれる。

4．「港内の整とん」とは，港内の秩序維持のための整理整とんであって，その対象としては，船舶のみでなく，港内の整とんに関するすべての人，物を含んでいる。つまり，本法では，港内という限られた水域において，船舶交通がふくそうすることから生ずる船舶の運航，災害防止，水路の保全等に関する事項を規制することによって一般的に広く港内の秩序維持を図るとともに，海難や災害の発生により，緊急的な交通整理を実施する必要がある場合には，即時適切に必要な措置を講じることができることとなっている。

■（港及びその区域）

第2条　この法律を適用する港及びその区域は，政令* で定める。

＊　令第1条（港及びその区域）

〔概要〕　本条は，法を適用する港及びその区域を港則法施行令で定めることとした規定である。

令では，「港及びその区域は，別表第1のとおりとする。」としている。

【解説】　1．法適用港及び当該港の区域は，法制定にあわせて港域法により定められていたが，昭和40年の港域法の廃止に伴い，港則法で港名を指定し，その区域は政令で定めることとなり，さらに，昭和46年，港名についても政令で指定することとなった。

これは，港域法制定当時は港に関する各種法令の適用を見据え，法律によって港の区域を統一することにより，港における国民の権利に対する規制を制約して，その法的安定性を求めることに意義があったが，その後，経済の発展に伴う港湾事情の変化が著しくなり，船舶交通のふくそうと重大事故の発生により，事態に即応した交通規制の実施に関する社会的要請が法的安定性の要請を超えて大きくなったため，政令により港名及び港の区域を迅速，的確に改廃できることとしたものである。

2．港の区域は，船舶の利用状況、地勢等の自然条件，港湾施設の規模，近い将来の施設の建設計画等を勘案して，港内における船舶交通の安全と港内の整とんを確保するために法を適用することが必要であると判断される範囲において定めており，通常，船舶が停泊し，荷役し，又は頻繁に航行する水域のほか，次のような水域についても，港則法上の港の区域（以下「港域」という。）に含めている。

⑴　港へ出入りする船舶及び港内のみを航行するはしけ，通船，補給船等の船舶交通が錯そうする水域

⑵　防波堤の開口部等の狭い水路に入ろうとする船舶が，当該水路に向けて針路を定める地点から当該水路に至るまでの水域

⑶　船舶が荷役待ち等をするために停泊する水域

⑷　危険物の荷役施設，竹木材の水上荷卸し施設等の周辺水域

3．港の境界線は，なるべく船舶が現場において容易に判別できるようにし，その基点は海図上に記載された不動の著名物標（例－山頂，岬，航路標識，三角点）を用いて定めることとしている。

4．京浜港，阪神港，関門港等港湾管理者が複数存在する港についても１つの港として港域を定めているが，これは，水域全般にわたって船舶交通の流れが連続しているため，交通規制を的確に行うためには，関連する水域全般の状況を把握して，全般にわたって１人の港長の下で一体的な規制を行う必要があるので，これを単一の港としているものである。

ただし，港則法の事務は，的確，円滑に行う必要があることから，当該港に設置されている複数の海上保安部署又は海上保安部の分室により，分担して事務処理を行っている。

5．港域には，いわゆる海域のみでなく河川水面等の水域も含まれているものが多く，そのため，令別表第1に定められている港の区域には，「……○○川水面」，「……○○橋下流の河川水面」，「……○○運河水面」，「……○○湖水面」と明確に表現されている。

河川における港の境界が明確に規定されていない場合，河川水面は港域に含まれないが，港と一体をなす船舶交通の実態又は船舶の航行可能性がある場合には，個々の河川ごとに港の一部と考えられる水域を港域と捉えている。具体的には，船舶の航行を困難にする最下流の橋，又は河口の両突端を結んだ線が考えられる。

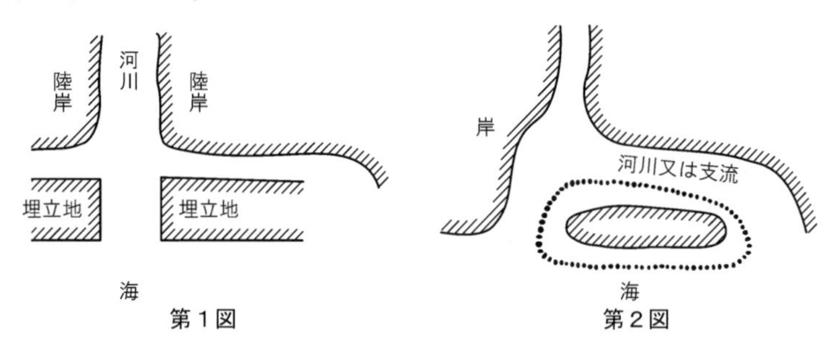

第1図　　　　　　　第2図

第1図，第2図のように埋立・土砂たい積により河口の前面に河川の延長のような狭水路ができた場合においても，元の河口の両突端を結んだ線（それ以前は元の河川の両突端を結んだ線までが港の区域であった場合）と新たにできた河口の両突端を結んだ線とどちらが港の境界となるかは，前述のように船舶交通の実態又は船舶の航行可能性を勘案して港域とされる。

6．令和6年3月1日現在，法適用港は全部で，500港（令別表第1）であって，その都道府県別港数は，次表のとおりである。

7．港則法に定める港の区域を引用している法令には，船員法（第1条第3項），港湾運送事業法（第2条第4項），関税法（第96条），検疫法施行令（第4条，別表第3），船舶安全法施行規則（第1条第6項）等がある。

港則法適用港

都道府県	港数	都道府県	港数	都道府県	港数	都道府県	港数
北海道	43	青森	17	岩手	8	宮城	8
秋田	8	山形	4	福島	5	茨城	8
茨城，千葉	1	千葉	5	東京	7	東京，神奈川	1
神奈川	3	新潟	10	富山	3	石川	9
福井	5	静岡	20	愛知	14	三重	14
京都	10	大阪	3	大阪，兵庫	1	兵庫	19
和歌山	12	鳥取	5	鳥取，島根	1	島根	15
岡山	14	広島	18	山口	25	山口，福岡	1
徳島	10	香川	18	愛媛	23	高知	14
福岡	9	佐賀	4	佐賀，長崎	1	長崎	38
熊本	13	福岡，大分	1	大分	12	宮崎	9
鹿児島	25	沖縄	6				

■（定　義）

第3条　この法律において「汽艇等」とは，汽艇（総トン数20トン未満の汽船をいう。），はしけ及び端舟その他ろかいのみをもつて運転し，又は主としてろかいをもつて運転する船舶をいう。

2　この法律において「特定港」とは，喫水の深い船舶が出入できる港又は外国船舶が常時出入する港であつて，政令* で定めるものをいう。

3　この法律において「指定港」とは、指定海域（海上交通安全法（昭和47年法律第115号）第2条第4項に規定する指定海域をいう。以下同じ。）に隣接する港のうち，レーダーその他の設備により当該港内における船舶交通を一体的に把握することができる状況にあるものであつて，非常災害が発生した場合に当該指定海域と一体的に船舶交通の危険を防止する必要があるものとして政令** で定めるものをいう。

*　令第2条（特定港）
**　令第3条（指定港）

〔**概要**〕　本条は，この法律で使用される用語のうち，航法上特に重要な意味を有する「汽艇等」，適用港のなかでも特に厳しい規制が必要とされる「特定港」及び非常災害が発生した場合に海上交通安全法の指定海域と一体的に船舶交通の危険を防止する必要がある「指定港」について定義した規定である。

令では，「特定港は，別表第２のとおりとする。」，「指定港は、別表第３のとおりとする。」としている。としている。

【解説】 １．法では，小型の船艇を汽艇等として定義し，大型の船舶と汽艇等とで法の適用を区別している。

２．汽艇の具体的な範囲については，汽艇を「総トン数20トン未満の汽船」と定義することで明確化している。このため，漁船，プレジャーボート，タグボートなどの船種，活動範囲（主として港内を活動範囲とする等）又は，漁ろう中などの航行状態に関わらず，「総トン数20トン未満の汽船」に該当する場合は，すべからく汽艇に該当することとなる。

なお，「汽船」とは，動力船のことである。

３．「はしけ」とは，作業員・荷物等を乗せて運搬する社会通念上のはしけと呼ばれる船舶のことであり，無動力のもの，動力付のもの，帆装をもっているものすべてを含む（自航能力のあるはしけを含まない用例も他法令には見られる。例－港湾運送事業法）。

４．「端舟」とは，航行推進力として機関又は帆を使用しない舟のことであり，いわゆるボート類をいい，「ろかいのみをもつて運転し，又は主としてろかいをもつて運転する船舶」に含まれる概念であるが，著名な船種であるので並列的に規定しているものである。

５．「ろかいのみをもつて運転する船舶」とは，櫓（ろ），櫂（かい）又はオールをもって運転する船舶であり，「主としてろかいをもつて運転する船舶」とは，通常は，ろかいのみをもって運転するが，時には帆を用い又は竿等を用いることもある船舶である。

「端舟その他ろかいのみをもつて運転し，又は主としてろかいをもつて運転する船舶」を一般的には，ろかい船と総称している（ろかい船は，船舶法（第20条），船舶安全法（第２条第２項），船舶職員及び小型船舶操縦者法（第２条第１項），商法（第684条第２項）等においては，適用除外となっている。）。

6．汽艇等に該当するか否かについての具体的な例は，次のとおりである。

(1)　物件等をえい航している総トン数20トン未満のえい航船（動力船）は，汽艇等に該当する。

(2)　物件等を横抱き状態でえい航している総トン数20トン未満のえい航船（動力船）は，汽艇等に該当する。

(3)　堅個に結合したいわゆる一体型プッシャーバージについては，平成15年の船舶安全法施行規則の一部改正により1つの船舶として取り扱われており，押船にあたる船舶が総トン数20トン未満であっても，一体となった際に総トン数20トン以上となる場合には，汽艇等には該当しない。

7．「特定港」とは，「喫水の深い船舶が出入できる港又は外国船舶が常時出入する港」であることを条件とし，危険物積載船舶をはじめ，多数の船舶が出入りし，びょう地の指定，泊地移動の制限，航路の航行規制，危険物積載船舶に対する規制等の特別な措置を講ずる必要のある港であり，政令で定めることとしている。

特定港は，このように船舶交通の安全確保の見地から選定するものであって，例えば，港湾法上の特定重要港湾の指定等とは，直接，関係はない。

8．「外国船舶が常時出入する港」とは，関税法上の開港である。また「喫水の深い船舶」とは，喫水線下の船体の深さが大きいいわゆる大型船であり，一般的には外洋を常時航海する外航船であろうから，当該船舶が「出入する港」も，通常は開港である。

9．特定港には，港長が置かれている。港長については，海上保安庁法（第21条）において，「海上保安庁長官は，海上保安官の中から港長を命ずる（第1項）。港長は，海上保安庁長官の指揮監督を受け，港則に関する法令に規定する事務を掌る（第2項）。」と定められている。

港則法では，特定港に適用される各規定について「港長」を職権者として定めており，特定港以外の港における準用規定については「港長の職権は，当該港の所在地を管轄する管区海上保安本部の事務所であつて国土交通省令で定めるものの長がこれを行うものとする。」（法第45条）との規定がある。

10．昭和40年に特定港の指定が法律から政令に変更されたが，これは，経済の成長，港湾土木技術の発達，原油・石油製品等の危険物の需要増加等により，石油コンビナート等大規模な臨海工業地帯の造成が著しく，これらが特定港である主要港湾の港域を超え，又は新たに掘込みあるいは埋立により船舶交通のふくそう化が顕著となったりした状況に対処して，適切な交通規制を臨機応変に実施する必要があったからである。

11. 令和6年3月1日現在，特定港は87港であり，その都道府県別港名は，次表のとおりである。

都道府県	特定港	都道府県	特定港	都道府県	特定港
北海道	根室，釧路，苫小牧，室蘭，函館，小樽，石狩湾，留萌，稚内	青森	青森，むつ小川原，八戸	岩手	釜石
		宮城	仙台塩釜，石巻	秋田	秋田船川
山形	酒田	福島	相馬，小名浜	茨城	日立，鹿島
千葉	木更津，千葉	東京・神奈川	京浜	神奈川	横須賀
新潟	直江津，新潟，両津	富山	伏木富山	石川	七尾，金沢
福井	敦賀，福井	静岡	田子の浦，清水	愛知	三河，衣浦，名古屋
三重	四日市	京都	宮津，舞鶴	大阪	阪南，泉州
大阪・兵庫	阪神	兵庫	東播磨，姫路	和歌山	田辺，和歌山下津
鳥取・島根	境	島根	浜田	岡山	宇野，水島
広島	福山，尾道糸崎，呉，広島	山口	岩国，柳井，徳山下松，三田尻中関，宇部，萩	山口・福岡	関門
徳島	徳島小松島	香川	坂出，高松	愛媛	松山，今治，新居浜，三島川之江
高知	高知	福岡	博多，三池	佐賀	唐津
佐賀・長崎	伊万里	長崎	長崎，佐世保，厳原	熊本	八代，三角
大分	大分	宮崎	細島	鹿児島	鹿児島，喜入，名瀬
沖縄	金武中城，那覇				

12. 令和6年3月1日現在，特定港中，関税法上の開港でないものは7港（根室，むつ小川原，両津，泉州，田辺，柳井，名瀬）であり，開港（119港）中，特定港は80港，特定港以外の法適用港は39港である。

13. 「指定港」とは，「指定海域（海上交通安全法第2条第4項に規定する指定海域をいう。）に隣接する港のうち，レーダーその他の設備により当該港内における船舶交通を一体的に把握することができる状況にあるものであって，非常災害が発生した場合に指定海域と一体的に船舶交通の危険を防止する必要があるもの」であることを条件として，非常災害時に海上保安庁長官が，船舶に対する移動命令等の特例措置を港内から湾内まで一元的に講ずる必要のある港であり，政令で定めることとしている。令和6年3月1日現在，指定港は東京湾内に所在する，「館山」，「木更津」，「千葉」，「京浜」，「横須賀」の5港である。

第２章　入出港及び停泊

■（入出港の届出）

第４条　船舶は，特定港に入港したとき又は特定港を出港しようとするときは，国土交通省令* の定めるところにより，港長に届け出なければならない。

*　規則第１条（入出港の届出）
規則第２条（入出港の届出を要しない船舶）
規則第21条（適用除外）

〔概要〕　本条は，船舶が特定港を入出港する際は，港長へその旨を届け出ることを義務付けた規定である。

規則第１条では，届け出るべき事項，時期等を詳細に規定しており，規則第２条では届出を要しない船舶の特例を規定している。

【解説】　１．港内における船舶交通の安全及び港内の整とんを図るという法の目的を達成するためには，まず港内の船舶動静を常時的確に把握する必要があるので，特定港に入出港する船舶に対して，所要事項を港長に届け出させることとしたものである。

２．「入港したとき」とは，単に港の境界線の内側に入ったときをいうのではなく，荷役，人の乗下船，補給その他の目的をもって港域内において停泊したときをいい，港域に入り，航行して通過する場合は，本条のいう入港には含まれない。

一般的には，

⑴　岸壁，桟橋，係船浮標等係留施設を使用する場合は，当該係留施設に完全に係留したとき

⑵　びょう泊する場合は，自船の錨が海底をかいたとき

をもって「入港したとき」とする。

また，港域内の検疫区域でいったん仮泊して検疫を受けた後に入港する場合，当該仮泊は入港には該当しない。これは，本来入港前の手続として港外において受けるべき検疫をやむを得ず港内で行うものであり，また，港域内の検疫区域は港内交通の安全を妨げるおそれの少ない水域に設定されているのが通常であるので「入港した」として本条を適用する必要はないからである。

3．「出港しようとするとき」とは，港内に停泊していた船舶が，当該港の外に航海する目的で運航を開始しようとするときをいう。

一般的には，

⑴　岸壁，桟橋，係船浮標等の係留施設を使用している場合は，最後の係留索を放したとき

⑵　びょう泊の場合は，起錨（おき）の状態になったとき

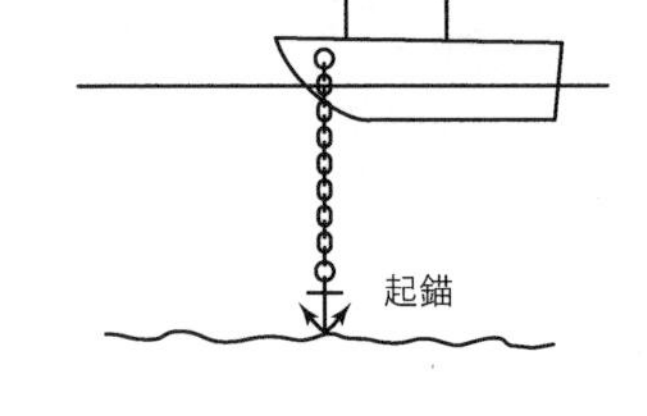

をもって「出港した」とする。

4．入（出）港届の届出事項及び届出方法については，規則第1条で次のとおり詳細に定めている。なお，これらの届出書の様式は，税関，入国管理事務所及び港湾管理者へ提出するものと共通である。

⑴　特定港に入港したときは，遅滞なく，次の事項を記載した入港届を提出しなければならない。

イ．船舶の信号符字（信号符字を有しない船舶にあっては，船舶番号），名称，種類及び国籍

ロ．船舶の総トン数

ハ．船長の氏名並びに船舶の代理人の氏名又は名称及び住所（電話番号等の連絡先）

ニ．直前の寄港地

ホ．入港の日時及び停泊場所

ヘ．積載貨物の種類

ト．乗組員の数及び旅客の数

⑵　特定港を出港しようとするときは，次の事項を記載した出港届を提出しなければならない。

〔参考〕 入出港届出書様式

第1号様式

入 出 港 届
GENERAL DECLARATION

		到着 Arrival	出発 Departure
1. 船舶の名称、種類及び信号符字 Name, Type and Call Sign of ship		2. 到着港／出発港 Port of arrival/departure	3. 到着日時／出発日時 Date-time of arrival /departure
4. 船舶の国籍 Nationality of ship	5. 船長の氏名 Name of Master	6. 前寄港地／次寄港地 Port arrived from/Port of destination	
7. 船籍港、登録年月日※及び船舶番号 Certificate of registry (Port; Date※; Number)		8. 船舶の代理人の氏名又は名称及び住所 Name and address of ship's agent 船舶の運航者の氏名又は名称及び住所 Name and address of ship's Operator	
9. 総トン数 Gross tonnage	10. 純トン数 Net tonnage		
11. 港における船舶の位置(停泊地) Position of the ship in the port (berth or station)			
12. 航海に関する簡潔な細目(寄港地及び寄港予定地。積載されたままの貨物が荷揚げされる予定の港に下線を付す。) Brief particulars of voyage (previous and subsequent ports of call; underline where remaining cargo will be discharged)			
13. 貨物に関する簡潔な記述 Brief description of the cargo			
14. 乗組員の数(船長を含む。) Number of crew (incl. master)	15. 旅客の数 Number of passengers	16. 備考 Remarks	
添付書類の枚数※ Attached document※ (Indicate number of copies)			
17. 積荷目録 Cargo Declaration	18. 船用品目録 Ship's Stores Declaration		
19. 乗組員名簿 Crew List	20. 旅客名簿 Passenger List	21. 日付 Date	
22. 乗組員携帯品申告書 Crew's Effects Declaration	23. 検疫明告書 Maritime Declaration of Health		

当局記入欄 For official use

24. 内航船舶 ☐

(注) 1 ※の付されている項目については、記入不要。
2 傷病者を緊急の治療のために上陸させる目的で寄港し、直ちに出発する意図を有する船舶については、8.欄のうち「船舶の運航者の氏名又は名称及び住所」の記入不要。
3 24.欄には、内航船舶に該当する場合のみチェックを付すこと。

Note 1 It is not necessary to fill in the item marked "※"
2 With regard to ships calling at ports in order to put ashore sick or injured persons for emergency medical treatment and intending to leave again immediately, it is not necessary to fill in "Name and address of ship's Operator" of the column "8"

備考 用紙の大きさは、日本産業規格A列4番とすること。

イ．船舶の信号符字（信号符字を有しない船舶にあっては，船舶番号）及び名称

ロ．出港の日時及び次の仕向港

ハ．⑴イ．ロ．及びハ．(⑵イ．を除く。) に掲げる事項のうち，⑴の入港届を提出した後に変更があった事項

⑶　特定港に入港した場合に，出港の日時があらかじめ定まっているときは，入港届及び出港届に代えて，当該届のそれぞれの事項を記載した入出港届を提出してもよい。

⑷　⑶の入出港届を提出した後に，出港の日時に変更があったときは，遅滞なく，その旨を届け出なければならない。

⑸　避難その他船舶の事故等によるやむを得ない事情がある場合に，特定港へ入港又は特定港から出港しようとするときは，上記の各届出に代えて，その旨を港長に届け出てもよい。ただし，港長が指定した船舶については，この限りでない。

5．「遅滞なく」とは，可能な状態の下にあっては猶予することなくの意味である。したがって，入港届は，提出することが可能な状態の下においては，直ちに届け出なければならない。

「遅滞なく」と規定しているのは，入港しても検疫，天候状態，バースの位置，通船等の状況により，届け出ることが不可能な間は，猶予せざるを得ないからであり，また，「港域が広範囲にわたっており港長の事務所（通常海上保安部署）から遠い場合」等各港の状況，入港船舶の事情等により，一律の基準により難いためであるが，入港届の目的からは，やむを得ない場合を除き，速やかに提出する必要がある。

6．入港届，出港届又は入出港届の記載事項の意味は，次のとおりである。

⑴　「船舶の種類」とは，貨物船，貨客船，客船（フェリーを含む），油槽船，漁船その他の用途別や汽船，機船，機帆船その他の推進機関の種類別をいう。

⑵　「時刻」は，いずれも，日本標準時を原則とする。

⑶　「積載貨物の種類」は，当該港において荷役するもののみでなく，積載している主な貨物の種類又は品名とする。ただし，特に取扱い上注意を要

する危険物があれば，その具体的な品名を付記する。

7．総トン数の定めのない自衛艦，軍艦については，入（出）港届及び係留施設の供用に関する届の総トン数は，排水トン数と読み替えている。

8．「避難その他船舶の事故等によるやむを得ない事情」とは，荒天を避けるため一時港内に避泊し，天候回復とともに出て行く場合，船体，機関の故障，積荷の事故，傷病者の発生等の緊急事態により臨時に寄港する場合，台風避泊又は港内での火災発生等の事故発生により港外避泊する場合等のため，入（出）港届を提出することができない事態をいい，「事情に係る」とは，当該事態に起因するという意味である。したがって，当該船舶が緊急に入港した後，その事情が消滅して出港し，又は港外避泊が終了して入港する場合は，それぞれ出港届又は入港届の提出が必要である。

「港長が指定した船舶」とは，船型，積荷の種類及び数量等を勘案して，当該船舶の要目，動静等を把握する必要があるとして，各船毎に又は港内の一定区域内の船舶について指定した船舶である。

9．規則第２条では，次に該当する日本船舶について，入（出）港届を要しないこととしている。

⑴　総トン数20トン未満の船舶及び端舟その他ろかいのみをもって運転し，又は主としてろかいをもって運転する船舶

⑵　平水区域を航行区域とする船舶

⑶　旅客定期航路事業（海上運送法（昭和24年法律第187号）第２条第４項に規定する旅客定期航路事業をいう。）に使用される船舶であって，港長の指示する入港実績報告書及び次に掲げる書面を港長に提出しているもの

イ．一般旅客定期航路事業（海上運送法第２条第５項に規定する一般旅客定期航路事業をいう。）に使用される船舶にあっては，同法第３条第２項第２号に規定する事業計画（変更された場合にあっては変更後のもの。）のうち航路及び当該船舶の明細に関する部分を記載した書面並びに同条第３項に規定する船舶運航計画（変更された場合にあっては変更後のもの。）のうち運航日程及び運航時刻並びに運航の時季に関する部分を記載した書面

ロ．特定旅客定期航路事業（海上運送法第２条第５項に規定する特定旅客定期航路事業をいう。）に使用される船舶にあっては，同法第19条の３第２項の規定により準用される同法第３条第２項第２号に規定する事業計画（変更された場合にあっては変更後のもの。）のうち航路，当該船舶の明細，運航時刻及び運航の時季に関する部分を記載した書面

なお，規則第21条第１項において，あらかじめ港長の許可を受けた船舶についても，入（出）港届を要しないこととしている。

入出港の届出を特定港に出入りするすべての船舶に対して要求することは，極めて繁雑であり，また，特定の船舶は，船型，行動範囲等を勘案すると，厳密に港長がその動静を把握しておく必要がないと認められ，又はその都度届出を求めなくともその動静を把握できると考えられるものもあるので，緩和規定を設けたものである。

10. 入（出）港届を省略することができるのは，「日本船舶」であって，船舶法において船舶国籍証書を受有することを要しないとされているような小型の船舶（同法第20条）又は船舶安全法において設備等について大幅に緩和されている平水区域を航行区域とする船舶（同法第２条第２項，同法施行規則第２条第２項）である。これらの船舶については，港内においては停泊場所が限定され，また，整とん上特に注意を払うほどの大きさでない等により，その動静を常時把握する必要がないため，入（出）港届を省略している。

漁船については，特定港内に運航又は操業の本拠を有し，当該港内における停泊場所及び一ヵ月間の入出港の日時があらかじめ定まっている場合において，一ヵ月分の次の事項を記載した書面を提出した場合は，入（出）港届を省略することができる。

⑴ イ．船舶の信号符字（信号符字を有しない船舶にあっては，船舶番号），名称，種類及び国籍

ロ．船舶の総トン数

ハ．船舶所有者（船舶所有者以外の者が当該船舶を運航している場合には，その者）の氏名又は名称及び住所

⑵ 航行経路及び当該港内における停泊場所

⑶　予定する一月間の入出港の日時

ただし，上記書面を提出した場合においても，当該期間が終了したときは，遅滞なく，当該期間の入出港の実績を記載した書面を提出しなければならないこととなっている。（規則第１条第４項）

11. 入（出）港届の省略は，上記のほか「あらかじめ港長の許可を受けた船舶」について認めている。

これに該当する船舶は，主として当該港を基地とし，定係場所もあり，その動静把握の容易な次に掲げるような船舶である。

⑴　海上保安庁の船艇，自衛隊の艦船，公用船舶その他公共の目的に使用される船舶であって，当該港を定係港としている船舶

⑵　当該港における港湾工事に従事しているため，毎日のように入出港する作業船等

[罰則]　本条の規定の違反となるような行為をした者は，30万円以下の罰金又は科料に処せられる。（法第54条）

■（びょう地）

第５条　特定港内に停泊する船舶は，国土交通省令* の定めるところにより，各々そのトン数又は積載物の種類に従い，当該特定港内の一定の区域内に停泊しなければならない。

２　国土交通省令** の定める船舶は，国土交通省令*** の定める特定港内に停泊しようとするときは，けい船浮標，さん橋，岸壁その他船舶がけい留する施設（以下「けい留施設」という。）にけい留する場合の外，港長からびょう泊すべき場所（以下「びょう地」という。）の指定を受けなければならない。この場合には，港長は，特別の事情がない限り，前項に規定する一定の区域内においてびょう地を指定しなければならない。

３　前項に規定する特定港以外の特定港でも，港長は，特に必要があると認めるときは，入港船舶に対しびょう地を指定することができる。

4　前２項の規定により，びよう地の指定を受けた船舶は，第１項の規定にかかわらず，当該びよう地に停泊しなければならない。

5　特定港のけい留施設の管理者は，当該けい留施設を船舶のけい留の用に供するときは，国土交通省令**** の定めるところにより，その旨をあらかじめ港長に届け出なければならない。

6　港長は，船舶交通の安全のため必要があると認めるときは，特定港のけい留施設の管理者に対し，当該けい留施設を船舶のけい留の用に供することを制限し，又は禁止することができる。

7　港長及び特定港のけい留施設の管理者は，びよう地の指定又はけい留施設の使用に関し船舶との間に行う信号その他の通信について，互に便宜を供与しなければならない。

* 規則第３条（港区）
** 規則第４条第１項（びょう地の指定）
*** 規則第４条第３項
**** 規則第４条第４項
規則第21条（適用除外）

〔**概要**〕 本条は，特定港内において停泊する船舶については，そのトン数又は積載物の種類により，定められた区域内に停泊することを義務付けるとともに，港長が行うびょう地の指定と係留施設の管理者が行う当該係留施設の供用とを区分し，かつ，係留施設の使用に関する港内の交通安全についての監督を港長にさせ，また，両者間における必要な便宜の供与について定めている。

停泊すべき特定港内の区域及び船舶については規則別表第１に定めており，船舶と港長との間の無線通信による連絡に関する事項及び係留施設の使用に関する信号については，海上保安庁告示でそれぞれ定めている。

【**解説**】 １．法及び則で用いられている停泊に関する字句等の解釈は，次のとおりである。

⑴ 「けい留施設」とは，係船浮標，桟橋，岸壁その他船舶が係留する施設

をいう。

「びよう地」とは，びょう泊すべき場所であることをいう。

⑵　「びよう泊」とは，船舶が係留していない場合において，自船の錨によって海底に係止している状態をいう。一方，海上衝突予防法上のびょう泊には「係船浮標又はびょう泊をしている船舶にする係留を含む。」こととされており，本法と異なっている。

本法では，係船浮標を係留施設として取り扱い，係船浮標に係止する場合は係留であって，びょう泊とはしていない。

⑶　「けい留」とは，係留施設，他の船舶等に係止している状態をいう。

⑷　「停留」とは，船舶がびょう泊し，係留し，又は乗り揚げていない場合において，推進力を用いているといないとにかかわらず一定の場所に留まっている状態をいい，航行中の船舶として取り扱われる。

この場合，留まっているか否かの判断は対地速力によるが，海上では潮流や風の影響を受けるため完全な停止状態ということはあり得ないので，例えば，漂泊状態（機関を停止し，潮流又は風にまかすこと）の船舶が潮流又は風に流された結果，若干位置が変ったとしても全体としてみた場合一定の場所に留まっていれば，停留に該当する。

2．特定港内における船舶の停泊区域を国土交通省令で定めているのは，港内の水深，船だまり等の面積，船舶交通のふくそう度及び四囲の状況等を勘案し，船舶のトン数又は積載貨物の種類等によって停泊区域を限定することにより，船舶交通の安全と港内の整とんを図る必要があるからである。

3．規則別表第１では，特定港ごとに港区を定め，その境界を明確にするとともに，当該港区ごとに停泊すべき船舶を定めている。

令和６年３月１日現在，47の特定港について合計233の港区を定めており，各港区において，停泊すべき船舶を「各種船舶」,「危険物を積載した船舶」,「総トン数○○トン未満の船舶」,「総トン数○○トン以上の船舶」,「汽艇等」,「漁船」,「帆船」等に分けて具体的に指定している。

「各種船舶」とは，規則別表第１備考で「危険物を積載した船舶以外の船舶をいう。」旨規定している。

なお，港区は，船舶の停泊すべき場所であるので，その区域には航路に該当する水域は含まれていない。

4．船舶は，定められた港区に停泊する場合であっても全く自由に停泊してよいわけではなく，法の他の規定，例えば第８条（けい留等の制限），第10条（停泊の制限）等に違反してはならない。

5．法第５条第２項は，国土交通省令の定める特定港におけるびょう地の指定に関する規定であり，これらの特定港に停泊する一定トン数以上の船舶は，港長からびょう地の指定を受けなければびょう泊してはならないこととしている。

特定港であっても特に国土交通省令の定める特定港以外の港については，第１項の規定により船舶が定められた港区内に定められた条件に従って停泊するのであれば，危険物積載船舶及び修繕又は係船する船舶を除き，当該港区内の任意の地点にびょう泊して差し支えない。しかしながら，特に船舶交通のふくそう度の高い国土交通省令で定める港においては，港区の定めのみでは船舶交通の安全上十分でないので，びょう泊をしようとする個々の船舶に対して，原則として港長が当該船舶の停泊すべき港区内に，具体的にびょう地を指定し，船舶交通の安全及び港内の整とんを図ることとしたものである。

ここで「停泊しようとするとき」とは，入港する場合のみでなく，港内の一地点から移動して他の地点に停泊（びょう泊）しようとする場合も含まれる。

6．びょう地の指定が必要とされる船舶は，国土交通省令に委任されており，規則第４条第１項で「国土交通省令の定める船舶は，総トン数500トン（関門港若松区においては，総トン数300トン）以上の船舶（阪神港尼崎西宮芦屋区に停泊しようとする船舶を除く。）とする。」とし，同第２項で「港長は，特に必要があると認めるときは，前項に規定する船舶以外の船舶に対してもびょう地の指定をすることができる。」と規定している。

これは，すべての船舶に対してびょう地指定をする必要性が認め難く，事務的にも繁雑であるので，原則として総トン数500トン（若松区は300トン）以上の船舶に限定することとしたものである。なお，それ以外の船舶に対しても，港内の船舶交通のふくそう度，工事・作業の実施等による停泊可能水域の減少等の港内事情又は気象・海象等の状況に応じて必要性が認められる場合には，びょう地を指定することができる。

7．びょう地の指定が行われる特定港も国土交通省令に委任されており，規則第４条第３項で「国土交通省令の定める特定港は，京浜港，阪神港及び関門港とする。」と規定している。

ただし，法第５条第３項では，これらの特定港以外の特定港においても，季節的又はその他の事由により一時に多数の船舶が出入りして混雑する等の状況が生ずることが予想されるため，「港長は，特に必要があると認めるときは，入港船舶に対しびよう地を指定することができる。」こととしている。

8．法第５条第２項で，停泊船舶のうち係留施設に係留する場合を除外しているのは次の理由による。

⑴　係留施設を使用して停泊する場合は，びょう泊の場合のように任意の地点を選定できるものでなく，また，当該施設は船舶の係留に適する場所に船舶が安全に停泊できるように設けられているものであることから，船舶を係留施設に通常の状態で係留する限り，港長が係留場所を指定して港内の整とんを行う必要が認められないこと。

⑵　船舶が係留施設に係留する場合は，当該係留施設使用に関して係留施設の管理者との間に一定の契約関係が成立しており，警察機関である港長が常に命令するのは適当でないとの理由から，危険物積載船舶，係船（船舶安全法施行規則第41条第１項第２号の規定により船舶検査証書を管海官庁に返納して行う係船等。）及び修繕船以外の船舶が係留する場合は係留施設の使用に関し当該施設の管理者に一任するのが適当と考えられること。

⑶　第５項及び第６項により，港長は港内交通の安全と整とんを図るため，係留施設の管理者に対し係留施設使用届を提出させ，港長が必要と認めるときは係留施設の使用を制限し又は禁止する等の措置をとることができること。

なお，係留施設に係留している船舶に船を横付けして係留する場合にあっても，岸壁に係留する船舶と一体として係留施設の管理者が管理することが可能であるから，上記理由に反するものではなく，当該船舶は係留施設に係留する場合としている。

9．法第５条第２項に基づくびょう地の指定を行う場合，港区が定められている特定港にある船舶は，第１項の規定により，そのトン数又は積載物の種類

〔参考〕 錨地・停泊場所指定願、移動・危険物荷役許可申請書様式

第３号様式

錨地・停泊場所指定願、移動・危険物荷役許可申請書

年　　月　　日

港長　殿

申請者所属・氏名

【共通項目】

船舶の名称				信号符字又は船舶番号	
船舶の国籍		船舶の種類		総トン数	トン
船舶の全長	m	最大喫水	m　cm	重量トン数	トン
船舶の代理人の氏名又は名称及び住所				船長の氏名	

危険物情報		品名・等級・国連番号・容器等級・引火点（密閉式による摂氏）	こん包の数	正味重量	船内の積付位置
	入港時				
	出港時				

※「危険物情報」は、記載に代えて、「危険物積荷目録（ＦＡＬ様式７）」を提出しても差し支えない。

【錨地・停泊場所指定願を行う際に記載】

錨泊・停泊目的		停泊予定期間	月　日　時　分から 月　日　時　分まで
希望停泊場所			
※指定錨地・停泊場所			

【移動許可申請を行う際に記載】

移動予定日時	月　日　時　分	移動理由	
停泊場所	移動前 移動後	移動後停泊予定期間	月　日　時　分から 月　日　時　分まで

【危険物荷役許可申請を行う際に記載】

停泊場所		荷役情報	荷役業者名	
停泊期間	月　日　時　分から 月　日　時　分まで		荷役期間	月　日　時　分から 月　日　時　分まで

（第３号様式）

注意

1　この様式は、次の用途に使用できる。

港則法第5条第2項又は第3項の規定による錨地指定の申請

同法第21条の規定による危険物積載船舶の停泊場所指定の申請

同法第6条第1項の規定による移動許可申請

同法第6条第2項の規定による移動届

同法第22条第1項の規定による危険物荷役許可申請

2　用途により、表題中不要の文字を削り、各欄の記載事項はそれぞれの用途に応じて記載すること。

3「最大喫水」の欄には、停泊期間中の最大喫水を記載すること。

4　申請者が船長の場合は「船長の氏名」の記載を要しない。

5「船舶の代理人の氏名又は名称及び住所」の欄には、代理店が設定されている場合は代理店の名称、住所及び電話番号を、また、代理店が設定されていない場合は運航者の名称及び住所を記載すること。

6「停泊場所」の欄には、「岸壁又は錨地の名称」若しくは「岸壁又は錨地コード」を記載すること。

7　※欄には記載しないこと。

8　弾薬及び火工品については、薬量が判明しているときは、正味重量の下に（　）を付して薬量を記載すること。

9　停泊場所指定願及び移動許可申請のみの申請を行う場合は、「危険物情報」の「入港時」の欄に、積載している危険物の情報を記載すること。

10　危険物荷役許可申請を含む申請を行う場合は、入港時の「危険物情報」には、「荷卸しする危険物」、「その他の危険物」に区分し、出港時の危険物情報には、「積込む危険物」、「荷繰する危険物」を記入すること。この場合、荷役しない「その他の危険物」については、「船舶の積付位置」の欄に、その開放、非開放の別も記入すること。なお、「開放」とは、当該危険物の揚荷をする場合を除き、開放された場所に危険物を積載している場合又は危険物を積載してある船倉若しくは区画を開放する場合をいい、「非開放」とは、危険物を積載してある船倉又は区画を開放しない場合をいう。

11「荷役情報」は荷役関係者が記入のこと。

12「危険物情報」の欄中「等級」とは、火薬類等級１．１、火薬類等級１．２、火薬類等級１．３、火薬類等級１．４、火薬類等級１．５、火薬類等級１．６、有機過酸化物（爆発物）、引火性高圧ガス、非引火性非毒性高圧ガス、毒性高圧ガス、引火性液体類（容器等級Ⅰ）、引火性液体類（容器等級Ⅱ）、引火性液体類（容器等級Ⅲ）、可燃性物質、自然発火性物質、水反応可燃性物質、酸化性物質、有機過酸化物（爆発物を除く。）、毒物、放射性物質等第１種、放射性物質等第２種、放射性物質等第３種、腐食性物質、有害性物質又はその他の別をいう。また、「国連番号」が無い危険物については、危険物コード（MS コード）を記載し、「容器等級」については引火性液体類のみ記載すること。

13「危険物情報」は、記載に代えて、「危険物積荷目録（FAL 様式７）」を提出しても差し支えない。なお、FAL 様式７については、港長窓口でも入手可能である。

14「危険物情報」の欄に記載を要しない場合は、同欄に「無し」の記載又は斜線を引く等該当が無い旨わかるようにしておくこと。

15　移動届として使用する際は、表題を訂正の上、移動許可申請と同様の項目に記入すること。

16　申請書等は、１通提出すること。

17　許可書又はその写しを、許可を受けた行為の行われている現場に携行すること。

等に従い，当該船舶が停泊すべき港区内に停泊することが義務付けられているため，港長は，原則として当該港区内にびょう地を指定することとなる。

ただし，当該港区内の船舶交通がふくそうしており，新たにびょう地を指定するだけの十分な水域がない場合又は陸上との交通の利便等を特別に図る必要がある場合等の「特別な事情」が認められるときは，当該港区以外の港区内にびょう地を指定することができる。

第３項に基づくびょう地指定については「特別な事情」に関する規定が設けられていないが，第２項と同様に港区の定められている特定港においては，第１項の規定に基づき，原則として当該船舶が停泊すべき港区にびょう地の指定を行うこととなる。

なお，びょう地指定の方法については特に規定されていないので，書面による指定願の提出・指定のほか，港務通信，信号等でも差し支えない。

10. 法第５条第４項では，びょう地の指定を受けた船舶のうち，港長が第１項に規定する一定の港区以外の区域にびょう地指定をした場合は「第１項の規定にかかわらず，当該びょう地に停泊しなければならない。」ことを規定している。

これは，船舶交通が特にふくそうしている等の理由により，一定の区域内に対象船舶を包括的に停泊するよう規制しただけでは不十分であるとして，京浜港等３特定港においては常時，その他の特定港においては港長が必要と認めるときに，一定の船舶に対してびょう地の指定を行うよう規定している趣旨から，一般的に定めた停泊場所よりも，港長が指定したびょう地の方を優先させることとしたものである。

ただし，港長が任意の地点にびょう地の指定を行ってもよいというのではなく，常時びょう地指定を要する３特定港については「特別の事情がない限り，前項に規定する一定の区域内においてびよう地を指定しなければならない。」と明記されており（第５条第２項），他の特定港についてもこれと同様である。

11. 法の他の規定に基づき，次の許可を受けた船舶等は，港長が場所的考慮を行っているので，本条に基づくびょう地の指定を受ける必要はない。

⑴ 法第６条第１項の規定により，移動許可を受けた船舶

⑵　法第６条第１項ただし書の規定により，移動後遅滞なくその旨を港長に届け出て，港長から他の場所に移動を命ぜられなかった船舶

⑶　法第７条第２項の規定により，修繕中又は係船中の停泊場所の指定を受けた船舶

⑷　法第９条の規定により，移動を命ぜられ，その際びょう地について指示を受けた船舶

⑸　法第22条第１項の規定により，危険物荷役許可を受けた船舶

⑹　法第22条第４項の規定により，危険物運搬許可を受けた船舶

⑺　法第39条第３項又は第４項の規定により，港長から停泊場所に係る命令又は勧告を受けた船舶

また，検疫又は夜明け待ち等のため，港の境界付近の港域内（検疫区域，防波堤外等）に仮泊する場合は，入港届を要しない場合と同様の理由により，びょう地の指定を要しない。

12．特定港内に停泊する船舶のうち，係留施設を使用する船舶については，港長は停泊場所の指定を行わないことを原則としているが，港内の船舶交通の安全上これを把握しておく必要があるので，法第５条第５項では，特定港の係留施設の管理者に対し，一定の事項を「あらかじめ港長に届け出」させることとしている。

当該届出事項については，規則第４条第４項において次のとおり定められている。

⑴　係留の用に供する係留施設の名称

⑵　係留の用に供する時期又は期間

⑶　係留する船舶の国籍，船種，用途，船名，総トン数，長さ及び最大喫水

⑷　係留する船舶の揚荷又は積荷の種類及び数量

13．係留施設の使用届については，すべての船舶についてその都度提出させるほどの必要性が認められず，事務的にも繁雑であり，また，びょう地指定の対象船舶と平仄（ひょうそく）を合せるため，その対象船舶は，規則第４条第４項の規定で「第１項に規定する船舶」と規定し，法第５条第２項に基づきびょう地指定を受けることとなる船舶と同じく総トン数500トン以上（関門港若松区においては300トン以上）の船舶としている。なお，規則第21条第１項により，あらか

じめ港長の許可を受けた場合には当該届出は省略できることとされている。

あらかじめ港長の許可を受けることのできる場合とは，入出港届の省略の許可と同様であって，次のような係留施設を一定の船舶が使用する場合である。

⑴ 海上保安庁の船艇，自衛隊の艦船その他公共の目的に使用される船舶の定係港における専用の係留施設

⑵ 当該港を発着地とする定期旅客事業に従事している旅客船，カーフェリーの専用の係留施設

⑶ 当該港における港湾工事等に従事している船舶の専用の係留施設

⑷ 平水区域を航行区域とするタンカー等当該港を基地とし，その周辺のみを航海している船舶の専用の係留施設

なお，第５項の届出規定及び第６項の港長の措置命令違反について罰則が設けられていないのは，係留施設の管理者の多くは港湾管理者である地方公共団体であり，港湾法，条例等の規制を受けていることから，その管理の良態に期待して，罰則をもって強制するまでの必要はないとしたものである。

14. 係留施設の使用の届出又は省略許可に基づく使用報告の提出を受けて，係留施設の使用状況を把握した港長が「船舶交通の安全のため必要があると認める」ときは，第６項により「けい留施設の管理者に対し，当該けい留施設を船舶のけい留の用に供することを制限し，又は禁止することができる。」こととしている。

これは，船舶交通の障害となるおそれのある場所での係留，船舶交通の障害となる方法による係留，係船能力の十分でない係船浮標への係留，当該船舶の喫水に比し，水深が十分でない岸壁への係留等を制限し又は禁止することにより，他船の交通の安全及び当該停泊船舶の安全を図るものである。

15. 特定港に停泊する船舶に対して，港長はびょう地の指定に関し，係留施設の管理者は係留施設の使用に関して，必要な通信連絡をとる必要がある。

停泊場所は，港長及び港湾管理者その他の係留施設の管理者が，あらかじめ当該船舶及び港内事情に応じてそれぞれ決定することとしているが，荷役状況，天候の変化，停泊船舶の移動等により港内の交通状況は変化しやすいものであり，また，船舶の入港予定時刻は航海中の諸条件により変更される

ことも多いことから，船舶が実際に入港するときに，あらかじめ指示した停泊場所を変更しなければならない場合がある。

このため，入港して停泊しようとする船舶は，港の境界付近に到着してから事前に受けた停泊場所の指定について確認する必要があり，この場合，無線通信・信号等により指示することが迅速，確実であり，また港の現況に即応した指示をすることが可能となる。

16. 信号を発するのに適する場所は，港によって限定されており，当該場所に港長，港湾管理者その他の係留施設の管理者がそれぞれの信号所を建設するのは不合理であり，入港船舶側としてもどの信号所の信号に従うべきか判然としない等無用の混乱を生ずることとなるので，船舶に対し統一的な交信をできるようにするため，停泊に関する信号，通信については，港長及び係留施設管理者は互いに便宜を供与するよう規定している。(法第５条第７項)

具体的な便宜供与の方法については規定していないので，各港の実情に応じてそれぞれ協議して定める必要がある。

17. 便宜供与の対象となる信号は，港長の行う「びよう地の指定」又は特定港の係留施設の管理者が行う「けい留施設の使用に関する指示」を行う信号のみであり，法により港長が信号所において交通整理（航行管制）のために行う信号は，係留施設の管理者に依頼することはできない。

これは，停泊場所の指定に関する信号は，通常，あらかじめ定められた場所の指定に関する信号を誤りなく船舶に伝達することで十分であるので，信号を行う者は海上保安庁でも他の機関の者でも差し支えないが，航行管制に関する信号は交通規制のなかでも最も重要な警察行為の１つであって，権限のある国の機関が実施する必要があり，また，信号所職員についても港内の状況，船舶の性能等に熟知し，法的，技術的にも専門的知識を有して，即時適切な規制を行う者である必要があるからである。

また，信号所は，港の形態，水路及び船舶交通の状況によっては，複数の信号所を適地に設けて互いに連絡を保ちつつ総合的に運用する方が有効な場合がある一方，港のごく限られた水域のみに必要とされる信号所もあることから，港の実情を勘案し，必要な配置としている。

18. 法第５条第７項では「信号その他の通信について」と規定しているので，

信号以外の通信についても，びょう地の指定又は係留施設の使用に関するものであれば，互いに便宜を供与しなければならないこととなる。

したがって，電波関係法令等の制約がある場合を除いて，信号以外に無線電話，拡声器，その他の手段方法についても，港長と係留施設の管理者とは自己が通信を行う場合に準じて，他方の通信に対してできる限り便宜を供与する必要がある。

19. 係留施設の使用に関する私設信号については，広く船舶関係者に周知する必要があるため，規則第５条第１項により，港長は私設信号を許可したときは，これを海上保安庁長官に速やかに報告するよう義務付けるとともに，同長官は，同条第３項により，これを告示しなければならないこととしている。

この告示は，「係留施設の使用に関する私設信号」（平成７年３月17日海上保安庁告示第34号）であり，その概要は，次のとおりである。

⑴ 係留施設の使用に関する指示（以下「指示」という。）に用いる私設信号（以下「指示信号」という。）及び船舶がそれに対する応答に用いる私設信号（以下「応答信号」という。）は，各港ごとに別表のとおりである。

なお，指示信号を受けるべき船舶及び指示信号を発する場所は別表備考に記載されている。

⑵ これらの私設信号を発する場合には，灯火等の特別な信号方法を除き，信号旗として指示旗，係岸旗及び離岸旗並びに国際信号旗を用いる。

⑶ 指示旗，係岸旗及び離岸旗は国際信号旗に準ずる大きさで，それらの様式は次のとおりである。

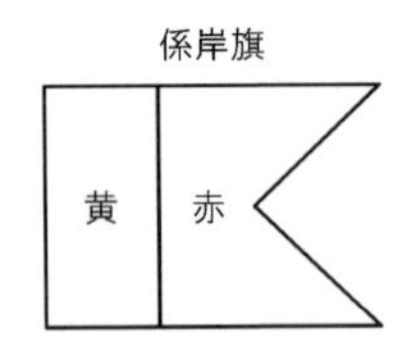

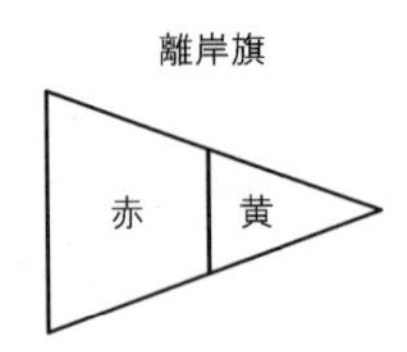

係留施設の使用に関する私設信号を新たに設け又は改廃した場合には，海上保安庁長官は告示するとともに，水路通報等により船舶関係者に速やかに周知することとしている。

20. 船舶と港長との間における無線通信による適正かつ円滑な連絡体制を確保

するため，規則第５条第２項では「びょう地の指定その他港内における船舶交通の安全の確保に関する船舶と港長との間の無線通信による連絡についての必要な事項は，海上保安庁長官が定める。」と規定し，同条第３項でこれを告示しなければならないこととしている。

この告示は，「船舶と港長との間の無線通信による連絡に関する告示」（昭和44年10月18日海上保安庁告示第205号）であり，その概要は，次のとおりである。

⑴　連絡事項は，次の各号に関すること。

イ．入港通報

船舶の名称，総トン数，入港時の最大喫水，仕出港及びその出港年月日，着港予定日時，入港目的等

ロ．避難その他船舶の事故等によるやむを得ない事情に係る入港又は出港の届出

ハ．びょう地の指定

ニ．海難を避けようとする場合等のやむを得ない事由のある場合の移動の届出

ホ．航行管制

ヘ．危険物積載船舶に対する指揮

ト．海難に関する危険予防のための措置の報告

チ．航路障害物の発見及び航路標識の異常の届出

リ．検疫に係る通報，植物防疫検査にかかる報告等

⑵　連絡方法は次によること。

根室，釧路，苫小牧，室蘭，函館，小樽，石狩湾，留萌，稚内，八戸，釜石，仙台塩釜，秋田船川，小名浜，鹿島，木更津，千葉，京浜，横須賀，清水，名古屋，四日市，阪神，田辺，高知，宇野，水島，尾道糸崎，呉，広島，岩国，徳山下松，坂出，高松，松山，今治，新居浜，関門，博多，佐世保，厳原，大分，舞鶴，境，新潟，伏木富山，鹿児島，名瀬及び那覇の49港において港長と連絡する場合には，超短波無線電話により，それぞれの呼出名称，呼出応答チャンネル・通信チャンネルに従って海上保安庁所属の海岸局を呼出し，連絡先への接続を依頼すること。

⑶　港長は，入港通報又は検疫・植物防疫通報を受けたときは，港湾管理者，当該港の厚生労働省又は農林水産省の機関等に通報すること。

［罰則］　法第５条第１項の規定の違反となるような行為をした者，同第２項の規定による指定を受けないで船舶を停泊させた者，又は同条第４項に規定するびょう地以外の場所に船舶を停泊させた者は，３か月以下の懲役又は30万円以下の罰金に処せられる。（法第52条）

■（移動の制限）

第６条　汽艇等以外の船舶は，第４条，次条第１項，第９条及び第22条の場合を除いて，港長の許可を受けなければ，前条第１項の規定により停泊した一定の区域外に移動し，又は港長から指定されたびよう地から移動してはならない。ただし，海難を避けようとする場合その他やむを得ない事由のある場合は，この限りでない。

２　前項ただし書の規定により移動したときは，当該船舶は，遅滞なくその旨を港長に届け出なければならない。

第４条　入出港の届出
第７条第１項　修繕及び係船の届出
第９条　移動命令
第22条　危険物の運搬等の許可

〔概要〕　本条は，特定港内における汽艇等以外の船舶について，港長の許可を受けた場合を除いて，いったん停泊した一定の区域内又は港長から指定されたびょう地から移動してはならないとした規定である。

【解説】　１．本条は，特定港における船舶交通の安全上の必要から，法第５条第１項の規定で港区を定めてそれぞれの港区に停泊すべき船舶の種類，大きさを限定し，又は同条第２項若しくは第３項の規定で港長が個々の船舶にびょう地の指定を行うこととしているので，船舶がいったん停泊した一定の区域外に出たり，指定を受けたびょう地から移動することを，原則として禁止しなければならないことから設けられた。

2．本条は，「法第５条第１項の規定により停泊した一定の区域」又は「港長から指定されたびよう地」からの移動を禁止している規定であり，特に「特定港内において」とは規定されていないが，当該停泊区域及びびょう地については特定港のみの規制であるので，本条も特定港について適用されることとなる。

特定港以外の港については，港区の定めもなく，びょう地の指定も要しないこととなっているので，当然移動について制限する必要がない。

3．汽艇等を除外しているのは，汽艇等については港内の整とんの観点からは港長が常にその動静を把握する必要がない船舶であることからである。

4．移動禁止が解除されるのは，次の場合である。

⑴　法第４条の規定により，出港の届出を行った場合

⑵　法第７条第１項の規定により，修繕又は係船の届出を行った場合

⑶　法第９条の規定により，港長から移動を命ぜられた場合

⑷　法第22条の規定により，危険物の運搬・荷役の許可を受けた場合

⑸　海難を避けようとする場合その他やむを得ない事由のある場合

法第４条には，入港及び出港に係る規定があるが，これは例えば，入港しようとする船舶が，途中，第５条の港区に該当する検疫区域にいったんびょう泊し，その後係留施設へ移動するような場合において，当該移動について本条が適用されることとなると考えられるが，当該移動は，入港のための航行の一部であり，本条による許可を求めるべきものでないことから，このような場合を想定して，除外するものである。

また，出港は港内の一定地点から港の外への移動であるので，これを制限する必要はないことから除外事由とされている。

第７条第１項，第９条及び第22条の場合については，移動後の停泊場所を港長が把握できることから除外されている。

「海難を避けようとする場合その他やむを得ない事由のある場合」とは，営利上の目的等を意味するものではなく，船内に傷病者があり至急陸上において医療上の手当を必要とする場合，海難救助，犯罪捜査等に従事する船舶

が当該用務のため緊急に移動する必要があり，かつ港長の許可を受ける時間的余裕のない場合を指している。

5．「法第５条第１項の規定により停泊した一定の区域外」とは，規則別表第１の港区のうち，「停泊すべき船舶」の欄において停泊が認められている港区以外の港区を意味しており，したがって同一港区内の移動のほか，異なる港区間であっても停泊が認められている港区間の移動については，規制の対象とならない。

6．法第６条第１項ただし書の規定により，やむを得ず港長の許可を受けないで移動した船舶は，同条第２項により「遅滞なく」その旨を港長に届け出なければならないこととされている。

これは，港長は在港船舶の動静を常に把握しておかなければならないことから第１項本文の規定で港長が他の規定に基づく許可申請又は届出により船舶の移動の事実を把握できる場合の他は，移動について許可にかからしめているので，当該許可を得ることなく緊急に移動した場合は「遅滞なく」報告させることとして，動静把握を図っているものである。

「遅滞なく」とは，入港届の提出の場合と同様であるが，本条の届出は「その旨を港長に届け出」ることのみとされており，届出書によることが原則的に義務付けられてはいないので，書面で提出することができないようなときは，無線電話等の手段で速やかに届け出ることとなる。

移動について届出があった場合において，港長は許可を得ないで移動した理由についての正当性を検討するとともに，移動後の停泊場所が船舶交通の安全上差し支えないか否かについて検討し，適当でないと認める場合は，法第９条の規定により他の適当な場所へ移動すべきことを命ずることとなる。

7．あらかじめ移動許可を受けた船舶及び第２項の規定により移動後港長に届け出て他の場所へ移動を命ぜられなかった船舶は，当該場所に停泊・停留することについて，あらためて法第５条第２項の規定によるびょう地の指定又は法第21条の規定による停泊・停留場所の指定を受ける必要はない。

［罰則］　本条第１項の規定の違反となるような行為をした者は，３か月以下の懲役又は30万円以下の罰金に処せられる。（法第52条）

■（修繕及び係船）

第７条　特定港内においては，汽艇等以外の船舶を修繕し，又は係船しようとする者は，その旨を港長に届け出なければならない。

２　修繕中又は係船中の船舶は，特定港内においては，港長の指定する場所に停泊しなければならない。

３　港長は，危険を防止するため必要があると認めるときは，修繕中又は係船中の船舶に対し，必要な員数の船員の乗船を命ずることができる。

〔概要〕　本条は，特定港内において汽艇等以外の船舶を修繕し，又は係船する場合，港長にその旨を届け出させることにより，港長が特殊な停泊状態にある船舶の動静を把握できるようにするとともに，停泊場所を指定して港内を整とんし，又は必要に応じ船員の乗船を命ずることにより事故防止を図ることとした規定である。

【解説】　１．修繕又は係船中の船舶は，当該船舶内で工事・作業が行われ又は休業する等により容易に移動できない等特殊な状態にあり，かつ，通常その期間は長期にわたることから，本条では，船舶交通の安全確保の見地からこれらの船舶の現状を把握するとともに，停泊場所を指定し，また，荒天時等に必要な措置をとらせることができることとしたものである。

２．本条において「修繕」とは，船体，機関，補機，甲板機械の修繕等船舶の運航機能に直接支障がある修繕で，修繕中は容易に運航できず，運航しようとしても復旧が容易でないような修繕をいう。

入きょ又は上架して行う修繕は，修繕ではあるが，入きょ又は上架することにより施設の中又は陸上で修繕が行われ，他の船舶交通とは関係がないので本条にいう修繕には該当しない。

なお，「ドックに出入りさせる」場合には，船舶の動静を把握するため，法第33条の規定に基づき入出きょ届を提出させている。

３．「係船」とは，一般的には船舶をつなぎ止めることのすべてをいうが，本条では，船舶安全法施行規則第２条第２項第５号に定める係船中の船舶であって，同規則第41条第１項の規定により船舶検査証書を返納して船舶安全法第２条第１項の適用除外となる船舶が行う係船等，比較的長期にわたり当該船舶が運航されず，船舶所有者等の直接的管理下にない状態におかれるような船舶であって，特別の管理体制を構築する必要のある船舶が行う係船をいう。

4．第１項で「汽艇等以外の船舶」として汽艇等を除外しているのは，汽艇等については港内の整とんの観点からは港長が常に動静を把握する必要がない船舶であることから，届出を要求する必要がないとされたものである。

第２項及び第３項においては，「修繕中又は係船中の船舶」とあって汽艇等以外の船舶であることを明確に規定していない。しかし，第２項の停泊場所の指定については，第１項の届出に基づいて行うものであること，汽艇等は港長が常時その動静を把握する必要がない船舶であり届出の義務を課していないことから停泊場所の指定が事実上困難であること，法第８条により船舶交通の妨げとなるおそれのある港内の場所での停泊等を制限していること等の理由により，第２項の船舶には汽艇等は含まれない。

なお，船舶交通の安全上必要があれば，法第９条の規定により移動を命ずることができる。

第３項の「船舶」についても，汽艇等に通常乗り組んでいる船員は少数であることから減員についてもおのずから一定の限度があり，一方，保安要員も少数で差し支えないため，必要な保安要員の乗組みは通常確保されており，また，緊急時の移動が必要になった場合も他船等により容易に移動し得ることから，第２項と同様第３項の船舶にも汽艇等は含まれない。

5．第１項では「その旨」を港長に届け出ることとして届出事項については入港届のように特に規定していないが，当該届出に基づいて港長が停泊場所を指定し，又は必要な船員の乗船を命ずることができる内容であることが必要である。

したがって，単に修繕又は係船するという事実のみでなく，船舶の名称，主要目，国籍，修繕又は係船の期間，希望する停泊場所，主要な修繕箇所，係船の方法，乗組員数，修繕又は係船中の乗組員数等を届け出る必要がある。

〔参考〕 修繕・係船届出書様式

第6号様式

修　繕　・　係　船　届

年　月　日

港長　殿

届出者所属・氏名

船舶の名称		船舶の種類	
船舶の国籍		総トン数	トン
船舶の全長	m	最大喫水	m　cm
船舶の代理人の氏名又は名称及び住所			
修繕・係船期間	自　年　月　日 至　年　月　日	修繕・係船中の停泊場所	
主要修繕箇所・係船理由及び方法			
乗組員の数		修繕・係船中の乗組員の数	
事故防止措置			
※指定停泊場所			

（第6号様式）
注意
1　この様式は、次の用途に使用できる。
　修繕届
　係船届
2　用途により、表題中不要の文字を削り、各欄の記載事項はそれぞれの用途に応じて記載すること。
3　船主以外の者が船主の代理人として届け出る場合には、船主の氏名を記載し、その下にその者の所属氏名を記載すること。
4 「船舶の代理人の氏名又は名称及び住所」の欄には、代理店が設定されている場合は代理店の名称、住所及び電話番号を、また、代理店が設定されていない場合は運航者の名称及び住所を記載すること。
5　届書は、1通提出すること。
6　※の欄は記載しないこと。

6.「しようとする者」とは，修繕を行う造船所等や係船当番に従事する者をいうのではなく，修繕又は係船をしようとする意思を有し，かつ，当該船舶の処分・利用について権限を有する者をいう。

したがって，通常は船舶所有者又は傭船者を指すが，船長又は代理店が代わりに届け出ても差し支えない。

7.第2項の規定は，修繕又は係船する船舶は，相当長期間にわたって同一場所に停泊するものであり，また，いったん停泊するとその後容易に自力で移動することができないことから，一般船舶について定めた港区内に随意に停泊させ，又は荷役等のため港長が指定したびょう地に引き続いて停泊させることは，他の船舶交通の障害となるおそれがあり，限られた狭い港内の水域を有効に利用する点からも好ましくないので，これを港長から停泊場所の指定を受けさせて当該場所に停泊させることとしたものである。

8.第2項では，「港長の指定する場所に停泊」することとされており，びょう泊のほか係留施設に係留する場合も含まれる。

停泊場所の指定については，原則として法第5条第1項の規定により，当該船舶が停泊すべき港区内であることを要するが，規則別表第1に定められている各港区の「停泊すべき船舶」は，当該船舶が通常の運航，停泊の状態にある一般的な場合を規定しており，修繕又は係船という特殊な状態の船舶についても，当該船舶が停泊すべき港区内に限定するのは，水域の有効利用又は停泊目的等から不合理な場合がある。したがって，法第5条第2項のびょう地指定と同様に特別な事情がある場合は，当該船舶が停泊すべき港区以外の港区間に停泊場所を指定することもできる。

本項による停泊場所の指定を受けた船舶は，あらためて法第５条第２項の規定によるびょう地の指定を受ける必要はない。

9．修繕又は係船中の停泊場所については相当長期間にわたることがあるので，港長は港内交通上の支障がないことのほか，港湾の管理運営上の支障，水深，底質，気象・海象，漁業操業への影響等についてもあわせて検討する必要がある。

10．危険物積載船舶の修繕については，危険物船舶運送及び貯蔵規則第５条において，

⑴　火薬類を積載し，又は貯蔵している船舶においては，工事（溶接，リベット打の他火花又は発熱を伴う工事をいう。）をしてはならない。

⑵　火薬類以外の危険物又は引火性若しくは爆発性の蒸気を発する物質を積載し，又は貯蔵している船倉若しくは区画又はこれらに隣接する場所においては，工事をしてはならない。

⑶　引火性液体類又は引火性若しくは爆発性の蒸気を発する物質を積載し，若しくは貯蔵していた船倉又は区画において工事，清掃その他の作業を行う場合は，工事その他の作業施行者は，あらかじめガス検定を行い，爆発又は火災のおそれがないことについて船舶所有者又は船長の確認を受けなければならない。

等の規定があり，これらの規定を遵守させるほか，火気管理不十分な作業船は接舷させない等の措置をとらせる必要がある。

11．第３項の規定は，係船中の船舶にあっては通常当該船舶の属具等の盗難予防，必要な整備，保守等のために必要な最小限の人員しか乗船せず，また，長期間の修繕船にあっては乗組員が休暇等のため上陸，下船する場合が多く，異常気象時にも自らの運航能力がないため，差し当たり停泊場所で走錨を防止して他船との衝突，座礁等の事故を発生させないよう必要な措置をとらせる必要がある。このため，港長が危険予防のため必要と認めるときは，当該船舶に対し一定人員の乗船を命ずることができることとしたものである。

なお，船員法では，同法施行規則第46条で「入きよ，修繕又はその他の事

由によつて船舶を航行の用に供しないとき」は，船舶所有者は定員数の海員を乗り組ませないことができるとしているが，その旨を最寄りの地方運輸局長に届け出た場合において，地方運輸局長が必要あると認めるときは欠員の補充を命ずることができることとなっている。

船員法と港則法では法目的が異なることから，例え船員法には定員数の海員を乗り組ませなくてもよい場合にあっても，港長が船舶交通の安全確保の見地から必要と判断した場合には乗船命令を出すことができる。

12. 本項の命令の対象となる者は，当該船舶の船長又は運航について責任を有する者である。

［罰則］ 本条第１項の規定に違反した者及び同条第２項の規定の違反となるような行為をした者は，30万円以下の罰金又は科料に処せられ（法第54条），また，同条第３項の規定による処分の違反となるような行為をした者は，３か月以下の懲役又は30万円以下の罰金に処せられる。（法第52条）

■（係留等の制限）

第８条 汽艇等及びいかだは，港内においては，みだりにこれを係船浮標若しくは他の船舶に係留し，又は他の船舶の交通の妨げとなるおそれのある場所に停泊させ，若しくは停留させてはならない。

〔概要〕 本条は，船舶交通の安全と港内の整とんを図るため，港内における汽艇等及びいかだの停泊・停留場所を制限した規定である。

【解説】 １．本条は，小型の船舶である汽艇等が，大型の船舶の係留のために設けられている係船浮標に係留して大型の船舶の係留に支障を生ぜしめることを禁止するとともに，汽艇等が他の船舶に係留することにより係留された船舶及び他の船舶の交通を阻害するおそれを生じさせることを禁止したものである。

また，いかだは通常輸送手段ではなくそれ自体が貨物であり，しかも長大で引船により移動させることも容易でないものが多く，このようなものを係船浮標や船舶自体に係留した場合は，船舶交通の妨げとなることからこれらを禁止したものである。

2．本条が適用される区域は「港内において」と規定していることから，特定港のみでなくすべての適用港に適用される。

なお，ここで「いかだ」とは，竹木材等を綱，ボルト，ワイヤー等でつなぎ，一体として運搬・保存できる状態にしたものをいう。

3．本条で禁止している行為は

⑴　みだりに，係船浮標又は他の船舶に係留すること

⑵　みだりに，他の船舶の交通の妨げとなるおそれのある場所に停泊させること

⑶　みだりに，他の船舶の交通の妨げとなるおそれのある場所に停留させること

である。

4．「みだりに」とは，社会通念上正当な理由があると認められない場合をいい，正当な理由がなくというのとおおむね同義である。

例えば，次のような場合は，特に船舶交通の安全上支障がなければ，みだりに停泊・停留することとはならない。

⑴　もやい取り作業に従事する汽艇等が，係船浮標又はシーバースに係留する本船のもやい取りのため，当該船舶が到着するまで係留予定の係船浮標に係留したり係船浮標又はシーバース付近に停泊・停留する場合

⑵　機関故障等自船の事故のためえい船の救援があるまで係船浮標や他船に一時つないでいる場合

⑶　手配した交通艇を船舶の舷梯につないでおく場合又は交通艇が舷梯の準備ができるまでその付近に停泊する場合

⑷　船舶に積み込まれる木材・いかだをその船舶の舷側につないでいる場合

⑸　荷役中のタンカーのバース警戒に従事している汽艇等がその付近に停留する場合

⑹　船だまり等にある汽艇用の係船浮標に汽艇を係留する場合

これに対して，次のような場合は，みだりに係留，停泊，停留することに

なる。

⑴　入港船舶が完全に停泊する前にはしけを当該船舶に係留する場合

⑵　主機械の試運転をしようとする船舶にはしけを係留している場合

5．本条の規定の違反に対しては特に罰則が設けられていないが，本条に違反したことにより船舶の衝突，接触等事故が発生した場合には，本条違反の事故が過失となって刑事責任を問われ又は賠償責任を負うこととなり，また軽犯罪法（昭和23年法律第39号）第1条第7号の規定の「みだりに船又はいかだを水路に放置し，その他水路の交通を妨げるような行為をした者」に該当し，拘留又は科料に処せられる場合もあり得る。

また，港長等は，本条に違反して停泊しているような船舶に対しては，法第9条に基づき移動を命ずることができる。

6．本条に関連した規定として，法第10条（停泊の制限）及び同条に基づく命令の規定がある。

■（移動命令）

第9条　港長は，特に必要があると認めるときは，特定港内に停泊する船舶に対して移動を命ずることができる。

〔概要〕　本条は，特定港内に停泊している船舶に対して，船舶交通の安全及び港内の整とん上必要があれば港長は当該場所から港内の他の場所へ移動を命ずることができるとした規定である。

【解説】　1．船舶は，特定港内において，法第5条第1項（港区），同第2項及び第3項（びょう地指定），第7条第2項（修繕，係船中の停泊場所）並びに第21条（危険物積載船舶の停泊場所指定）の規定により，一定の区域内又は港長の指定した場所に停泊しなければならず，また，第6条（移動の制限）の規定により港内を移動する場合は原則として港長の許可を受けなければならないこととなっている。

本条は，船舶交通の安全及び港内の整とんを図るためには，これらの船舶を港内の一定の場所にとどめておくという規制だけでは不十分であり，港内の時々刻々の状況変化に対応して停泊船舶及び他の通航船舶の安全上，船舶の停泊場所を変更する必要がある場合があるので，港内全般の船舶交通の安全上の見地から積極的に移動を命ずることができる権限を港長に付与したものである。

2．本条が適用されるのは，次のような場合である。

⑴　火災，油流出その他の事故が発生し，付近に停泊している船舶を港内の安全な場所に移動させる必要がある場合

⑵　在港船舶のうち，予想される気象状況等を勘案すると，その停泊場所が安全でない特定の船舶を港内の他の海域に移動させる場合

⑶　法第6条第1項ただし書の規定により，緊急に移動した船舶の移動先が不適当と認められる場合

⑷　法第8条の規定に違反して汽艇等が船舶交通の妨げとなるおそれのある場所に停泊している場合

⑸　法第5条第6項の規定により，係留施設の使用の制限・禁止を係留施設の管理者に対して指示した場合において，係留している船舶が移動しない場合

3．本条に基づき移動を命ずる対象者は，移動すべき船舶の船長又は船長に代って船舶の運航について責任を有する者である。

4．本条の規定は，法第45条の規定により特定港以外の港についても準用される。

[罰則]　本条の規定による処分の違反となるような行為をした者は，3か月以下の懲役又は30万円以下の罰金に処せられる。（法第52条）

■（停泊の制限）

第10条　港内における船舶の停泊及び停留を禁止する場所又は停泊の方法について必要な事項は，国土交通省令* でこれを定める。

＊ 規則第６条（停泊の制限）
規則第７条（停泊の準備）
規則第21条の３（釧路港におけるびょう泊等の制限）
規則第23条（鹿島港におけるびょう泊等の制限）
規則第25条（京浜港における停泊の制限）
規則第26条（同びょう泊等の制限）
規則第30条（阪神港における停泊の制限）
規則第34条（尾道糸崎港における停泊の制限）
規則第36条（関門港におけるびょう泊の方法）
規則第42条（高松港におけるびょう泊等の制限）
規則第47条（細島港における停泊の制限）
規則第48条（同びょう泊等の制限）
規則第49条（那覇港におけるびょう泊等の制限）

〔概要〕 本条は，港内における船舶の停泊及び停留について積極的にこれを禁止する場所を定め，停泊の方法についても具体的に必要な事項を国土交通省令に委任した規定である。

国土交通省令では，釧路港等９港について港ごとにびょう泊の方法及び停泊の制限を規定している。

【解説】 1．法では，特定港内において船舶の停泊すべき港区を定め，又は個々の船舶に対するびょう地の指定，危険物積載船舶の停泊場所の指定等により船舶を一定の区域内又は地点に停泊させているほか，港内において汽艇等及びいかだの停泊・停留場所を制限している。

しかしながら，本条では，港内の限られた水域を安全かつ有効に利用して船舶交通の安全及び港内の整とんを図るため，さらに各港の実情に応じて船舶の停泊・停留場所を制限し又は停泊の方法を規制することとしたものである。

2．本条の規定に基づく国土交通省令としては，各港共通事項として，規則第６条で「船舶は，港内においては」次に「掲げる場所にみだりにびょう泊又は停留してはならない。」こととしている。

⑴ ふ頭，桟橋，岸壁，係船浮標及びドックの付近

⑵ 河川，運河その他狭い水路及び船だまりの入口付近

これらの水域は，船舶交通がふくそうしているため，当該水域にびょう泊又は停留する船舶がある場合には，一般船舶の係留又は出入りが妨げられる

おそれがあるからである。

３．各港共通事項として，規則第７条では，異常な気象又は海象により，港内に停泊する船舶の安全の確保に支障が生ずるおそれがあるときに当該船舶が行うべき準備について，「港内に停泊する船舶は，異常な気象又は海象により，当該船舶の安全の確保に支障が生ずるおそれがあるときは，適当な予備錨を投下する準備をしなければならない。この場合において汽船は，更に蒸気の発生その他直ちに運航できるように準備をしなければならない。」と規定している。

これは，台風接近時等の荒天の際，港内に停泊している船舶が走錨して他船に衝突し又は陸岸に乗り揚げる等の事故を防止するため，予備錨及び機関の準備をすることを義務付けたものである。

「直ちに運航できるように準備をする」とは，蒸気タービン船等は所要の蒸気圧力を保つこととし，運航要員の確保，揚びょうの用意，えい船の手配等も含まれている。

４．施行規則各則では，次のような各港ごとの規定を設けている。

⑴　停泊又は係留の禁止

阪神港の河川運河は船舶交通が常時ふくそうし，かつ，大型の船舶が出入りしている水域であるため船舶の可航水域を確保する必要があり，また，細島港では航路付近の他船に船舶が係留することにより航路航行船舶の通

港の名称	適用対象	適用水域	禁止行為	適用条項
釧　路	船舶	指定海面	びょう泊	規則第21条の３
鹿　島	〃	鹿島水路	〃	規則第23条
京　浜	〃	川崎第１区，横浜第４区	〃	規則第26条
阪　神	〃	河川運河水面	両岸から河川幅又は運河幅の1/4以内の水域以外における停泊又は係留	規則第30条第１項
高　松	〃	指定海面	びょう泊	規則第42条
細　島	〃	細島航路両側の指定海面	他船への係留	規則第47条第１項
〃	〃	細島航路両側の指定海面等	びょう泊	規則第48条
那　覇	〃	那覇水路	〃	規則第49条

航又は離着さんに支障を及ぼさないようにするため停泊又は係留の禁止をしている。

⑵　びょう泊の方法として双びょう泊に限定

港の名称	適　用　対　象	適　用　水　域	適用条項
関　門	船舶	関門港内	規則第36条

関門港では港長は，必要があると認める場合，港内にびょう泊する船舶に対しびょう泊の方法として双びょう泊を命ずることができることとしている。これは，船舶交通がふくそうする水域でびょう泊している船舶の振れ回り水域をできる限り小さくして，他の船舶交通のための水域を確保しようとするものである。

⑶　はしけを他の船舶に係留する場合の並列の制限

港の名称	適用水域	被係留船舶の指定	並列の限度	適用条項
京　浜	東京第１区	船舶	１縦列	規則第25条
	東京第２区，横浜第１区～第３区	—	３　〃	
	川崎第１区，横浜第４区	—	２　〃	
阪　神	神戸区防波堤内	岸壁，桟橋又は突堤に係留中の船舶	２　〃	規則第30条第２項
	〃	その他の船舶	３　〃	

港内に停泊している船舶の船側にはしけを無制限に係留することは，当該船舶の係船に際し，例えば錨のは駐力を超えて走錨し又は係船索を切断するおそれがあるとともに，広く水域を占有して他の船舶交通を阻害することともなるので，港長が特に許可をした場合を除き，特に船舶交通がふくそうする港において一定の水域を定め又は被係留船舶を指定して，はしけの縦列係留を制限している。

⑷　その他の係留に関する制限

港の名称	適用対象	適用水域	制限事項	適用条項
尾道糸崎	船舶	第３区	岸壁又はさん橋に係留中の他船の船側に係留してはならない	規則第34条
細　島	船舶	細島航路南側等の指定海面	他船の船側に係留する場合は３縦列を超えてはならない	規則第47条第２項
	総トン数500トン以上の船舶	細島航路周辺等の指定海面	船尾のみを係留施設に係留してはならない	規則第47条第３項

細島港の航路周辺，特に同航路の西側及び南側の工業港区に当たる港奥部は，非常に狭あいであるのに比して大型の船舶が出入りしていることから，他船に係留する場合の係留の列数を制限するとともに大型船の船尾付け係留を禁止することにより，他の船舶の可航水域の確保を図っている。

［罰則］　本条に基づく国土交通省令の規定の違反となるような行為をした者は，30万円以下の罰金又は拘留若しくは科料に処せられる。（法第55条）

第３章　航路及び航法

■（航　路）

第11条　汽艇等以外の船舶は，特定港に出入し，又は特定港を通過するには，国土交通省令* で定める航路（次条から第39条まで及び第41条において単に「航路」という。）によらなければならない。ただし，海難を避けようとする場合その他やむを得ない事由のある場合は，この限りでない。

*　規則第８条（航路）

〔**概要**〕　本条は，汽艇等以外の船舶が特定港に出入りし又は特定港を通過するには，原則として港ごとに定めている航路によらなければならないこととした規定である。

航路は，規則第８条により規則別表第２に定めている。

【**解説**】　１．本条は，大型の船舶の出入り等により船舶交通がふくそうする特定港において，航行船舶及び停泊船舶の安全を確保し，狭い水域を有効に利用するため，これらの船舶の通航路を定めて，この通航路による航行を義務付けたものである。

２．これらの通航路は，港の形態及び船舶交通の流れの実態，特に防波堤，係留施設等の位置，水路の水深等を考慮して，船舶交通の流れの円滑化と安全を図るように港ごとに国土交通省令で規定することとしており，規則第８条で「特定港内の航路は，別表第２のとおりとする。」と定め，令和６年３月１日現在，次のとおり35特定港に74航路を設けて，その区域を規定している。なお，特にその必要が認められないその他の特定港については，航路を設けていない。

航路の区域と港区の区域の関係については，港区が船舶の停泊すべき場所であるので，その区域に航路の区域が含まれることはなく，両区域が重複することはない。

1つの港に複数の航路を設定している場合には，航路について混同しないよう航路の名称を付与している。

1港1航路の場合は当該港名を冠して称するのが一般であるが，水島港では海上交通安全法に定める水島航路と混同しないよう港内航路の名称を付与している。

区　分	港　　　名　（航路名）
1港1航路	釧路，室蘭，小樽，青森，仙台塩釜，清水，舞鶴，東播磨，境，水島（港内航路），広島，徳島小松島，高松，高知，三池，長崎，佐世保，細島
1港2航路	函館（南航路、北航路），八戸（東航路，西航路），木更津（木更津航路，富津航路），阪南（岸和田航路，泉佐野航路），和歌山下津（下津航路，北区航路），新居浜（第一航路，第二航路），博多（中央航路，東航路），鹿児島（本港航路，新港航路）
1港3航路	名古屋（東航路，西航路，北航路），姫路（東航路，飾磨航路，広畑航路），尾道糸崎（第一航路，第二航路，第三航路）
1港4航路	千葉（千葉航路，市原航路，姉崎航路，椎津航路） 伏木富山（伏木航路，新湊航路，富山航路，国分航路） 四日市（第一航路，第二航路，第三航路，午起航路）
1港5航路	京浜（東京東航路，東京西航路，川崎航路，鶴見航路，横浜航路）
1港6航路	阪神（浜寺航路，堺航路，大阪航路，神戸中央航路，新港航路，神戸西航路）
1港8航路	関門（関門航路，関門第二航路，響航路，砂津航路，戸畑航路，若松航路，奥洞海航路，安瀬航路）

3．本法で「航路」とは，一般的には規則別表第2に定める上記の航路を指す。

ただし，法第40条（原子力船に対する規則）の規定では，港長が原子力船の航路を指定することができることとしているが，この場合にいう「航路」は，単に船舶の通航経路としての意味であり，本条から第39条まで及び第41条にいう「航路」と異なるため，第11条では「次条から第39条まで及び第41条において単に「航路」という」として両者を区別している。

また，法第38条（船舶交通の制限等）の規定に基づく規則別表第4の管制対象水域は航路を主体としているが，航路以外の水域も含んでいるため，同条では「水路」としている。

4．本条において汽艇等を除外しているのは，汽艇等は一般的に喫水の浅いものが多く，必ずしも航路の有する水深を必要としないこと，港内に設けられた切通し等航路以外に確保された水域を航行させた方が港内全般の船舶交通の安全，航路の有効利用の面からも望ましいことによるものである。

5．「海難を避けようとする場合その他やむを得ない事由のある場合」に，航路によらないことができることとしているのは，法第6条と同様であり，「その他やむを得ない事由のある場合」とは，人命又は他の船舶を救助する場合等であって，しかも航路を航行したのでは人命又は船舶の安全が確保できない場合である。

したがって，航路内の船舶交通がふくそうしているとか，風が強く逆風になるので速力が低減するといった条件や自船の運航上の都合等で航路航行義務は免除されるものではない。

6．「航路によらなければならない」とは，航路として定められた区間の中をその方向に沿って航行しなければならないことをいう。ここで，「航路による」とは，船舶が通常航行する形態により，航路の出入口から航路に出入りすること及び航路の出入口以外の部分において航路内をこれに沿って通航することを含んでおり，航路を斜航し又は横切ることは航路によることとはならない。

航路の全区間を航路航行義務がある（常に航路の出入口から出入りする必要がある）と解すると，例えば航路の途中から停泊場所に向かった方が安全で実際的である場合においても，狭い港内を航路の端まで航行した後反転して停泊場所に向かわなければならないというのでは船舶交通上かえって好ましくなく，かつ合理的でないので，この場合には停泊場所に向かうため最も適した地点から航路外に出ても差し支えない。

［罰則］ 本条の規定の違反となるような行為をした者は，3か月以下の懲役又は30万円以下の罰金に処せられる。（法第52条）

> **第12条**　船舶は，航路内においては，次に掲げる場合を除いては，投びようし，又はえい航している船舶を放してはならない。
> 一　海難を避けようとするとき。
> 二　運転の自由を失つたとき。
> 三　人命又は急迫した危険のある船舶の救助に従事するとき。
> 四　第31条の規定による港長の許可を受けて工事又は作業に従事するとき。

〔概要〕　本条は，航路の保全のため，航路内における船舶航行の障害となるような一定の行為を禁止した規定である。

【解説】　1．前条の規定により，特定港に出入りし又は通過する船舶に対しては航路の航行が義務付けられている。そのため航路では，常にすべての船舶が自由に航行できるような状態が維持されていなければ航路航行を義務付けた意義が失われる。

したがって，航路内では船舶航行の障害となるおそれのある行為は厳に禁止する必要があることから，やむを得ない一定の場合を除いて，投びょうしたり独航能力のない被えい航船を放すことを禁じたものである。

2．本条では，「船舶は」としているので，法第11条により航路の航行を義務付けられていない汽艇等も対象に含まれる。

これは，航行義務のない汽艇等であっても，いったん航路内に入れば，他の船舶と同様に航行阻害行為を禁ずる必要があるからである。

3．「航路内において投びようし」とは，航路内に自船の錨を投下するのみでなく，航路近くの航路外において投びょうしたことにより船体の一部又は全部が航路内に残り，又は投びょう時船体も航路外にあったが振れ回りのため航路内に船体の一部が入るようになった場合も含まれる。

本条の投びょう禁止は，本条の制定趣旨を勘案すると，航路若しくはその周辺で投びょうして船首を回頭することも禁止する広い意味の投びょうの禁止である。

４．「運転の自由を失つた」船舶とは，海上衝突予防法第３条第６項の運転不自由船と同義であり，舵故障，機関故障等の船舶の操縦性能を制限する異常な事態を生じているため他の船舶の進路を避けることができない船舶のことをいう。

　このような船舶は，そのまま航行すると衝突，座礁等の事故発生のおそれが極めて強く，通常投びょうして停止するのが最も安全であり，この場合に投びょうを禁止することはかえって航路内の危険を増大させるおそれがあるからである。

５．港長の許可を受けて工事作業に従事している場合には，しゅんせつ，潜水調査等のために投びょうしなければならないことがある。

　この場合において港長は，航路内における工事等の必要性及び作業方法を検討し，作業区域，作業時間，作業船の占有水面を限定する等，船舶交通に与える障害を最小限度になるよう配慮するとともに，必要に応じて，法第39条の規定により船舶の交通を制限し又は工事作業を行う場所，期間及び用いられる標識等を港長公示，水路通報等により周知徹底し，事故の未然防止に努める必要がある。

６．法第19条第２項に基づく一定の港における特別の航法として，釧路（規則第21条の３及び第21条の４），鹿島（規則第23条），京浜（規則第26条及び第27条），高松（規則第42条），細島（規則第48条）及び那覇（規則第49条）の各港では，航路以外の特定の水域において，やむを得ない一定の場合を除いてはびょう泊し，又はえい航している船舶その他の物件を放してはならないこととされている。

　なお，これらの規定では法第12条と異なり船舶以外のえい航している物件も放してはならないこととされている。

［罰則］　本条の規定の違反となるような行為をした者は，３か月以下の懲役又は30万円以下の罰金に処せられる。（法第52条）

■（航　法）

第13条　航路外から航路に入り，又は航路から航路外に出ようとする船舶は，航路を航行する他の船舶の進路を避けなければならない。
2　船舶は，航路内においては，並列して航行してはならない。
3　船舶は，航路内において，他の船舶と行き会うときは，右側を航行しなければならない。
4　船舶は，航路内においては，他の船舶を追い越してはならない。

〔概要〕　本条は，航路における航法の規定であって，航路出入船舶の避航（第１項），並列航行の禁止（第２項），行会い時の右側航行（第３項）及び追越し禁止（第４項）について定めている。

【解説】　1．法第11条の規定により，特定港に出入りし，又は通過する汽艇等以外の船舶には航路航行義務が課せられているが，航路は港内における通航路として停泊区域と明確に分けられた船舶交通が極めてふくそうしている水域であることから，航路における船舶交通の安全を図る必要があるので本条を設けたものである。

なお，本条以下に定められた港内の航法は，海上衝突予防法の規定に優先して適用されるが（同法第41条），本法においても保持船の航法等海上衝突予防法の規定の一部が適用されるものがある。（同法第40条）

2．第１項は，航路を航行する船舶と航路外から航路に入り又は航路から航路外に出ようとする船舶との間の避航関係に関する規定である。

法第11条の規定により，汽艇等以外の船舶は，特定港に出入りし又は通過するには航路によらなければならないこととされているが，航路はこのような船舶の航行のために特に設けられているものであるので，その中を航行する船舶に対しては，新たに航路外から航路に入り，又は航路から外に出ようとする船舶が避航義務を負うように定めたものである。

3．「航路外から航路に入り，又は航路から航路外に出ようとする」とは，航路の途中から航路に入り，又は航路の途中からそれて出る場合のみでなく，航路の出入口から出入りする場合も含まれる。

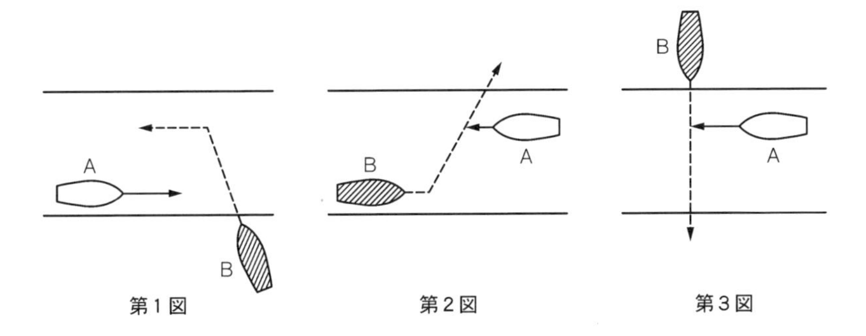

第１図及び第２図は，本条が適用される典型的な例であってＢ船が避航義務を負う。第３図は，航路を横切る場合であるが，航路外から航路に入り，さらに航路から航路外に出ることとなり，かつ航路を航行している状態ではないので，本条の規定により当然横切るＢ船が航路を航行する船舶の進路を避けなければならない。

ここで「航路を航行する」とは，航路内を航行しており，かつ進路が航路の方向にほぼ一致している状態をいう。

4．航路から出ようとする船舶と航路に入ろうとする船舶とが出会うときは，本項の規定は適用されないので，海上衝突予防法又は本法の他の規定に定めるところによる。

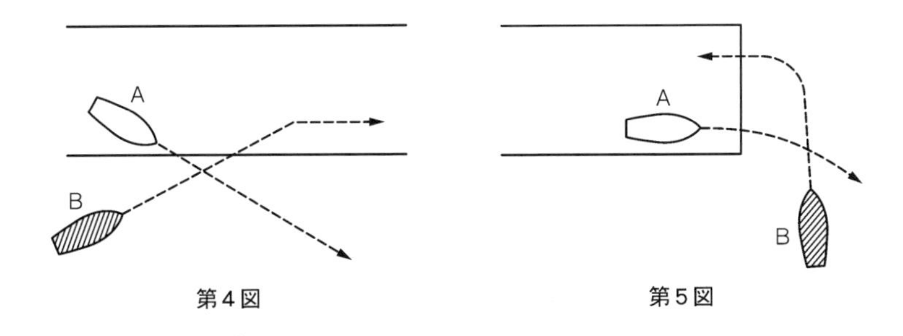

第４図及び第５図いずれの場合も，Ａ船は航路から航路外に出ようとし，Ｂ船は航路に入ろうとする船舶であり，Ａ船が避航義務を負うが（海上衝突予防法第15条），特に第５図にあっては，Ｂ船は航路の出入口付近でそうし

た危険な見合い関係が生じないよう十分余裕をもって操船することが船員の常務である。

5．本条の規定は「船舶」を対象としているので汽艇等も含まれる。

したがって，航路を出入りする船舶と航路を航行している船舶がともに汽艇等である場合は，本項を適用して航路を出入りする汽艇等が避航することとなるのは明らかである。

航路を航行している汽艇等と航路に出入りしようとする汽艇等以外の船舶との間においては，汽艇等の避航義務を定めた法第18条との優先関係が問題となるが，航路が法第11条で汽艇等以外の船舶の通航路として特に設けられたものであり，当該汽艇等以外の船舶は航路によることが義務付けられているのに対し，汽艇等は法規制上も事実上も航路以外の水域を航行することができること及び法第18条の定める汽艇等の港内における地位からも，この場合は航路を航行している汽艇等の方が避航義務を負うこととなる。

6．第２項は，航路内における並列航行を禁止する規定である。

これは，狭あいかつ船舶交通がふくそうしている水域である航路内で２隻以上の船舶が並列して航行することは，当該２船間に接触の危険があるだけでなく，反航する他の船舶にとっても極めて危険であるからである。

7．「並列して航行」とは，横の方向に並んでいる状態をいい，斜め方向に連なっている場合は並列して航行していることにはならないが，同航している場合は，できる限り前後に連なって船間距離をとって航行する必要がある。

8．第３項は，航路内における右側航行の原則を明らかにした規定である。航路は人為的に設けられた狭い水路であって，しかも航路内は船舶の往来が頻繁であり，かつ，付近には岸壁，防波堤等の構築物があり，多数の船舶が停泊・航行している。そのため，あらためて海上衝突予防法の原則である右側航行（同法第９条，第14条，第19条）について規定したものである。同法第９条では狭い水道等における航法として「安全であり，かつ，実行に適する限り」常に右側端に寄って航行することを定めているが，本法第13条第３項では航路は幅員が狭小であるため「航路内において，他の船舶と行き会うときは」右側を航行させることとし，他船と行き会うおそれのないときは航路の中央を航行しても差し支えないこととしている。

9．「行き会う」とは，反対方向から接近することである。船舶の出会い関係のうち，第1項は横切り状態の出会い関係，第4項は同じ方向の接近である追越し関係についてそれぞれ規制しており，本項では行き会う場合のみを規制している。

海上衝突予防法第14条では「真向かい又はほとんど真向かいに行き会う場合」の航法を規定しており，同条第3項で，自船がこれに類似した状態であるか確認できない場合には，その状況にあると判断させることとしている。

航路をこれに沿って航行している船舶が行き会う場合は，互いに航路に沿って反航しているので，おおむね海上衝突予防法第14条に規定する状態にあるのが通例であり，第3項は同法第14条の定める原則を確認したものである。

10．海上衝突予防法第9条の狭い水道等における航法は「右側端通航」であるのに対し，第3項の定める航法は「右側通航」である。

海上衝突予防法の定める右側端通航は，小型船舶を右側端に寄って通航させることにより結果的には狭い水道等の中央部（最深部）を大型船のためにあけておこうという趣旨によるものであるが，本条では，港内の航路水深は必ずしも中央部が最も深いということではないので，行会い船が互いに安全に航過できるよう航路の中央線よりも右側に寄って航行することで十分であるとされたものである。

ただし，行会い船は互いに，早目にかつ相手船にも判然とするように航路の右側を航行することが肝要である。

11．第4項は，航路内における追越しを禁止した規定である。海上衝突予防法では狭い水道等においても原則的には追越しを禁止せず，追い越される船舶の協力動作及び信号について規定している。（同法第9条第4項）

航路は通常その幅員が狭く，周辺に防波堤等の構築物があり，かつ，航路を離れると水深が十分でないといった地形的制限のみでなく，船舶交通がふくそうしているため，このような場所で追越しを認めると，衝突，座礁等の事故を起こすおそれが極めて大きいので，これを禁止したものである。

12．「追越し」とは，海上衝突予防法第13条の規定と同様であり，他の船舶の正横後22度30分（2点）を超える後方の位置，夜間であれば他の船舶のいずれのげん灯も見ることのできない位置から，その船舶を追い越すことをいう。

したがって，先行船の斜後方から先行船の針路を横切って斜前方に出る場合のみでなく，いわゆる追越しや追抜きの場合も含まれている。

また，海上衝突予防法第13条第３項では，「自船が追越し船であるかどうかを確かめることができない場合は，追越し船であると判断しなければならない。」旨規定されており，本条の場合も同様に判断する必要がある。

13. 法第19条に基づく一定の港における特別の航法として，本条の規定に関連するものが施行規則で次のとおり規定されている。

⑴　航路出入船舶の避航（第１項）関連

名古屋（規則第29条の２第４項，第５項），四日市（規則第29条の４），関門（規則第38条第１項第７号から第11号）及び博多（規則第44条）の各港では，特定の航路又は航路の指定水域において，特定の船舶に対する他の船舶の避航，２つ以上の航路間における特定の航路航行船の優先，又は航路の横断禁止について定めている。

⑵　航路内行会い時の右側航行（第３項）関連

名古屋（規則第29条の２第３項）及び関門（規則第38条第１項第１号，第３号，第４号，第６号）の各港では，特定の航路においては一定の船舶について常時右側航行又は大型船の中央部航行等について定めている。

⑶　航路内追越し禁止（第４項）関連

京浜（規則第27条の２第１項），名古屋（規則第29条の２第１項），広島（規則第35条）及び関門（規則第38条第２項）の各港では，特定の航路又は航路の指定水域において，周囲の状況を考慮し，「当該他の船舶が自船を安全に通過させるための動作をとることを必要としないとき」及び「自船以外の船舶の進路を安全に避けられるとき」のいずれにも該当する場合は追越しを認めている。

第14条　港長は，地形，潮流その他の自然的条件及び船舶交通の状況を勘案して，航路を航行する船舶の航行に危険を生ずるおそれのあるものとして航路ごとに国土交通省令* で定める場合において，航路を航行し，又は航行しようとする船舶の危険を防止するため必要があると認めるときは，当該船舶に対し，国土交通省令* で定めるところにより，当該危険を防止するため必要な間航路外で待機すべき旨を指示することができる。

*　規則第８条の２

〔**概要**〕　本条は，航路を航行する船舶の航行に危険を生ずるおそれのある一定の場合に，港長が，船舶に対して，航路の外で待機するよう指示できることとした規定である。

【**解説**】　１．本法が定める航路は，船舶交通がふくそうする特定港内における船舶の通航路として設定されるものであるが，地形的な要因による可航幅の大きさ，気象海象の影響による操船の困難さ，船舶の通航量や通航実態等については，航路ごとにそれぞれの特徴を有している。こうした航路ごとの自然的条件や船舶交通の状況を勘案して，航路航行船舶に危険を生ずるおそれのあるものとして想定される場合において，航路全体における船舶交通の安全を確保する観点から，危険を防止するため必要があると認めるときに，港長が，船舶に対し，航路の外で待機するよう指示できることとしている。

２．航路において濃霧等により視界が制限される状態となると，衝突・乗揚げ海難の発生率が著しく高くなり，係る場合における船舶の航路航行は，航路全体における船舶交通の安全を阻害するおそれがある。そこで，航路の長さ，航路側方の避航水域の広さ，視界制限状態での海難の発生状況等を踏まえ，仙台塩釜港の航路及び関門港の各航路（響航路を除く。）を対象に，視界が一定以上に制限される場合（規則第８条の２の表）に，港長が，船舶に対して，航路外での待機を指示することができることとしている。

航　　路		危険を生ずるおそれのある場合
仙台塩釜港航路		視程が500メートル以下の状態で，総トン数500トン以上の船舶が航路を航行する場合
京浜港横浜航路		船舶の円滑な航行を妨げる停留その他の行為をしている船舶と航路を航行する長さ50メートル以上の他の船舶（総トン数500トン未満の船舶を除く。）との間に安全な間隔を確保することが困難となるおそれがある場合
関門港	関門航路	次の各号のいずれかに該当する場合 一　視程が500メートル以下の状態である場合 二　早鞆瀬戸において潮流をさかのぼって航路を航行する船舶が潮流の速度に４ノットを加えた速力（対水速力をいう。以下この表及び第38条において同じ。）以上の速力を保つことができずに航行するおそれがある場合
	関門第二航路 砂津航路 戸畑航路 若松航路 奥洞海航路 安瀬航路	視程が500メートル以下の状態である場合

3．京浜港の横浜航路においては，航路が長く屈曲していること，航路周辺を含め船舶交通が著しく混雑する場合があること，航路両側面近傍に大型船の着岸岸壁があり着岸船が航路内において大角度変針する場合があること等により航路内で通航船舶の停留が発生し船舶交通の安全を阻害する状況が生じるおそれがあることから，通航船舶の安全な航行間隔を確保するため，港長が船舶に対して，航路外での待機を指示することができることとしている。

4．本法が定める航路の中でも，関門港の関門航路は，極めて潮流が速いため，安全に航行するために必要な対地速力を保つことができないような船舶が発生するおそれがあり，このような船舶が発生すると，当該船舶のみならず他の船舶も含めて，航路全体における船舶交通の安全を阻害するおそれがある。このため，規則第38条第１項第５号は，同航路の中でも特に潮流の速い早鞆瀬戸において，潮流をさかのぼって航路を航行する船舶が保つべき速力として「潮流の速度に４ノットを加えた速力以上の速力」を定めているが，この速力を保つことができずに航行するおそれがある場合に，本条に基づき，港長が，航路外での待機を指示することができることとしている（規則第８条の２の表）。

なお，潮流の速さは常に一定ではなく，航路内においても地点ごとにそれぞれ異なり，「潮流の速度に4ノットを加えた速力」の実際の値を常時厳密に把握することは現実には不可能であるため，「速力を保つことができずに航行するおそれがある」か否かについては，潮流の推算値を基に，航路内の特定の地点で測定している潮流の実測値を勘案し，港長において判断されることになる。

5．「航路を航行し，又は航行しようとする船舶」とされているとおり，指示の対象船舶は，「現に航路を航行している船舶」のみならず「これから航路を航行しようとしている船舶」も含まれる。このため，すでに航路に入航し，航路を航行中の船舶に対しても，途中から航路外に出て待機すべき旨の指示の対象となり得るものである。

6．港長が船舶に対して待機すべき旨の指示を発出し得る場合については，「航路を航行する船舶の航行に危険を生ずるおそれのあるもの」として，規則第8条の2において定型化している。しかし，条文上は，港長が「危険を防止するため必要があると認めるとき」としているように，規則第8条の2において定める「危険を生ずるおそれのある場合」に該当すれば一律に指示するのではなく，危険を防止すべき具体的な必要性に応じて指示することとなる。

7．指示は，「当該船舶に対し」とされているとおり，対象となる船舶に対して個別に行われることが基本であるが，対象となる船舶が特定される限りにおいて，複数の船舶に対して包括的に指示することもあり得る。例えば，船舶が航行し又は航行しようとする航路の区間を示す等して，航路の一部区間に限って指示する等が考えられる。

8．指示は，「必要な間」とされているとおり，いたずらに長時間にわたって航路外で待機すべき旨を指示することとなれば，船舶交通の効率性を損なうだけではなく，待機中や解除直後において船舶交通の危険を生じるおそれもあることから，必要かつ十分な時間に限って指示できることとしているものである。具体的には，規則第8条の2において定める「危険を生ずるおそれのある場合」が解消され，かつ，航路を航行する船舶の危険を防止するための特段の必要がなくなったと港長が判断するまでの時間である。

また，解除の時期については，複数の船舶に対して行った指示を一斉に解除すれば，かえって船舶交通の危険が生ずるおそれもあるため，必要な場合には，個々の船舶に順次指示の解除を連絡するといった措置等を講ずることもあり得るものである。

9．本条に基づく指示の手段は，規則第８条の２において，VHF 無線電話その他の適切な方法とされている。このうち VHF 無線電話については，それぞれ *p*. 180の表に掲げる呼出名称，周波数等によって行われる（「関門海峡海上交通センターが運用する門司船舶通航信号所及び同センターが行う情報の提供等の方法に関する告示」（平成22年海上保安庁告示第170号）等参照）。また，それ以外にも，海上保安庁の船艇からの呼びかけ等によっても行われることがある（「港則法施行規則第８条の２の規定による指示の方法等を定める告示」（平成22年海上保安庁告示第163号）参照）。

[罰則]　本条の規定による処分の違反となるような行為をした者は，３か月以下の懲役又は30万円以下の罰金に処せられる。（法第52条）

第15条　汽船が港の防波堤の入口又は入口附近で他の汽船と出会う虞のあるときは，入航する汽船は，防波堤の外で出航する汽船の進路を避けなければならない。

〔概要〕　本条は，港の防波堤の入口又は入口付近で汽船が互いに出会うおそれのある場合には，出航船優先とした規定である。

【解説】　１．港の防波堤の入口及びその付近は，防波堤により水路の幅が狭められ可航水域が狭小となっており，出入りする船舶交通がふくそうしていることから，通航船舶が出会うおそれが多く，かつ，防波堤等の影響で複雑な潮汐流が生じやすいこと等から衝突事故を起こす可能性が大きくなっている。このため，帆船等に比べ比較的操船が自由である汽船に対しては，互いに出会うおそれのある場合は出航船優先として，広い水域を確保しやすい防波堤外に入航船を待機させて，まず出航船を外に出して港内を少しでも広くした後入航船を入航させることとしたものである。

２．「防波堤」とは，外海からの波浪を防ぐ役目をしている構築物をすべて指し，その名称の如何を問わない。

例えば，規則別表第１又は第２に用いているものでは島堤（小樽港），築堤（酒田港），水堤（京浜港）等があり，この他にも防潮堤，導流堤，導水堤，波除堤等の名称が用いられた場合でも本条の防波堤に該当することとなる。

また，防波堤が水路の両側に設けられている場合のみでなく，片方が防波堤で他方が陸地，岩礁又は他の人工の構築物である場合も必然的に可航水域の幅員が狭められているため，本条が適用される。

３．「港の防波堤の入口」とは，本法に定める港の区域内において防波堤の突端と他の防波堤の突端等との間の水域をいう。

「入口附近」とは，防波堤の入口を除くその付近水域をいう。具体的にどの部分までが入口付近であるかについては，入口の幅員，航行する船舶の大小，水深等により判断すべきものであり，一概に定めることは困難であるが，防波堤の入口の外側又は内側において汽船が出会うおそれのある場合に，入航船が出航船を十分な余裕をもって避航できないこととなるような水域をいう。

４．「入航」とは，港の外側から内側に向かって航行することをいい，航路に入ることのみに限られない広い意味である。同様に「出航」とは，港の内側から外側に向かって航行することをいう。本法及び規則の他の規定についても同様である。

本条で入港とせず入航としているのは，単にその港に出入港する船舶のみが防波堤入口を通航するものではなく，港を通過し又は港内を移動する船舶も防波堤入口を通過して航行することがあるので，これらの船舶（汽船）に対しても本条に定める航法を適用する必要があるからである。

５．本条は，防波堤の入口又は入口付近で汽船が互いに出会う場合のうち，入航船と出航船の避航関係についてのみ規定しており，入航船対入航船，出航船対出航船の関係又は防波堤の入口を通過しないで，例えば第１図又は第２図のようにその付近を航過する汽船との間の関係については規定していない。

したがって，こうした場合には海上衝突予防法に定める航法によることとなり，第１図，第２図ともにＡ船が優先する。（同法第15条）

また，第３図，第４図においてはＢ船が優先することとなる。

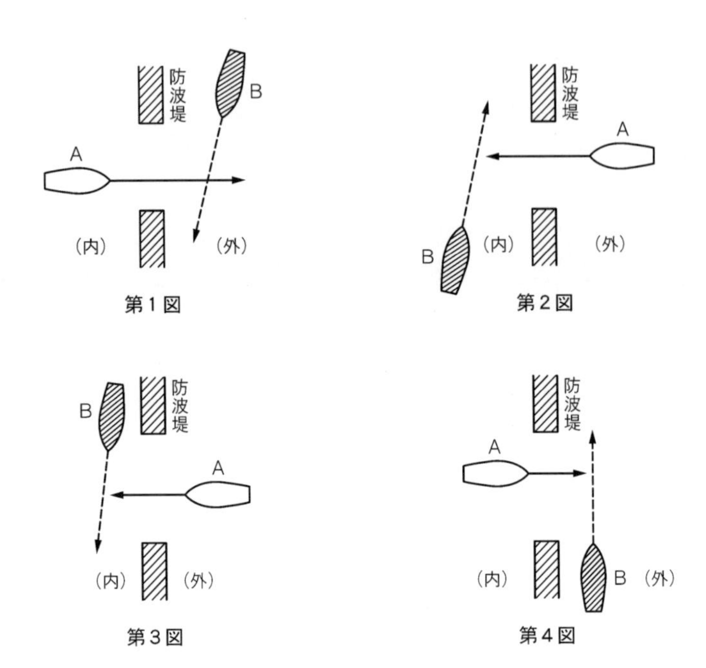

6．入航する汽船の防波堤外における進路の避け方については特に規定していないが，出航船が安全に通航できるよう防波堤の入口付近の外側で出港船と出会うおそれが生じない水域において投びょうし，停留し又は航行して待機する。

待機すべき防波堤の入口の外側水域については，一概に言うことはできないが，出航船が防波堤の入口を航過して自由な方向に航行できるよう出航船の船の長さの３～４倍程度以上防波堤の入口から離れた外側の水域であるといわれている。

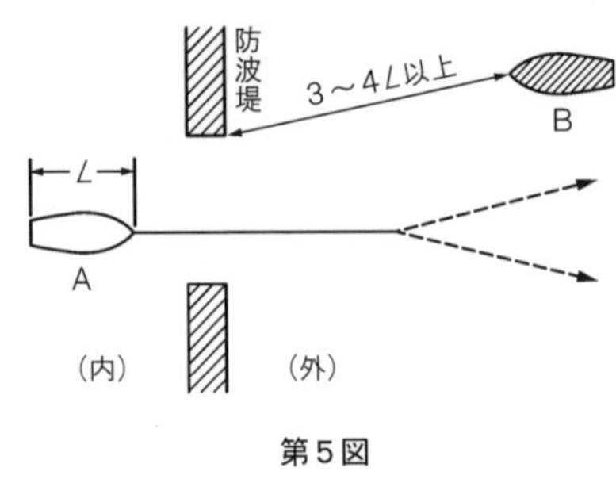

第５図

また，出航船に対して，海上衝突予防法上の航法を適用しても入航船が避航義務船となるよう出航船の針路の左側に船位する方がよく，しかも入航船の船首が防波堤入口に向首しないで，直ちには当該入口に向かう意思のないことを明確にするとともに，場合によっては，機関を後進として海上衝突予防法第34条の操船信号（短三声）を行うのがよい。

これらの状況を図で示すと，第5図のとおりである。

7．入航船が目的としている港内の場所に達するまでに防波堤の入口を2回以上通過しなければならない場合は，それぞれの防波堤入口又はその付近で本条が適用される。

したがって，外側の防波堤入口（付近）でいったん出航船の進路を避けた入航船が，その防波堤を航過して内側の水域に入った後，次の防波堤の入口（付近）で次の出航船と出会うおそれが生じた場合は，再び出航船の進路を避けなければならない。

8．防波堤の入口又はその付近に航路が設定されている場合において，航路における航法を定めた第13条の規定と出航船優先の規定である本条との適用関係については明確に規定されていない。

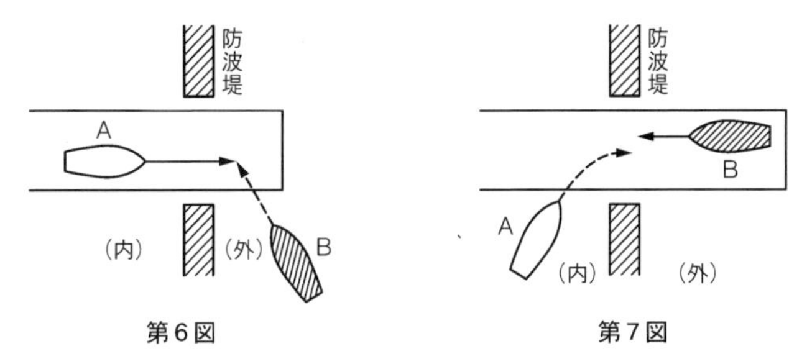

第6図　第7図

第6図は，航路航行船でありかつ出航船でもあるA船と，航路に入ろうとしている入航船であるB船との関係を示したものである。この場合は法第13条第1項に定める航路航行船優先の規定及び本条の出航船優先の規定のいずれが適用されても避航義務があるのはB船となる。第7図は，航路航行船でありかつ入航船でもあるB船と，航路に入ろうとしている出航船であるA船との関係を示したものであって，この場合は，法第13条第1項によればA船が，本条によればB船が避航することとなる。このような場合，第6図，第7図いずれにおいても本条が適用され，B船がA船の進路を避けることとなる。これは，防波堤の入口（付近）の航路は航路全体の一部分であり，航路全体についての航法を一般的に規定している法第13条に対し，本条はその一

部分を含む水域を特別な水域として指定し特別な航法を定めたものであるから，特別法優先の原則に従い，法第15条が優先して適用されることとなる。（法第15条が第13条第１項に優先するという解釈は長年にわたり確立されている。）

第８図は，航路航行船同士の入出航の関係を示したものであるが，この場合も本条が適用され，Ｂ船がＡ船の進路を避けることとなる。これは，防波堤がなければ法第13条第３項の規定によりＡＢ両船は行き会うときは互いに右側を航行することにより安全に航過できるのであるが，第５図の場合と同じく特別法が一般法に優先するという原則，及び本条が，「出会う虞」という「行き会うとき」よりも広い概念で両船の避航関係を規定しているので，時間的には出会うおそれの判断が行き会うときよりも早く行われ，その際Ｂ船が避航することにより法第13条第３項の適用する余地がなくなることによる。

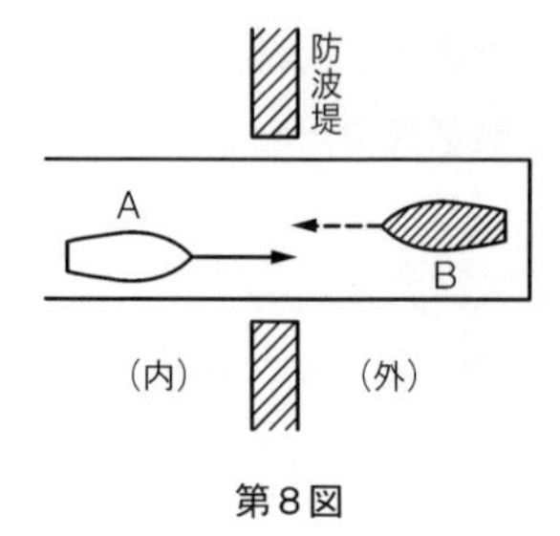

第８図

加えて，防波堤の入口付近で行き会うこととなって避航しなければならない事態が生じたときに，防波堤の近くは捨石等で十分な水深がなくかつ不規則な潮汐流があり，また，その内側の港内は待機のための十分な水域を確保しにくい等避航に適さないことが多いので，広く水域を確保できる防波堤外で待機させるようにするのが事故防止上も妥当である。

9．汽艇等である汽船の出航船と，汽艇等以外の汽船の入航船の場合については，法第18条の港内における汽艇等の避航義務の規定が特別法優先の原則により適用され，汽艇等が汽艇等以外の汽船の進路を避けなければならない。

なお，汽船と帆船，又は帆船と帆船とが本条に規定するような出会うおそれを生じたときは，本条の適用はなく，本法の他の規定及び海上衝突予防法の規定に従う。

10．本条の適用の例外として，江名港及び中之作港では，法第19条に基づく特別の航法が定められ，地形の状況から，出航する汽船の方が防波堤の内側で入航する汽船の進路を避けることとされている。（規則第22条）

第16条　船舶は，港内及び港の境界附近においては，他の船舶に危険を及ぼさないような速力で航行しなければならない。

2　帆船は，港内では，帆を減じ又は引船を用いて航行しなければならない。

〔概要〕　本条は，港において他船に危険を及ぼすような航法を制限した規定である。

【解説】　1．本条は，狭い水域において船舶交通がふくそうしている港内及びその境界付近において自船及び他船の事故を防止するために設けられた規定である。第1項は，船舶が避航動作を容易にとれるようにし，かつ，航走波の影響で他船に危険を及ぼさないよう適度の速力で航行することを義務付けたものであり，第2項は，汽船よりも操縦性が悪く縫航等により他船に危険を及ぼすおそれのある帆船に対して，港内では直ちに停船できるように帆を減じ又は引船を用いてえい航させることとしたものである。

2．第1項の対象は「船舶」であって，すべての船舶を指し，汽船のみでなく第2項の帆船も当然含まれる。

第1項の適用される水域については「港内及び港の境界附近において」とされ，港内のみでなく港の境界付近も対象水域となっている。これは，港の境界付近もびょう泊船等により船舶交通がふくそうしていること，船舶が港の境界付近において高速航行することに起因する航走波（進行波）が港内で航行・停泊している船舶に動揺等の影響を与えるおそれがあること等からこれを規制する必要があるからである。

この場合「港の境界附近」とは，港の境界線よりも外側の区域で，かつ港内の船舶に影響を与え得る水域をいい，また，その範囲は船型等により異なるので一律には定められない。

3．第1項では「他の船舶に危険を及ぼさないような速力」で航行することとしている。ここでは，危険が及ぶのは「他の船舶」であり，自船又は岸壁等に対する影響は直接問題としていない。

「危険を及ぼさないような速力」とは，地形，船型，船の大きさ，船舶交通のふくそう度等自船及び周囲の状況によって異なり，一概に速力の制限を何ノットというように規定することはできない。「危険を及ぼさない」とは，次に掲げるような危険を生じさせないことをいう。

① 船舶が高速力で航行することにより生じた航走波により又はその相互作用により，他船が舵をとられる危険

② ①の航走波の衝撃により，他船の船体，積荷に損傷を生ずる危険

③ ①の航走波の衝撃により，他の停泊船舶の係留索が切断して漂流し，その他の船舶又は岸壁と衝突する危険

④ 自船の操縦の自由を失う程度の極端な低速航行をすることにより，他船に不安を与えること。

4．第２項は，港内にある帆船に関する規定である。帆船は風の力によって航行するため航行中の船体の運動が不規則であり，前項の速力の制限のみでは安全上不十分であることから本項が設けられたものである。

船舶法上の帆船（同法施行細則第１条第３項）であっても，機関を使用して推進している場合，航法の規定について動力船（汽船）となることは海上衝突予防法と同じであって，その場合には本項の規定は適用されない。

また，本項の規定は港内のみを適用水域としている。これは前項の規定が航走波の影響等を考慮し，帆船を含めた船舶一般に対して速力の制限を定めているので，帆船の特殊性に基づいた規制については船舶交通のふくそうする港内のみを対象水域とすることで十分であるからである。

5．「帆を減じ」とは，帆走のために展張している帆をおろし，又は縮帆することであり，これにより航走の推進力を減少させるものである。

6．法第19条に基づく一定の港における特別な航法として，特定港の航路内（規則第10条）並びに関門港（規則第41条）及び長崎港（規則第45条）の一部港区においては帆船の縫航を制限する規定がある。

縫航が禁止されている水域において帆を減じて帆走できるのは順風を受けて航行する場合に限られ，逆風に対しては常に引船を用いて航行することとなる。

第17条　船舶は，港内においては，防波堤，ふとうその他の工作物の突端又は停泊船舶を右げんに見て航行するときは，できるだけこれに近寄り，左げんに見て航行するときは，できるだけこれに遠ざかつて航行しなければならない。

〔概要〕　本条は，港内における見通しの悪い場所である防波堤，ふ頭その他の工作物の突端又は停泊船舶の付近において，船舶が出会いがしらに衝突する危険を防止するため，できる限り早期に互いに視認して時間的にも距離的にも余裕のある避航動作がとれるように互いに右側航行を行う旨定めたものである。

【解説】　1．本条は，一般に“右小廻り，左大廻り”といわれる航法規定であるが，対象としている工作物の突端等をまわるように航行する場合のみでなく，直進して通過する場合も含まれているので注意を要する。

2．本条では「防波堤，ふとうその他の工作物」としており，防波堤及びふ頭は工作物の例示として用いられている。

したがって，本条に規定する航法の適用水域は，「工作物の突端及び停泊船舶」の付近水域である。

ここで，「工作物」とは，一般的には人工的に作られたものすべてをいうが，本条には防波堤，ふ頭の例示があり，また，これらの工作物の「突端」が航法の対象となっており，見通しの悪い場所における特別の航法である点を考えると，すべての工作物を対象とするものではなく，突端を有する防波堤，ふ頭等がこれに該当する。

工作物についてはその突端付近の水域を対象としているが，停泊船舶についてはその周辺の水域全体を対象としている。

3．「右げんに見て」については，自船の右舷側のいかなる方向に見るか特に問題としていない。

ふ頭の突端付近では後進で出港（離岸）するケースがあるが，この場合は後進の進行方向の右側に見るふ頭等にできる限り近寄って航行することとなる。

「できるだけ」とは，自船の安全を図りつつ可能な限りという意味である。

第18条　汽艇等は，港内においては，汽艇等以外の船舶の進路を避けなければならない。

2　総トン数が500トンを超えない範囲内において国土交通省令* で定めるトン数以下である船舶であつて汽艇等以外のもの（以下「小型船」という。）は，国土交通省令* で定める船舶交通が著しく混雑する特定港内においては，小型船及び汽艇等以外の船舶の進路を避けなければならない。

3　小型船及び汽艇等以外の船舶は，前項の特定港内を航行するときは，国土交通省令** で定める様式の標識をマストに見やすいように掲げなければならない。

*　規則第８条の３（船舶交通が著しく混雑する特定港及びトン数）
**　規則第８条の４（標識）

〔概要〕　本条は，港内においては汽艇等は汽艇等以外の船舶の，国土交通省令で定める特定港においては一定トン数以下の船舶（小型船）は小型船及び汽艇等以外の船舶の進路を避けなければならないこと並びに小型船及び汽艇等以外の船舶は一定の標識を掲げることを定めた規定である。

【解説】　１．船舶間の避航義務については，海上衝突予防法のほか本法でも法第13条第１項及び法第15条に規定されているが，港内は狭い水域に各種の船舶が航行することによりふくそうしており，これらの航法規定のみでは不十分である。このため，汽艇等は，航路航行が義務付けられていないことにより航路及びその付近水域における航行上の制約が緩和されていること，通常は操船も容易であること等から，第１項では汽艇等に対して避航義務を課することとし，第２項では，特に船舶交通がふくそうする一定の特定港において，汽艇等以外の一定トン数以下の小型船についても，その操船の難易等を勘案して小型船及び汽艇等以外の船舶に対して避航する義務を負わせることとしたものである。

2．第2項の「国土交通省令で定める船舶交通が著しく混雑する特定港」とは，規則第8条の3により，千葉港，京浜港，名古屋港，四日市港（第1航路及び午起航路に限る。），阪神港（尼崎西宮芦屋区を除く。）及び関門港（響新港区を除く。）の6港が指定されている。また，同条にいう「小型船」とは，「総トン数が500トンを超えない範囲内において国土交通省令で定めるトン数以下である船舶であつて，汽艇等以外のもの」をいい，規則第8条の3により，関門港においては総トン数300トン以下，その他の港では総トン数500トン以下の船舶と規定されている。

3．本条第3項では，これら6港の特定港において，小型船及び汽艇等以外の船舶が「航行するときは」国土交通省令で定める様式の標識をマストに見やすいように掲げることとしており，規則第8条の4により，当該標識は国際信号旗の数字旗1と規定されている。

国際信号書に規定されている旗りゅう信号には各種あるが，1字信号は文字旗が用いられ，数字旗の1字信号は，砕氷船と被援助船用に数字旗4及び5が例外的に用いられているほかは使用されていないので，数字旗の中から判別が容易であり，かつ，他の信号と誤解されるおそれがないものとして数字旗1が選択されている。

なお，夜間用の特別な標識については規定されていないが，これは，夜間は昼間に比べて船舶交通がふくそうしておらず，また，夜間の標識として有効な灯火で海上衝突予防法に規定する灯火と誤認されないようなものを多数の船舶に義務付けることは実行上問題があるからである。

なお，標識を掲げるべき船舶は，小型船の基準となるトン数の違いから関門港と他の港では異なるので，注意を要する。

4．本条の航法規定は，海上衝突予防法に対する特別法としての本法の性格から，同法の航法規定に優先するのみならず，本法の他の航法規定である第13条第1項，第15条等の規定に優先して適用される。

本条の規定は，航路及び防波堤の入口又はその付近を含む港内すべての水域に適用され，適用場所（水域）については法第13条及び第15条の適用水域を包含しており，一般法の立場にある。一方，適用船舶については，法第13条が小型船及び汽艇等を含む船舶対船舶，法第15条が同じく汽船対汽船という同一種類の船舶間であるのに対して，本条は汽艇等対汽艇等以外の船舶，小型船対小型船及び汽艇等以外の船舶という異なった種類の船舶間に適用されており，法第13条及び第15条に対しては，本条が特別法の立場にある。

しかし，本条に定める小型船及び汽艇等の避航義務については，他の航法規定のように「行き会うとき」「出会うおそれ」等の条件がなく，常に「進路を避けなければならない」としている。

これは，避航義務船側に見合い関係による航法選択の判断の余地を与えない厳しい規制であり，小型船及び汽艇等は，常に早期かつ適切な避航動作をとることにより相手船に不安を抱かせないようにしたものである。

加えて，本条の目的及び性格を勘案した場合，本条を特別法として第13条第１項，第15条等に優先して適用するのが妥当である。

5．汽艇等が他の物件等をえい航している場合も本条の避航義務があるので，あらかじめふくそう水域を航行しない等他船の航行を阻害しないようにする必要がある。

第19条　国土交通大臣は，港内における地形，潮流その他の自然的条件により第13条第３項若しくは第４項，第15条又は第17条の規定によることが船舶交通の安全上著しい支障があると認めるときは，これらの規定にかかわらず，国土交通省令* で当該港における航法に関して特別の定めをすることができる。

2　第13条から前条までに定めるもののほか，国土交通大臣は，国土交通省令** で一定の港における航法に関して特別の定めをすることができる。

*　規則第22条（江名港及び中之作港）
規則第27条の２（京浜港）
規則第29条の２（名古屋港）
規則第35条（広島港）
規則第38条（関門港）

＊＊　規則第９条（えい航の制限）
規則第10条（縫航の制限）
規則第11条（進路の表示）
規則第21条の３，第21条の４（釧路港）
規則第23条（鹿島港）
規則第26条，第27条，第27の２，第27条の３，第28条，第29条（京浜港）
規則第29条の２（名古屋港）
規則第29条の４（四日市港）
規則第31条，第32条（阪神港）
規則第35条（広島港）
規則第37条，第38条，第39条，第41条（関門港）
規則第42条（高松港）
規則第44条（博多港）
規則第45条（長崎港）
規則第48条（細島港）
規則第49条（那覇港）

〔概要〕　本条は，港内の航法に関し，個々の港について，その自然的条件等により特別な航法を定めることができることとした規定である。

【解説】　１．全国の港の中には，地形や潮流が複雑である等の自然条件や船舶交通の実態等に鑑みると，本法に定める所定の航法ではかえって航行の安全が阻害される場合があり，これ以外にさらに特別な航法をとらせる必要があるので，本条により，これを国土交通省令で定めることができることとしたものである。

２．本条第１項は，航路内行会い時の右側航行（法第13条第３項），航路内追越し禁止（法第13条第４項），防波堤入口（付近）における航法（法第15条）及び防波堤突端等付近の航法（法第17条）について例外を設けることができることとしたものであるが，この場合は「港内における地形，潮流その他自然的条件」により，規定されている航法では「船舶交通の安全上著しい支障がある」ときにのみこれらの航法と異なる航法を定めることができる。

第２項は，第13条から第18条までに規定する航法以外の航法を定めることができることとしたものであり，この場合は，第１項と異なり特に要件が定められていないので，地形，潮流その他の自然的条件以外の理由によっても港内における船舶交通の安全と港内の整とんを図るため特別な航法を定めることができる。

3．本条が適用されるのは，特定港に限らずすべての法適用港であるが，航法の規定のなかには航路における航法等特定港のみに適用されるものと，防波堤入口（付近）の航法等すべての法適用港に適用されるものとがあるので，本条第1項により既定の航法の例外を定めるに当たって，既定の航法が特定港のみに適用がある場合（法第13条第3項，第4項）には例外として航法を定め得るのも特定港のみとなる。一方，本条第2項による航法に関する新たな規定については，すべての法適用港で定めることができる。

4．本条に基づく特別な航法として規定されているのは，次のとおりである。

（1）　えい航の制限

規則第9条により，「特定港内」における一般的原則として，船舶は他の船舶，その他の物件を引いて航行するときは，港長の許可がある場合のほか，次の制限に従わなければならないこととしており，さらに港長は必要があると認めるときは，この制限を強化することができることとしている。

○引船の船首から被えい物件の後端まで（以下「えい航船列」という。）の長さが200メートルを超えないこと。

また，港によっては，規則第9条第1項の規定にかかわらず，港長の許可がある場合のほか，次表のとおりえい航を制限している。

港の名称	適用水域	えい航物件	制限事項	適用条項
釧路	東第1区	他の船舶その他の物件	えい航船列の長さは100メートルを超えない 被えい航物件の幅は15メートルを超えない	規則第21条の4
京浜	東京区河川運河水面（第1区内の隅田川水面，荒川及び中川放水路水面を除く）	汽艇等	えい航船列の長さは150メートルを超えない	規則第27条
	川崎第1区・横浜第4区	貨物等を積載した汽艇等	午前7時から日没までの間，えい航船列の長さは150メートルを超えない	

阪　神（大阪区）	河川運河水面（木津川運河水面を除く）	汽艇等	えい航船列の長さは120メートルを超えない	規則第31条
	木津川運河水面	汽艇等	えい航船列の長さは80メートルを超えない	

ここで「規則第9条第1項の規定にかかわらず」としているのは，同項の特定港における一般的なえい航制限は，各則で定めている当該特定港には適用されないことを明らかにしたものであり，各港の地形，船舶交通状況等特にえい航する水路の広さを勘案して，一般的原則によることが困難な港について，各則において，それぞれ必要な制限を設けたものである。

なお，関門港の関門航路において，汽艇等を引くときは，規則第9条第1項の規定によるほか，1縦列にしなければならないとされている（規則第37条）。

これらの制限を超えてえい航する必要がある場合は，港長の許可を受けなければならない。

これらのえい航の制限は，いずれも船舶その他の物件を引く場合であって，押している場合は対象としていない。

（2）　縫航の制限

規則第10条では，特定港における一般的原則として，帆船は「航路内」を縫航してはならないこととしているが，次表に掲げる港においては，航路以外の水域についても帆船の縫航を制限している。

港の名称	適　用　水　域	制限事項	適用条項
関　門	門司区，下関区，西山区，若松区	縫航禁止	規則第41条
長　崎	第1区，第2区	縫航禁止	規則第45条

これらの港は，港内が狭あいで船舶交通がふくそうしている等のため，特に航路以外の水域についても帆船の縫航を禁止したものである。

（3） 進路の表示

イ．近年，船舶の名称，速力，目的地等の情報を自動的に送信するAISの船舶への搭載が進み，AISを搭載している船舶同士の情報の交換が今まで以上に容易になっており，これを活用して周囲の船舶の進路を把握することが可能となれば，船舶交通の安全の一層の向上につながるものと考えられる。

特に，船舶交通が相当にある場所として法の適用対象とされている港の港内又は境界付近では，航行する船舶同士の間での危険な見合い関係等が発生するおそれが常にあり，あらかじめ，AISによって他の船舶の進路を把握することが可能となれば，海難の防止に効果があるものと期待されるところである。

このため，AISを搭載していない船舶等を除き，AISの目的地に関する情報として，一定の記号を送信していなければならないこととしている。（規則第11条第１項）

また，送信しなければならない記号としては，

① 仕向地である港の港内又は境界付近を航行する場合にあっては当該港を示す記号

② 仕向地である港の港内又は境界付近を航行する場合であって，当該港が奥行きが深く，細長い海域を有する港又は航路等が途中で分岐しているため，特に港内での進路を表示する必要がある場合には，当該進路を示す記号

③ 出発地である港又は通過する港の港内又は境界付近を航行する場合であって，当該港での進路を示す必要がある場合には，当該進路を示す記号としている。なお，「港を示す記号」については，国際海事機関（IMO）が推奨する記号を踏まえ，国名と場所名を示す５文字のアルファベットから成るいわゆる「国連LOコード」に準拠し，告示で定めている（「港則法施行規則第11条第１項の規定による進路を他の船舶に知らせるために船舶自動識別装置の目的地に関する情報として送信する記号」（平成22年海上保安庁告示第94号）参照）。

AISの目的地に関する情報として送信すべき記号の組み合わせについての例を次に示す。

〔参考〕　船舶自動識別装置の目的地に関する情報として送信すべき記号

（例１）　博多港第２区の係留施設に向かう船舶であって，途中，関門港西口の六連島東方に向かって同港を通過する船舶の場合。

　＞ＪＰ　ＨＫＴ　Ｅ２／ＷＭ

（例２）　名古屋港を仕向港とする船舶で，入航前に港の境界付近でびょう泊する船舶の場合。

　＞ＪＰ　ＮＧＯ　ＯＦＦ

ロ．船舶交通がふくそうしている港であって，奥行きが深く，細長い海域を有する港又は航路（航路に準じた幹線ルートを含む。）が途中で分岐しているような港では，船舶間の複雑な見合い関係等が発生していることから，規則第11条第２項では，双方の船舶の進路が容易に把握できるよう，当該港を航行（入港だけでなく，移動のため港内を航行するときも含む。）する船舶に対して，自船の進路を他船に知らしめるための信号（以下「進路信号」という。）を表示させることとしている。

ハ．進路信号を表示しなければならない港は，釧路港，苫小牧港，函館港，秋田船川港，鹿島港，千葉港，京浜港，新潟港，名古屋港，四日市港，阪神港，水島港，関門港，博多港，長崎港及び那覇港であり，各港における信号の方法は海上保安庁長官が告示「港則法施行規則第11条第２項の港を航行するときの進路を表示する信号」（平成７年海上保安庁告示第35号）で定めることとしている。

ニ．進路信号は，国際信号旗を用いて，船舶の前しょうその他の見やすい場所に表示しなければならない。また，信号の掲揚期間については，港域内に入ったとき又は港内に在泊していた船舶が運航を開始するときから当該停泊場所に達して航行が終了するときまでの間である。なお，国際信号旗を有しない場合又は夜間については免除規定が設けられている。

ホ．進路信号を設定するうえでの標準は，以下のとおりである。

⑴　ふ頭，岸壁及び係船ブイなどの係留施設に向かって航行する場合には，第２代表旗の次に港区又はふ頭，防波堤等の名称を表す数字旗又は文字旗を１りゅう用いる。なお，１りゅうの数字旗又は文字旗でブロックを表す

ことが困難な場合は，数字旗又は文字旗を２りゅう用いる。

(例)	２代・１	第１区の係留施設に向かって航行する。
	２代・１・Ｅ	第１区東側の係留施設に向かって航行する。

(ロ) 出港信号又は通過信号を設定する場合は，原則として，第１代表旗の次に航路等の名称を表す数字旗又は文字旗を用いる。

(例)	１代・１	第１航路を航行して出港する。
	１代・Ｅ	京浜運河東口に向かって航行し，京浜運河を通過又は出航する。

（４） 特定航法

イ．法第11条（航路航行義務）関係

法第11条の規定では，汽艇等以外の船舶が特定港を出入し，又は通過する場合，海難を避けるなどやむを得ない事由を除き，航路によらなければならないこと（汽艇等が航路を航行してはならないとするものではない。）としているが，港によっては特別の航法を定めている。

航路航行義務の例外については，規則第８条による別表第２に定められている特定港の航路の特定条件として，青森港及び千葉港において定められている。

ロ．法第12条（びょう泊等の制限）関係

法第12条では，船舶は，航路内においては，海難を避けようとするとき等やむを得ない場合又は港長の許可を受けて工事作業に従事しているときを除いて，投びょうし又はえい航している船舶を放してはならないこととしているが，次の港については，航路以外の水域についても航路と類似の制限を定めている。

港の名称	適用水域	制限事項	除外事由	適用条項
釧　路	西区防波堤内の指定海面	びょう泊・えい航物件の放置禁止	法第12条に同じ	規則第21条の３及び第21条の４
鹿　島	鹿島水路	びょう泊・えい航物件の放置禁止	法第12条に同じ	規則第23条

京　浜	川崎第１区・横浜第４区	びょう泊・えい航物件の放置禁止	法第12条に同じ	規則第26条及び第27条
高　松	防波堤入口付近の指定海面	びょう泊・えい航物件の放置禁止	法第12条に同じ	規則第42条
細　島	細島航路周辺等の指定海面	びょう泊・えい航物件の放置禁止	法第12条に同じ	規則第48条
那　覇	那覇水路	びょう泊・えい航物件の放置禁止	法第12条に同じ	規則第49条

(イ)　これらの港において適用水域としているところは，航路に指定する船舶交通上の要件には該当しないが，狭あいな水域に船舶交通がふくそうしている等航路に準ずる事情があり，航路と同様に一定の航行水域を確保する必要があることから制限したものである。

(ロ)　法第12条では，制限事項が「投びようし，又はえい航している船舶を放してはならない。」とされているのに対し，各則では「びよう泊し，又はえい航している船舶その他の物件を放してはならない。」とされている。

したがって，法第12条の「投びよう」に対して，各則は「びよう泊」のみを禁止しており，また，各則では船舶のみならずすべてのえい航物件を対象としている。

ハ．法第13条（航路における航法）関係

法第13条では，すべての船舶に対し，航路における一定の航法に従うことを義務付けているが，次の港では，港の実情に応じた航路における航法を定めている。

港の名称	適用水域	制限事項	適用条項
名古屋	東航路，西航路，北航路（指定水域）	航路航行船がある場合，その付近の他船の入出航，航路横断禁止	規則第29条の２第２項
	東航路，西航路，北航路	東航路航行船を西航路又は北航路航行船が避航	規則第29条の２第４項
	西航路，北航路（東航路内で出会う場合）	北航路航行船を西航路航行船が避航	規則第29条の２第５項

四日市	第１航路，午起航路	第１航路航行船を午起航路航行船が避航	規則第29条の４
関　門	関門航路及び砂津航路，戸畑航路，若松航路，関門第二航路	関門航路航行船を砂津航路等航行船が避航	規則第38条第１項第７号
	関門第二航路，安瀬航路	関門第二航路航行船を安瀬航路航行船が避航	規則第38条第１項第８号
	関門第二航路，若松航路（関門航路内で出会う場合）	関門第二航路航行船を若松航路航行船が避航	規則第38条第１項第９号
	戸畑航路，若松航路（関門航路内で出会う場合）	戸畑航路航行船を若松航路航行船が避航	規則第38条第１項第10号
	若松航路，奥洞海航路	若松航路航行船を奥洞海航路航行船が避航	則第38条第１項第11号
	若松航路（指定水域）	物件えい航船の横断禁止	規則第39条
博　多	中央航路，東航路	中央航路航行船を東航路航行船が避航	規則第44条

⑴　航路出入船舶の避航義務（第１項）関係

四日市港及び博多港においては２つの航路が，また名古屋港においては３つの航路が，関門港においては７つの航路が接続しているが，いずれも航路航行船舶間の航法について法第13条第１項の規定のみでは不十分であるので，どの航路を航行している船舶が避航すべきかを明らかにしたものである。

また，名古屋港の航路内指定水域及び関門港若松区の指定水域においては，避航義務のみでなく，さらに規制を強化して航路の入出航又は横断を禁止することにより航路航行船の安全を図っている。

⑵　航路内行会い時の右側通航（第３項）関係

名古屋港又は関門港では，一定トン数以下の小型船については行き会う時以外にも常時航路の右側を航行させ，又は航路の中央部を大型船の航行のための水域とすることとしている。

港の名称	適用港路	適用船舶	制限事項	適用条項
名古屋	東航路, 西航路, 北航路	総トン数500トン未満の船舶	右側航行	規則第29条の2第3項
関　門	関門航路，関門第二航路	汽船	右側航路	規則第38条第1項第1号
	若松航路，奥洞海航路	総トン数500トン以上の船舶	中央部航行	規則第38条第1項第6号
		総トン数500トン未満の船舶	右側航行	

(ハ)　航路内追越し禁止（第4項）関係

法第13条第4項では，航路内で他船を追い越すことを禁止しているが，狭あいかつ長い航路においては，低速航行をしている船舶を追い越さないとかえって船舶交通が渋滞し又は自船の操縦の自由が失われるおそれがあるので，

①　当該他の船舶が自船を安全に通過させるための動作をとることを必要としないとき。

②　自船以外の船舶の進路を安全に避けられるとき。

のいずれにも該当する場合には，他の船舶を追い越すことができることとしたものである。

ここで，「①，②のいずれにも該当する場合」とは，追越し船が自船の運動性能，操船技術，航路の状況，船舶交通状況等を勘案し，被追越し船の協力動作を要せず，かつ，その他の船舶との関係においても安全な状態で追い越すことができる場合をいう。

なお，上記の「自船以外の船舶の進路を安全に避けられるとき。」とは，航路内において追い越す際の前提条件を明示したものであり，法第13条第1項において規定される航路外から航路に入る船舶等に対して，避航義務を新たに規定したものではない。

追越しの場合の信号（汽笛又はサイレン）については，別途定められている。

港の名称	適用水域	追い越しの条件	適用条項
京　浜	東京西航路	① 当該他の船舶が自船を安全に通過させるための動作をとることを必要としないとき ② 自船以外の船舶の進路を安全に避けられるとき のいずれにも該当する場合には，追越し可	規則第27条の２第１項
名古屋	東航路，西航路（指定水域以外の航路），北航路	〃	規則第29条の２第１項
広　島	航路	〃	規則第35条
関　門	関門航路(指定水域)	〃	規則第38条第２項

ニ．法第15条（防波堤の入口（付近）の航法）関係

規則第22条では，江名港又は中之作港の防波堤入口又は入口付近で汽船が他の汽船と出会うおそれのあるときは，出航する汽船は防波堤の内で入航する汽船の進路を避けなければならない旨規定しており，これは法第15条で定める出航船優先の原則の反対となっている。

江名港及び中之作港は，いずれも太平洋に面し，防波堤外には多くの岩礁があり，水路幅員は広いところで200メートル前後，狭いところではわずかに約80メートルにすぎず，防波堤外において他船を避けるべき安全な水域を確保することが困難であるため，防波堤内にある汽船の方が入航する汽船を避けることとしたものである。

ホ．その他の特定航法

港の名称	適用海域	適用船舶	航法	適用条項
	指定海面	総トン数500トン以上の船舶	13号地その２東端から中央防波堤内側内貿ふ頭岸壁北端まで引いた線を越えて13号地その２南東側海面の西行禁止	規則第27条の２第４項

京浜	川崎第1区，横浜第4区	船　舶	他の船舶を追い越してはならない。ただし， ①　当該他の船舶が自船を安全に通過させるための動作をとることを必要としないとき ②　自船以外の船舶の進路を安全に避けられるとき のいずれにも該当する場合には，追い越し可	規則第27条の3第1項
	京浜運河	総トン数500トン以上の船舶	運河の通り抜け禁止	規則第27条の3第2項
		総トン数1,000トン以上の船舶	塩浜信号所から239度30分1,100メートルの地点から152度に東扇島まで引いた線を越えて運河の西行禁止	規則第27条の3第3項
		総トン数1,000トン以上の船舶	午前6時30分から午前9時までの間は，船首の回転禁止	規則第27条の3第4項
関門	指定海域	田野浦区から関門航路によろうとする汽船	門司埼灯台から67度1,980メートルの地点から321度30分に引いた線以東の航路から入航すること	規則第38条第1項第2号
	早鞆瀬戸	西行する総トン数100トン未満の汽船	できる限り，関門航路，関門第2航路の右側を航行する規定及び門司埼灯台から67度1,980メートルの地点から321度30分に引いた線以東の航路から入航する規定によらないことができる この場合，できるだけ門司埼に近寄って航行し，他の船舶に行き会ったときは，右げんを相対して航過すること	規則第38条第1項第3号
		東行する汽船	できる限り航路の右側を航行している場合，上記西行の汽船を常に右げんに見て航過すること	規則第38条第1項第4号
		潮流の逆航船	潮流の速度に4ノットを加えた速力以上の速力を保つこと	規則第38条第1項第5号

（5）　特定信号（進路表示信号を除く）

イ．追越し信号

「当該他の船舶が自船を安全に通過させるための動作をとることを必要としないとき」及び「自船以外の船舶の進路を安全に避けられるとき」のいずれにも該当する場合に追越しができることとされている航路又は特定の水域において他船を追い越す場合には，被追越し船及び付近船舶に自船の行動を知らせるため，各則で定める特別の信号を行わなければならない。

港の名称	適用水域	適用船舶	信号の方法	信号の内容	適用条項
京浜	東京西航路	汽船	汽笛・サイレン	右げん追越し：長音１回・短音１回 左げん追越し：長音１回・短音２回	規則第27条の２第２項
	東京第１区，東京区河川運河水面	汽船	汽笛・サイレン	右げん追越し：長音１回・短音１回 左げん追越し：長音１回・短音２回	規則第27条の２第３項
名古屋	東航路，西航路（指定水域），北航路	汽船	汽笛・サイレン	右げん追越し：長音１回・短音１回 左げん追越し：長音１回・短音２回	規則第29条の２第１項
阪神	大阪河川運河水面	汽船	汽笛・サイレン	右げん追越し：長音１回・短音１回 左げん追越し：長音１回・短音２回	規則第32条
広島	航路	汽船	汽笛・サイレン	右げん追越し：長音１回・短音１回 左げん追越し：長音１回・短音２回	規則第35条
関門	関門航路（指定水域）	汽船	汽笛・サイレン	右げん追越し：長音１回・短音１回 左げん追越し：長音１回・短音２回	規則第38条第２項

本法の追越し信号は，追越し船独自の判断で安全にかわりゆく余地があるとして追い越す場合であって，被追越し船の追い越しに協力する動作を期待していない場合の信号であることから，被追越し船に同意を求め協力動作を期待する，海上衝突予防法の追越し信号は適用されない。

ロ．入出港，通過信号

これらの信号は，港内の狭あいで見通しの悪い場所において自船の行動を他の船舶に知らせ，又は港内から出港しようとしている場合に付近の船舶等に対してあらかじめ運航の意思を伝えるために設けられたものである。

港の名称	適用水域	適用船舶	信号の時期又は区間	信号の方法及び内容	適用条項
京　浜	京浜運河，枝運河	京浜運河，枝運河間の入出航汽船	運河接続点の150メートル前	汽笛・サイレン：長音１回	規則第28条
	鶴見航路，川崎航路，川崎第１区・横浜第４区	総トン数5,000（油送船1,000）トン以上の入出航船	両航路から川崎第１区・横浜第４区への入航時は航路入口付近川崎第１区・横浜第４区から両航路への出航時は境運河又は東扇島26号岸壁前面水域	汽笛・サイレン：長音２回	規則第29条第１項

第4章　危　険　物

第20条　爆発物その他の危険物（当該船舶の使用に供するものを除く。以下同じ。）を積載した船舶は，特定港に入港しようとするときは，港の境界外で港長の指揮を受けなければならない。

2　前項の危険物の種類は，国土交通省令* でこれを定める。

*　規則第12条（危険物の種類）
「港則法施行規則の危険物の種類を定める告示」（昭和54年運輸省告示第547号）

〔概要〕　本章では，特定港における危険物の取扱い及び危険物積載船舶に対する特別な規則について規定したものである。

本条は，本章の総括的規定であり，危険物積載船舶は港長の指揮を受けなければならないこと及び危険物の種類を命令に委任することを規定している。

【解説】　1．第1項は，危険物を積載した船舶は，特定港に入港しようとする場合，港の境界外で港長の指揮を受けなければならないこととしたものである。

これは，危険物を積載している船舶は，当該危険物による爆発，火災等の事故を起こす危険性を有しており，また，座礁，衝突等の事故発生の際は危険物の流出，引火等により二次的災害が発生することも予測されることから，危険物を積載していない船舶よりも特別な安全対策を講ずる必要があるため港長の監督下におくこととしたものである。

2．港長は，危険物積載船舶が特定港に入港しようとする際，港の境界外の当該船舶に対して，必要に応じ，事前に港内航行速力の指定，航行を補助する船舶の配備，ボイル・オフ・ガスの放出の制限等の指示を行っているが，「港長の指揮」とは，港長の包括的な指揮権を意味し，本条の趣旨より，必ずしも港の境界外に限定されるものではない。

また，法第21条及び第22条は，危険物積載船舶に対する港長の指揮の例示規定であるが，港長はこれら具体的に規定されている事項に限らず，港内における船舶交通の安全を確保するため必要な安全対策等を指示することができる。

3．「爆発」とは，「圧力の急激な発生または解放の結果，容器が破壊したり，または気体が急激に膨張して爆発音や破壊作用を伴う現象」をいい（岩波書店刊「理化学辞典」による。），「爆発物」とは，通常，わずかのエネルギーが加わることによって，そうした爆発現象を生ずるものをいうが，本法でいう「爆発物」とは，規則第12条に基づく告示（「港則法施行規則の危険物の種類を定める告示」）の別表に掲げるものをいう。

「爆発物その他の危険物」とあるが，爆発物は危険物の例示として掲げられており，本法の危険物には爆発物とそれ以外の危険物が含まれることとなる。

4．「当該船舶の使用に供するもの」とは，運搬が目的でなく，当該船舶が自ら使用するために積載している危険物をいう。

通常，船舶は，自己発煙信号，信号紅炎等他の法令で備え付けるべきことが義務付けられている火工品や，船舶の運航に必要な燃料類，調理用のプロパンガス等当該船舶が使用する危険物を積載しているが，これらの船舶についても港長の指揮を受けさせることとするとすべての船舶を対象とすることになり極めて煩雑であること，また，これらの危険物は当該船舶にとってはおおむね定まった種類，数量であり，しかも管理上の責任が船内任務として明確にされていることから必ずしも港長の指揮は必要でないため，本法にいう「危険物」から除外している。

この趣旨によると，例えば木材くんじょう用の毒物，非破壊検査用の放射性物質等は当該船舶が自ら使用するために積載している危険物にはあたらず，本法にいう「危険物」に該当する。

5．引火性又は爆発性の蒸気を発する危険物を積載していた船舶で，当該危険物を荷卸しした後ガス検定を行い火災又は爆発のおそれがないことを船長が確認していないものは，危険物積載船舶とみなされる。

6．第2項は，危険物の種類を国土交通省令で定めることとしたものである。これを受けて規則第12条は，「危険物の種類は，「危険物船舶運送及び貯蔵規則」（昭和32年運輸省令第30号）第2条第1号に定める危険物及び同条第1号の2に定めるばら積み液体危険物のうち，これらの性状，危険の程度等を考慮して告示で定めるものとする。」と規定し，「港則法施行規則の危険物の種類を定める告示」（昭和54年運輸省告示第547号）が定められている。同告示では，危険物を「爆発物」と「その他の危険物」に分けて，危険物船舶運送及び貯蔵規則第2条第1号に定める危険物及び同条第1号の2に定めるばら積み液体危険物のうちから本法を適用すべき危険物を抽出している。

危険物船舶運送及び貯蔵規則は，輸送機関としての船舶が，他の輸送機関である鉄道，自動車，航空機に比して多種多様かつ大量の危険物を運送貯蔵することができることから，極めて多くの危険物の種類を定めて所要の規制を行っている。一方，本法でいう危険物は，単にその物質自体についての危険性からばかりでなく，その危険物を積載した船舶が港内において航行，停泊又は荷役中に船舶交通の安全を阻害する事態が発生する危険の有無の観点から選定すべきことから，危険物船舶運送及び貯蔵規則に定める危険物及びばら積み液体危険物のうち，危険性の低い有機過酸化物，腐しょく性物質，毒物，可燃性物質，自然発火性物質及び水反応可燃性物質の一部については，「船舶による危険物の運送基準等を定める告示」（昭和54年運輸省告示第549号）の危険物の運送基準を参考に，除外している。

〔参考〕 海，陸，空すべての輸送形態に共通するものとして国際的に統一された危険物の種類としては，国連経済社会理事会が1956年に採択した「危険物の輸送に関する専門家委員会の勧告」がある。勧告に記載された危険物には，一連の国連番号（UN number）が付されることとなる。このうち海上輸送にかかるものについては，1960年海上人命安全条約（SOLAS条約）第Ⅶ章の危険物の運搬に関する規定を実施するため，IMDGコードがIMCO（政府間海事協議機関……現IMO）において採択された（1971年）。これは主として上記国連勧告のうちからドラム缶，ボンベ等の個品輸送の形態で海上輸送されるものを選び出したものである。

わが国においては，危険物の海上輸送に関する一般規則として船舶安全法に基づく危険物船舶運送及び貯蔵規則がある。同規則は1979年，IMDG コードに準拠する形で改正され，その後も危険物輸送形態の変化（液化ガスタンカー，パーセルタンカー等の危険物ばら積み船の増加）に対応する1974年 SOLAS 条約の1983年改正の発効（1986年７月）に伴い，IGC コード（液化ガスばら積み船舶が対象），IBC コード（液体化学薬品ばら積み船舶が対象）に準拠する形で改正されている。

7．「港則法施行規則の危険物の種類を定める告示」に規定する危険物の分類と本法適用との関連等は次のとおりである。

(1) 爆発物

イ．火薬類

火薬類は，火薬，爆薬，弾薬，火工品その他の爆発性を有する物質であって爆発により船舶及び付近の人命，施設に多大の災害をもたらすおそれがあるので，最も危険性の高い危険物として取り扱っている。

ロ．有機過酸化物

有機過酸化物は，酸化性物質の中でも特に容易に活性酸素を放出し，他の物質を酸化させる性質を持つが，その中でも特に爆発的に分解するものについて爆発物として規制することとしている。

(2) その他の危険物

イ．高圧ガス

高圧ガスは，高圧容器内に高圧で圧縮して充填され，若しくは冷凍容器に液化された状態で貯蔵されているため，転倒又は強い衝撃により漏洩した際には著しく多量のガスが噴出するおそれがある。一方，高圧ガスには引火性の性質以外に毒性，腐しょく性等の他の危険性を併有するものがある。引火性のガスは漏洩すると火気により引火し又は空気と混合して爆発性のガスを生じ，引火爆発により船舶及び人命又は他の施設に重大な影響を与えるおそれがあり，あるいは毒性ガスの漏洩により人命の安全にかかわることとなるので規制対象としている(注1)。

ロ．引火性液体類

引火性液体類は，高温，裸火，火花等の発火源により容易に引火することから規制対象としている(注1)。

ハ．可燃性物質

通常，火花，裸火等の発火源により容易に燃焼するので規制対象としている(注1，2)。

ニ．自然発火性物質

自然発熱又は自然発火しやすいことから規制対象としている(注2)。

ホ．水反応可燃性物質

水と作用して引火性ガスを発生することから規制対象としている(注1,2)。

ヘ．酸化性物質

酸化性物質は，有機物，金属微粉等と混合すると爆発することがあり又は熱により分解して酸素を発し，火災の際に物質の燃焼を著しく助長するなど爆発，引火の危険性が高いことから規制対象としている(注1)。

ト．有機過酸化物

爆発性を有する有機過酸化物以外の有機過酸化物は，激しく燃焼するなど危険性が高いことから規制対象としている。

チ．毒物

人体に対して重大な影響(毒作用)を与えるため対象としている(注1,2)。

リ．放射性物質等

放射性物質等による放射線の影響は，被ばく当時には直接その影響が判明しなくても人体に対して有害な作用を及ぼし，なかには爆発の危険性を有するものもあり，人命，船舶に与える影響は重大であることから，放射性物質等のすべてを適用対象としている。

ヌ．腐しょく性物質

腐しょく性物質は，当該物質又はその蒸気により生物体の組織に危害を加え，船体構造物等を腐しょくし，金属類の腐しょくにより引火性の水素ガスを発生し，あるいは有機物質や化合物と反応して火災を起こすおそれのある物質であることから規制対象としている(注1,2)。

(注1)　危険物船舶運送及び貯蔵規則に定める少量危険物は，量が少量であり，危険を及ぼす程度が比較的少ないので，規則対象から除外している。

(注2)　危険物船舶運送及び貯蔵規則に定める容器等級がⅢに属するもの等は，危険を及ぼす程度が比較的少ないので原則として除外している。

ル．有害性物質

上記以外の物質で，人に危害を与え，又は他の物件を損傷するおそれのあるものであるが，危険を及ぼす程度が比較的少ないので，原則として規制対象から除外している。

［罰則］ 本条の規定の違反となるような行為をした者は，30万円以下の罰金又は科料に処せられる。（法第54条）

第21条 危険物を積載した船舶は，特定港においては，びよう地の指定を受けるべき場合を除いて，港長の指定した場所でなければ停泊し，又は停留してはならない。ただし，港長が爆発物以外の危険物を積載した船舶につきその停泊の期間並びに危険物の種類，数量及び保管方法に鑑み差し支えないと認めて許可したときは，この限りでない。

規則第13条（許可の申請）
規則第19条（申請事項の追加）

〔概要〕 本条は，危険物積載船舶の停泊，停留を制限した規定である。

【解説】 1．前条において，特定港に入港しようとする危険物積載船舶については港長の指揮を受けることとなっているが，入港しようとしている船舶以外の船舶に対しても停泊等に関する制限をする必要があるのでこの規定を設けたものである。

これは，危険物積載船舶の有する危険性を鑑みると，法第5条第1項の規定による危険物積載船舶の停泊できる港区の限定だけでは船舶交通の安全上十分といえないので，危険物積載船舶のすべてを対象として停泊等の場所を具体的かつ個別に指定することとしたものである。

〔参考〕 許可申請様式（*p.* 44　第3号様式参照）

2．本条は，法第5条第2項のびょう地指定の場合と異なり，「命令の定める船舶」（総トン数500トン以上，関門港若松区は総トン数300トン以上の船舶）及び「命令の定める特定港」（京浜，阪神及び関門）に限定しておらず，しかもびょう地のほか「けい留施設にけい留する場合」の停泊及び停泊以外の停留をも含む広い規制となっている。

ここで停留を含んでいるのは，危険物積載船舶が岸壁の付近まで来て機関を停止して先船の離岸を待つ等の運航形態も船舶交通の安全上好ましくないのでこれを制限したものである。

3．「びよう地の指定を受けるべき場合を除いて」としているのは，直接には法第5条第2項又は同第3項に定めるびょう地の指定を受ける場合と重複しないように規定したものであるが，この他本法の他の規定により次のような危険物積載船舶についても，港長がすでに停泊場所等についての考慮を行っているのであらためて本条の停泊場所等の指定を受ける必要はない。

⑴　法第6条第1項の規定により，移動許可を受けた船舶

⑵　法第6条第1項ただし書の規定により，移動後遅滞なくその旨を港長に届け出て港長から他の場所に移動を命ぜられなかった船舶

⑶　法第9条の規定により，停泊・停留場所を指定されて移動を命ぜられた船舶

⑷　法第22条第1項の規定により，危険物の荷役の許可を受けた船舶

⑸　法第22条第4項の規定により，危険物の運搬の許可を受けた船舶

4．本条ただし書は，爆発物以外の危険物積載船舶については港長の許可を受けることによって本条前段の指定を要しないこととしたものである。

これは，法を適用する危険物については，爆発物とその他の危険物に分けられているが，爆発物以外の危険物の場合には当該船舶の停泊の期間，危険物の種類，数量及び保管方法からみて停泊・停留することが差し支えないものについてまで本条前段のように厳しく取り扱う必要はないので，港長の許可を受けることにより停泊等の制限を解除したものである。

5．本条ただし書の許可の申請については，規則第13条に，「法第21条ただし書の規定による許可の申請は，停泊の目的及び期間，停泊を希望する場所並びに危険物の種類，数量及び保管方法を具して，これをしなければならない。」と規定され，規則第19条の規定により，特に必要があると認めるときは，規

則第13条に規定する事項以外の事項を指定して申請させることができることとされている。その例としては，船舶の大きさ（総トン数，全長，最大喫水），危険物の状態等が考えられる。

6．ただし書の「この限りでない」とは，本条前段の「港長の指定した場所でなければ停泊し，又は停留してはならない。」に対するものであって，港長の停泊に関する許可を受ければ停泊場所の指定を受けなくてよいということである。したがって，前段の指定を受けないで後段の許可を受ければよいこととなるが，前段による停泊場所の指定の際にも後段と同様に希望停泊場所を記載して申請が行われているので，前段の「指定」とただし書の「許可」の文言が異なるのみで内容的には差がない。したがって停泊しようとする度に港長の許可を受けていたのではただし書の意義又は利点が失われることとなるが，例えば一定期間包括的に許可を受けて入港又は転びょう毎の指定を省略する場合においてただし書の意義が生ずる。

7．ただし書の港長の許可を受けた船舶は，停泊場所の指定を受けることが免除されているのみであって，全く自由に停泊してよいというものではなく，法第５条第１項に定める危険物積載船舶の港区内に停泊する必要がある。

なお，ただし書には「停留」が含まれていないので，停留する場合は常に本条前段の指定を受ける必要がある。

8．海難を避けようとする場合その他緊急の事由がある場合についての処置については，法第６条のように明記されていないが，緊急やむを得ない事由があり，かつ港長の許可を得る時間的余裕がないことから，指定された停泊場所より移動し又は指定された場所以外の地点に停泊・停留したときは，遅滞なくその旨を港長に届け出れば本条の規定に違反したことにはならないと解される。

ただし，この場合に海難その他緊急やむを得ない事由が消滅したときは，速やかに港長に通報し，承諾を得て旧位置に復し又は新たに指定を受けて停泊しなければならない。

［罰則］ 本条の規定の違反となるような行為をした者は，６か月以下の懲役又は50万円以下の罰金に処せられる。（法第51条）

第22条　船舶は，特定港において危険物の積込，積替又は荷卸をするには，港長の許可を受けなければならない。

2　港長は，前項に規定する作業が特定港内においてされることが不適当であると認めるときは，港の境界外において適当の場所を指定して同項の許可をすることができる。

3　前項の規定により指定された場所に停泊し，又は停留する船舶は，これを港の境界内にある船舶とみなす。

4　船舶は，特定港内又は特定港の境界付近において危険物を運搬しようとするときは，港長の許可を受けなければならない。

規則第14条（許可の申請）
規則第19条（申請事項の追加）

〔**概要**〕　本条は，特定港における危険物の積込み，積替え，荷卸し及び運搬に関する規定である。

第1項は船舶が特定港において危険物の荷役を行うときは港長の許可を受けなければならないこと，第2項は港長は危険物の荷役を港の境界外の場所を指定して行わせることができること，第3項はこの場合の船舶は港の境界内にある船舶とみなすこと及び第4項は危険物の運搬を行うときは港長の許可を受けなければならないことを規定している。

【**解説**】　1．港内における船舶貨物の一般的な荷役作業は，通常，船舶乗組員，荷役業者，係留施設の管理者等貨物及びその取扱いに関して知識・技能を有する者により，又はこうした者の監督の下に行われるので，港長はこれに直接関与していない。

しかしながら，危険物については，危険物自体の有する危険性及び事故発生時の災害の規模に鑑み，港内においてこれらの危険物が荷役されている事実を把握するとともに，積極的にこれを規制することにより船舶交通の安全と港内の整とんを図る必要があるため，本条が設けられたものである。

2．「積込」とは，他の船舶又は陸（水）上から船舶内に積み込むことであり，「積替」とは船内において積載場所を変えることであって一般に「荷繰り」といわれている行為である。「荷卸」とは船内から他の船舶又は陸（水）上に移すことをいい，これらを総称して「荷役」という。

したがって，船舶から他の船舶に積み替える場合は，一方の船舶については「荷卸」であり，他方の船舶については「積込」であるため，それぞれの行為につき危険物荷役の許可が必要となる。

本条では許可申請義務者が，「船舶」とされており，本法の他の規定と同様に，船長又は船長に代わってその職務を行う者が該当する。２船に関係のある荷役は２つに分けて考え，それぞれの船長が許可を受けて当該作業について責任を有することとしなければ荷役の安全確保ができないので，実際も別個に申請する意味がある。この場合は，両者の荷役許可申請及び当該許可を同時に行うことが審査上も安全対策の確認上も好ましい。

3．第１項の許可の申請については，規則第14条第１項の規定により，「作業の種類，期間及び場所並びに危険物の種類及び数量を具して，これをしなければならない。」と定められ，また規則第19条の規定により，港長は，「特に必要があると認めるときは，」それ以外の事項を指定して申請させることができるとされている。その例として船舶の要目（総トン数，全長，最大喫水），荷役業者名，消火装置の概要等が考えられる。

ここで「作業の種類」とは，「積込」，「積替」及び「荷卸」の別であり，「消火装置の概要」は船舶安全法及び同法に基づく「船舶消防設備規則」（昭和40年運輸省令第37号）により設置が義務付けられている消火装置以外に特に準備している設備・資材をいう。

4．危険物の荷役許可については，法第31条の工事，作業の許可の場合における同条第２項の港長の措置命令のような規定が設けられていない。一般に，法令上明文で認められているか，又は行政庁の裁量が認められる場合においては，必要な範囲内で附款を付し得ることが認められている。本条第１項の許可を行うに当たっても，目的上必要な範囲内において条件を付し，指示を与える等の措置をとることができる。これらは，本条第４項の運搬の許可についても同様である。

〔参考〕 許可申請書様式（ *p.* 44　第３号様式参照）

5．第２項は，危険物荷役が行われる場合に，港内における船舶交通のふくそう状況，危険物積載船舶の船型，危険物の種類，数量等を勘案して，安全な荷役作業を行うため必要と認められるときは特定港の港域外の適当な場所を指定してその場所で荷役を行うように命じて許可を与えることができることとしたものである。

第３項は，このような特別の理由により港域外に場所を指定されて危険物の荷役を行っている船舶についても，港内にある船舶と同じく港則法を適用し，港長の指揮に服すべきことを義務付ける必要があるので，当該船舶を港内にある船舶とみなすこととしたものである。

6．第２項の「前項に規定する作業」とは，第１項の「危険物の積込，積替又は荷卸」を指す。一般に「作業」とは極めて広い概念であり，本法でも作業という行為に関する規制も多いが，法第31条の「工事又は作業」にいう「作業」には本条の荷役作業は含まれない。

本項の規制が必要となる場合として，例えば次のような場合が考えられる。

⑴　喫水の深い船舶が特定港で荷卸しする必要があるが，十分な水深を有する泊地が港内に確保できないために行われる瀬取り作業

⑵　船体，機関，積荷等に事故が発生した船舶の積荷の荷卸し作業

⑶　停泊予定バース及びその付近が混雑している中で，沖荷役に適する泊地が確保され船舶の荷役施設等も安全上十分な場合に行われる荷役作業

7．第３項の「みなす」とは，ある事物とは本来性質の異なる他の事物を法律関係では同一視して同一の法律効果を発生させるということであり，本項では，港の境界外にある船舶を本法適用上港の境界内にある船舶として扱うということである。

8．第４項の「運搬」とは，特定港内又はその境界付近にある２地点（船舶を含む。）の間を船舶により運搬することを意味し，単に危険物を積載した船舶が特定港に入出港し，又は特定港を通過する場合における港内及びその境界付近の航行は，本項の運搬には含まれない。

また，船舶内の危険物の移動も，船内における運搬とも解されるが，第１項の「積替」に該当するので，含まれない。

したがって，本項の「運搬」には必ず「積込」と「荷卸」を伴うものであ

るところ,「運搬」にかかる許可にはそれに伴う「積込」と「荷卸」の許可も含まれるため, それぞれ個別に第１項の許可を受ける必要はない。

9．「特定港の境界付近」とは, どの程度を指すかについては明確でないが, 港域外の水域であって当該特定港に出入りする船舶の航路筋に当たる海域, 又は運搬中に事故があった場合に当該特定港内の安全に影響を及ぼすおそれのある範囲までと考えられる。

10. 第４項の許可申請については, 規則第14条第２項で「運搬の期間及び区間並びに危険物の種類及び数量を具して, これをしなければならない。」と規定しており, また, 規則第19条で「特に必要があると認めるとき」は, その他の事項についても指定して申請させることができることとしている。その他の事項については, 例えば運搬する危険物の船内における積付位置, 運搬業者名, 荷役業者名, 運搬経路等が考えられる。

　ここで,「運搬の区間」とは運搬の起点及び終点をいう。

　複数のはしけにより運搬する場合には, 全体として一連の運搬行為として申請することができる。このような場合には, 申請書に使用船舶, 運搬回数, １回１隻の積載量等を記載して申請することとなる。

[罰則]　本条第１項又は第４項の規定の違反となるような行為をした者は, ６か月以下の懲役又は50万円以下の罰金に処せられる。(法第51条)

〔参考〕 危険物運搬許可申請書様式

第7号様式

危 険 物 運 搬 許 可 申 請 書

年　　月　　日

港長　殿

申請者所属・氏名

<table>
<tr><td>船舶の名称</td><td colspan="3"></td><td>信号符字又は
船舶番号</td><td colspan="2"></td></tr>
<tr><td>船舶の種類</td><td></td><td>総トン数</td><td>トン</td><td>重量トン数</td><td colspan="2">トン</td></tr>
<tr><td>船舶の全長</td><td>m</td><td>最大喫水</td><td>m　cm</td><td>船長の氏名</td><td colspan="2"></td></tr>
<tr><td>船舶の代理人の氏名
又は名称及び住所</td><td colspan="6"></td></tr>
<tr><td rowspan="2">危険物情報</td><td colspan="3">品名・等級・国連番号・容器等級・引火点（密閉式による摂氏）</td><td>こん包の数</td><td>正味重量</td><td>船内の積付位置</td></tr>
<tr><td colspan="3"></td><td></td><td></td><td></td></tr>
<tr><td>運搬業者名</td><td colspan="2"></td><td>荷役業者名</td><td colspan="3"></td></tr>
<tr><td rowspan="4">運搬期間及び回数</td><td colspan="2" rowspan="2">自　月　日　時　分</td><td rowspan="4">荷役期間</td><td rowspan="2">積込</td><td colspan="2">自　月　日　時　分</td></tr>
<tr><td colspan="2">至　月　日　時　分</td></tr>
<tr><td colspan="2" rowspan="2">至　月　日　時　分
回</td><td rowspan="2">荷卸</td><td colspan="2">自　月　日　時　分</td></tr>
<tr><td colspan="2">至　月　日　時　分</td></tr>
<tr><td rowspan="4">運搬区間</td><td colspan="4">場　　所</td><td colspan="2">岸壁又は錨地コード</td></tr>
<tr><td colspan="4">自</td><td colspan="2">（　　　　）</td></tr>
<tr><td colspan="4">至</td><td colspan="2">（　　　　）</td></tr>
<tr><td colspan="4">経路</td><td colspan="2"></td></tr>
</table>

(第７号様式)

注意

1　申請者が船長の場合は「船長の氏名」の記載を要しない。

2 「船舶の代理人の氏名又は名称及び住所」の欄には、代理店が設定されている場合は代理店の名称、住所及び電話番号を、また、代理店が設定されていない場合は運航者の名称及び住所を記載すること。

3　弾薬及び火工品については、薬量が判明しているときは、正味重量の下に（　）を付して薬量を記載すること。

4　運搬時の「危険物情報」には、「荷役する危険物」、「その他の危険物」に区分し記入すること。この場合、荷役しない「その他の危険物」については、「船舶の積付位置」の欄に、その開放、非開放の別も記入すること。なお、「開放」とは，当該危険物の揚荷をする場合を除き，開放された場所に危険物を積載している場合又は危険物を積載してある船倉若しくは区画を開放する場合をいい，「非開放」とは，危険物を積載してある船倉又は区画を開放しない場合をいう。

5 「危険物情報」の欄中「等級」とは、火薬類等級１．１、火薬類等級１．２、火薬類等級１．３、火薬類等級１．４、火薬類等級１．５、火薬類等級１．６、有機過酸化物（爆発物)、引火性高圧ガス、非引火性非毒性高圧ガス、毒性高圧ガス、引火性液体類（容器等級Ⅰ)、引火性液体類（容器等級Ⅱ)、引火性液体類（容器等級Ⅲ)、可燃性物質、自然発火性物質、水反応可燃性物質、酸化性物質、有機過酸化物（爆発物を除く。)、毒物、放射性物質等第１種、放射性物質等第２種、放射性物質等第３種、腐食性物質、有害性物質又はその他の別をいう。また、「国連番号」が無い危険物については、危険物コード（MS コード）を記載し、「容器等級」については引火性液体類のみ記載すること。

6　申請書等は、１通提出すること。

7　許可書又はその写しを、許可を受けた行為の行われている現場に携行すること。

第５章　水路の保全

第23条　何人も，港内又は港の境界外１万メートル以内の水面においては，みだりに，バラスト，廃油，石炭から，ごみその他これらに類する廃物を捨ててはならない。

２　港内又は港の境界付近において，石炭，石，れんがその他散乱するおそれのある物を船舶に積み，又は船舶から卸そうとする者は，これらの物が水面に脱落するのを防ぐため必要な措置をしなければならない。

３　港長は，必要があると認めるときは，特定港内において，第１項の規定に違反して廃物を捨て，又は前項の規定に違反して散乱するおそれのある物を脱落させた者に対し，その捨て，又は脱落させた物を取り除くべきことを命ずることができる。

〔概要〕　本条は，船舶交通の安全を阻害し，又は港内の整とんを乱すような廃物等の投棄を制限し，あるいは除去を命じ得るとした規定である。

【解説】　１．港内又はその付近の水面において，船舶の運航，貨物の荷役等港の利用に際してごみその他の廃物が投棄され，あるいは荷役の際に積荷が脱落するといったことが起きると，港内における船舶交通の安全及び港内の整とんの確保に支障を生ずるおそれがあるので，当該行為を規制し，又は当該廃物等を回収させて，水路の保全を図ることとしたものである。

２．第１項は，当該港が特定港であるか否かを問わず，港内又は港の境界外１万メートル以内の水面においてバラスト，廃油等の廃物を捨てることを禁止している規定である。

これは，廃物等が投棄された場合，港内及びその付近の水深の減少，火災の発生，推進器等の損傷，あるいは船舶の交通の流れの阻害等のおそれが生ずることとなるので，そうした事態の発生を防止するために設けられた規定である。

3．海洋汚染等及び海上災害の防止に関する法律(昭和45年法律第136号)には，海洋に油及び廃棄物を排出することを規制する規定があり（同法第４条，第10条，第18条），本条による規制との関係が問題となる。

本条は，港内における船舶交通の安全及び港内の整とんを図ることを目的として，水路の保全という見地から，みだりに廃物を捨てることを規制しているが，海洋汚染等及び海上災害の防止に関する法律は，海洋の汚染を防止し，もって海洋環境の保全に資することを目的として，船舶及び海洋施設から海洋に油及び廃棄物を排出することを規制するものであり，両者はその目的を異にするものである。したがって規制の内容も，それぞれの法律の目的に応じて定められることとなる。

(海洋汚染等及び海上災害の防止に関する法律の規定および本条の規定の双方に違反するものについての罰則の適用については，刑法第54条の規定により重い方の刑に処せられることとなる。)

なお，海洋汚染等及び海上災害の防止に関する法律では規制していない行為であって，港則法で規制しているものとしては，次のものが考えられる。

⑴　陸岸から港内又は港の境界外１万メートル以内の水面に廃物をみだりに捨てる行為

⑵　船舶から港域外１万メートル以内の河川水面に，廃物をみだりに捨てる行為

4．第１項では，「何人も」とあるので，人が船舶から廃物を捨てる場合も，陸上から捨てる場合もすべて含まれ，およそ当該行為を行った人はすべて適用対象となる。

「港の境界外１万メートル以内の水面」とは，海面に限らず，陸地に対する「水面」の意であり，海面のみならず港に通ずる河川水面，運河水面等の内水面も含む。

ここで，港内のみならず港の境界外１万メートル以内の水域まで本項を適用しているのは，投棄されたバラスト，石炭から等の廃物が港内に連なる航路筋や河川運河に堆積すると，港に出入りし，停泊する船舶の交通の安全が阻害されることとなり，また，投棄された廃油，ごみ等の廃物は，潮流等の

自然条件ともあいまって広い範囲に拡散する場合もあるので，港内においてのみ本規定を適用したのでは，その効果が十分でないからである。

「みだりに」とは，通常違法性を表現するものとされ，社会通念上正当な理由があると認めることができない場合を指している。

具体的には法の目的に照らし，各行為の目的，方法，態様等を考慮して判断される。

したがって，船舶が海難を避けようとしてバラスト，廃油等を投棄する場合，港湾造成のため許可を得て一定の区域内に石炭から，ごみ等を捨てる場合，過失により廃物を脱落させ又は流失する場合，法第31条の許可を得た作業の範囲内で廃物を捨てる場合等においては，「みだりに」捨てたことにならない。

5．本条にいう「バラスト」とは，船舶が空船の場合に喫水を深くして船体を安定させるため脚荷として積む砂利，れんがその他の固形バラストを意味し，ウォーターバラストは含まない。ただし，油を含んだバラスト水を排出した場合は廃油を排出したこととなる。

「廃油」とは，油として使用しうるか否かを問わず，また，他の法令の規制の如何にかかわらず，人が不要とした油のすべてをいう。

「その他これらに類する廃物」とは，本法の目的を勘案し，直接沈澱たい積して水深を減少させ，又は水路を閉塞して船舶交通の安全を阻害するおそれのある物のほか，浮流することにより，船舶のエンジン，舵，推進器等に損傷を与えたり，航行船舶が通常の航路筋から離れ，不規則な航行を余儀なくされるような物も含まれている。

船底に付着するふじつぼ，かき，からす貝等の貝類，あおのり，あおさ等の海藻類，腐しょく性が非常に強く冷却水取入口のろ過用網，冷却水パイプ，冷却ポンプ等を腐しょくさせ，その結果エンジンを損傷させるおそれのある工場廃液等も「その他これらに類する廃物」に含まれる。

6．第2項は，特定港か否かを問わず港内又は港の境界付近において，石炭，石，れんがその他散乱するおそれのある物の荷役を行う場合には，これらの物が水面に脱落すると第1項同様船舶交通を阻害するおそれがあるので，これを防ぐため必要な措置をしなければならないこととした規定である。

7．本項にいう「港の境界付近」とは，一般的に明確な範囲を定めることはできないが，本項にいう散乱するおそれのある物が水面に脱落した場合において当該港に出入りする船舶の交通安全上影響を与えるおそれのある港域外の水域をいい，前項と同じく「水面」としているので海面以外の水域を含む。

本項では，前項と異なり「船舶に積み，又は船舶から卸そうとする者」として行為の主体を船舶荷役を行う者に限定しており，陸上又は船内のみで行われる荷役を行う者は適用対象としていない。これは，そのような場所での荷役においては，通常水面に脱落するおそれが少ないことによるものである。

また，本項では，「石炭，石，れんが」を掲げているが，これらはいずれも比重が大きく水面に脱落すると直ちに海底に堆積する物ばかりである。しかし，「その他散乱するおそれのある物」には，これらに類するもののほか魚介類，肥料，飼料，穀物等のように散乱後直ちには堆積しないが，ある程度時間が経過すれば海底に堆積して水深を浅くさせ，また，堆積するまで水面あるいは水中に浮流している間に前項と同じく船舶交通に害を与えるおそれのある物も含まれる。

8．「必要な措置」とは，通常，船側にキャンバス，ネット等を展張し，又は専用のホッパーや囲い等を使用するなど水面にこれらの物を脱落させないための十分な措置をいう。

9．第３項は，第１項又は第２項の違反が行われた場合，単に違反者を罰するだけでは船舶交通の障害となるような物件は放置されたままであり，特定港のように船舶交通のふくそうする港においては極めて危険性が大きいので，港長は，必要があると認めるときは，違反者に対しその除去を命ずることができることとした規定である。

本項により除去を命ずることができるのは，本条第１項又は第２項の規定に違反して廃物を投棄し又は散乱するおそれのある物を脱落させた場合のみであって，これらの規定に違反していない場合には除去を命ずることはできない。

10．本項は，「特定港の港内」のみに適用される。また「取り除く」場合には，原則として当該捨て又は脱落させた物のすべてが対象となるが，陸上と異なり海上では時日の経過によりこれらの物の拡散が大きく，また，水中作業等特殊な技術を必要とする場合があるので，必要かつ可能な限度内の命令とする必要がある。

［罰則］　本条第１項の規定に違反した者は，３か月以下の懲役又は30万円以下の罰金（法第52条），第２項の規定に違反した者は，30万円以下の罰金又は科料（法第54条），第３項の規定による処分に違反した者は，３か月以下の懲役又は30万円以下の罰金に処せられ（法第52条）るとともに，法人の代表者又は法人若しくは人の代理人，使用人その他の従業者がその法人又は人の業務に関して違反行為をしたときは，その行為者のほか，その法人又は人に対しても罰金が科せられる。（法第56条）

第24条　港内又は港の境界付近において発生した海難により他の船舶交通を阻害する状態が生じたときは，当該海難に係る船舶の船長は，遅滞なく標識の設定その他危険予防のため必要な措置をし，かつ，その旨を，特定港にあっては港長に，特定港以外の港にあっては最寄りの管区海上保安本部の事務所の長又は港長に報告しなければならない。ただし，海洋汚染等及び海上災害の防止に関する法律（昭和45年法律第136号）第38条第１項，第２項若しくは第５項，第42条の２第１項，第42条の３第１項又は第42条の４の２第１項の規定による通報をしたときは，当該通報をした事項については報告をすることを要しない。

〔概要〕　本条は，港内又は港の境界付近で他の船舶交通の安全を阻害する海難が発生した場合において，危険防止のための措置及び海上保安庁への通報を義務付けた規定である。

【解説】　１．港内又は港の境界付近において海難が発生した場合は，当該船舶に危険があるのみならず，当該船舶の沈没，座礁若しくは漂流又は積荷の流出若しくは漂流により他船の交通の安全を阻害することとなるおそれがあるので，このような場合は，船長に対して危険予防のための必要な措置をとらせることにより船舶交通の阻害のおそれをできる限り減少させ，かつ，海上保安庁へ通報させて他の船舶に対する周知，交通制限等の適切な措置を早期にとることにより，船舶交通の安全を確保しようとするものである。

2．「海難」という用語は，海難審判法，船員法，海上保安庁法等種々の法律で用いられ，その意義も法律によって異なりさまざまであるが，本条にいう「海難」は，概ね次のようなものをいう。

⑴ 船舶の衝突，乗揚げ，沈没，火災，浸水，転覆等

⑵ 船舶の機関，推進器，舵等の損傷又は故障

⑶ 船舶の運用に関連して生じた航路標識等船舶以外の施設の損傷

3．本条は特定港であるかどうかを問わず港内及び港の境界付近において適用される。

「港の境界付近」とは，本法の他の規定の場合と同じく，本条の趣旨及び社会通念上当該港に出入りする船舶の交通安全上影響を及ぼす程度までの海域をいう。

「船舶交通を阻害する」とは，船舶の沈没等により直接他船の交通を妨げているもののみでなく，漂流物を避けなければならない状態又は灯浮標の滅失等により船舶交通に混乱を与えることも含まれている。

「当該海難に係る船舶」とは，海難に関係した船舶のことであって，海難により運航不能等の被害を生じた船舶のみでなく，自船は被害を受けなくても相手船又は施設等に被害を与えたものも含まれ，およそ海難の発生に関与した船舶のすべてが含まれる。

「船長」が不在，死亡等の場合は，船長に代ってその職務を行う者が措置し，通報する義務を負う。

「遅滞なく」とは，本法の他の規定と同じであり，措置・報告することが不可能な間のみ猶予されているものであって，措置・報告することが可能な状態になったときは，直ちに措置・報告しなければならない。

4．「標識の設定その他危険予防のため必要な措置」については，海上交通安全法に同趣旨の規定があり（同法第43条），同法施行規則第28条に次のように定められている。

（海上交通安全法施行規則第28条　海難が発生した場合の措置）

法第43条第1項の規定による応急の措置は，次に掲げる措置のうち船舶交通の危険を防止するため有効かつ適切なものでなければならない。

一　当該海難により航行することが困難となつた船舶を他の船舶交通に危険を及ぼすおそれがない海域まで移動させ，かつ，当該船舶が移動しないように必要な措置をとること。

二　当該海難により沈没した船舶の位置を示すための指標となるように，次の表の上欄に掲げるいずれかの場所に，それぞれ同表の下欄の要件に適合する灯浮標を設置すること。

場　所	要　件
沈没した船舶の位置の北側	1　頭標（灯浮標の最上部に掲げられる形象物をいう。以下同じ。）は，黒色の上向き円すい形形象物2個を垂直線上に連掲したものであること。 2　標体（灯浮標の頭標及び灯火以外の海面上に出ている部分をいう。以下同じ。）は，上半部を黒，下半部を黄に塗色したものであること。 3　灯火は，連続するせん光を発する白色の全周灯であること。 4　連続するせん光は，1.2秒の周期で発せられるものであること。
沈没した船舶の位置の東側	1　頭標は，黒色の上向き円すい形形象物1個と黒色の下向き円すい形形象物1個とを上から順に垂直線上に連掲したものであること。 2　標体は，上部を黒，中央部を黄，下部を黒に塗色したものであること。 3　灯火は，10秒の周期で，連続するせん光3回を発する白色の全周灯であること。 4　連続するせん光は，1.2秒の周期で発せられるものであること。
沈没した船舶の位置の南側	1　頭標は，黒色に下向き円すい形形象物2個を垂直線上に連掲したものであること。 2　標体は，上半部を黄，下半部を黒に塗色したものであること。 3　灯火は，15秒の周期で，連続するせん光6回に引き続く2秒の光1回を発する白色の全周灯であること。 4　連続するせん光は，1.2秒の周期で発せられるものであること。
沈没した船舶の位置の西側	1　頭標は，黒色の下向き円すい形形象物1個と黒色の上向き円すい形形象物1個とを上から順に垂直線上に連掲したものであること。 2　標体は，上部を黄，中央部を黒，下部を黄に塗色したものであること。 3　灯火は，15秒の周期で，連続するせん光9回を発する白色の全周灯であること。 4　連続するせん光は，1.2秒の周期で発せられるものであること。

三 当該海難に係る船舶の積荷が海面に脱落し，及び散乱するのを防ぐための必要な措置をとること。

本法の場合においても，ほぼ同様に考えてよい。ただし，港則法の場合は必ずしも設置すべき灯浮標が上記の表と同一であることを要求されているわけではない。

このほか，やぐら等に衝突して水没させた場合の標識の設置，沈没船，漂流船の漂流物がある場合の警戒船の配備等も本条の措置に含まれる。

5.「その旨」とは，当該海難の概要及び危険予防のためにとった措置をいう。

「特定港以外の港」にあっては最寄りの管区海上保安本部の事務所の長又は港長に報告することとしているが，当該海難が発生した水域を管轄している海上保安部署等に限定していないのは，一刻も早く通報を受けることにより，危険予防のための海上保安庁等の措置を速やかにとることができるようにしたものである。

「管区海上保安本部の事務所」とは，海上保安庁組織規則（平成13年国土交通省令第４号）第118条に定められている次の事務所をいう。

海上保安監部，海上保安部，海上保安航空基地，海上保安署，海上交通センター，航空基地等

なお，海上保安部の分室への通報については，分室が海上保安部の組織の一部であることから海上保安部に通報があったこととなる。

6.「報告」の方法については特に規定されていないので，無線，電話その他いずれの方法でもよく，現場付近の又は現場に急行した海上保安官に対し口頭で行っても差し支えない。

7.本条後段のただし書は，海洋汚染等及び海上災害の防止に関する法律第38条第１項，第２項若しくは第５項，第42条の２第１項，第42条の３第１項又は第42条の４の２第１項の規定による通報と本条による報告との調整規定である。

同法第38条第１項，第２項若しくは第５項，第42条の２第１項，第42条の３第１項及び第42条の４の２第１項の概要は，次のとおりである。

（第38条第１項）

船舶から油等の排出があった場合には，当該船舶の船長は，当該排出

があった日時及び場所，排出の状況，海洋の汚染の防止のために講じた措置その他の事項を直ちに最寄りの海上保安機関に通報しなければならない。

（第38条第２項）

船舶の衝突，乗揚げ，機関の故障その他の海難が発生した場合において，船舶から油等の排出のおそれがあるときは，当該船舶の船長は，当該海難のあった日時及び場所，海難の状況，油等の排出が生じた場合に海洋の汚染の防止のために講じようとする措置その他の事項を直ちに最寄りの海上保安機関に通報しなければならない。

（第38条第５項）

大量の特定油の排出があった場合には，第１項の船舶内にある者及び第３項の施設の従業者である者以外の者で当該大量の特定油の排出の原因となる行為をしたもの（その者が船舶内にある者であるときは，当該船舶の船長）は，第１項又は第３項の規定に準じて通報を行わなければならない。

（第42条の２第１項）

危険物の排出があった場合において，当該排出された危険物の海上火災が発生するおそれがあるときは，当該排出された危険物が積載されていた船舶の船長等は，危険物の排出があった日時及び場所，排出された危険物の量及び広がりの状況並びに当該船舶等に関する事項を直ちに最寄りの海上保安庁の事務所に通報しなければならない。

（第42条の３第１項）

貨物としてばら積みの危険物を積載している船舶等の海上火災が発生したときは，当該海上火災が発生した船舶の船長等は，海上火災が発生した日時及び場所，海上火災の状況並びに当該船舶等に関する事項を直ちに最寄りの海上保安庁の事務所に通報しなければならない。

（第42条の４の２第１項）

船舶の衝突等の海難が発生した場合等において，当該船舶等から危険物の排出が生じるおそれがあるときは，当該船舶の船長等は海難が発生した日時及び場所，海難の状況，危険物の排出が生じた場合に海上災害の発生の防止のために講じようとする措置等を直ちに最寄りの海上保安庁の事務所に通報しなければならない。

本条ただし書では，上記の規定による通報をしたときは，「当該通報をした事項については報告をすることを要しない。」としているので，当該通報に含まれていない，例えば危険予防の措置等については本条に基づき報告する必要がある。

また，海上交通安全法第43条第１項では次のとおり規定されており，本条との調整がなされている。

（第43条第１項）

海難により船舶交通の危険が生じ，又は生ずるおそれがあるときは，当該海難に係る船舶の船長は，できる限りすみやかに，国土交通省令で定めるところにより，標識の設置その他の船舶交通の危険を防止するため必要な応急の措置をとり，かつ，当該海難の概要及びとった措置について海上保安庁長官に通報しなければならない。ただし，港則法第24条の規定の適用がある場合は，この限りでない。

海上交通安全法は，その第１条（目的及び適用海域）第２項により，港則法に基づく港の区域は同法の適用除外としているので，同条の規定は，港の区域外である「港の境界付近」における海難についての本条との調整規定となる。

［罰則］ 本条の規定に違反した者は，３か月以下の懲役又は30万円以下の罰金に処せられる。（法第52条）

第25条　特定港内又は特定港の境界付近における漂流物，沈没物その他の物件が船舶交通を阻害するおそれのあるときは，港長は，当該物件の所有者又は占有者に対しその除去を命ずることができる。

〔概要〕　本条は，特定港内又は特定港の境界付近における航路障害物等の除去命令について規定したものである。

【解説】　1．特定港内及びその周辺水域は船舶交通がふくそうしているため，常に船舶が自由かつ安全に航行し得るような状態に維持されていなければならない。

漂流物，沈没物等のため船舶交通の安全の確保ができなくなるおそれがある場合は，一般的には，当該物件の所有者又は占有者が速やかにこれを除去すべきであるが，経済上の理由その他の事由により放置されることがあるので，強制的にこれを除去させて本来の安全な状態に回復することができるよう本条の規定を設けたものである。

2．「特定港の境界付近」とは，本法の他の規定の場合と同じく，当該港に出入りする船舶に航行の安全上影響を及ぼし得る範囲をいう。

本条の漂流物，沈没物は，船舶交通を阻害する物件の代表的な例示として用いられており，「その他の物件」としては，例えば桟橋の残骸，工事用に使用したやぐら，ブイ等がある。

3．本条の命令の対象者（受命者）は，「当該物件の所有者又は占有者」である。

所有者に除去を命じた後に所有者が当該物件の所有権を放棄しても当該所有者は除去の義務を免れることはできない。

4．本条は，法第45条の規定により特定港以外の港についても準用される。

〔罰則〕　本条の規定による処分に違反した者は，３か月以下の懲役又は30万円以下の罰金に処せられ（法第52条），また，法人の代表者又は法人若しくは人の代理人，使用人その他の従業者がその法人又は人の業務に関して違反行為をしたときは，行為者のほか，その法人又は人に対しても30万円以下の罰金が科せられる。（法第56条）

第6章　灯　火　等

第26条　海上衝突予防法（昭和52年法律第62号）第25条第２項本文及び第５項本文に規定する船舶は，これらの規定又は同条第３項の規定による灯火を表示している場合を除き，同条第２項ただし書及び第５項ただし書の規定にかかわらず，港内においては，これらの規定に規定する白色の携帯電灯又は点火した白灯を周囲から最も見えやすい場所に表示しなければならない。

２　港内にある長さ12メートル未満の船舶については，海上衝突予防法第27条第１項ただし書及び第７項の規定は適用しない。

〔概要〕　本条は，小型の帆船及びろかい船等の灯火及び形象物に関し海上衝突予防法の特則を定めた規定である。

【解説】　１．港内は船舶交通がふくそうしているので，海上衝突予防法により，船灯を常掲しなくても差し支えない旨規定されている小型の帆船若しくはろかい船又は所定の灯火及び形象物を表示することを要しない旨規定されている小型の運転不自由船若しくは操縦性能制限船であっても，衝突を防ぐために，所要の灯火及び形象物を表示しなければならないこととしたものである。

２．「海上衝突予防法第25条第２項本文及び第５項本文に規定する船舶」とは，「航行中の長さ７メートル未満の帆船」及び「ろかいを用いている航行中の船舶」である。

「これらの規定又は同条第３項の規定による灯火」とは，げん灯一対及び船尾灯１個若しくはそれらに紅色と緑色の全周灯１個ずつを加えたもの，又は三色灯１個である。

「同条第２項ただし書及び第５項ただし書の規定」とは，これらの規定している灯火を表示しない場合は，「白色の携帯電灯又は点火した白灯を直ちに使用することができるように備えておき，他の船舶との衝突を防ぐために十分な時間これを表示しなければならない。」こととした規定である。

本項は，そうした緩和規定にかかわらず，港内においては白色の携帯電灯又は点火した白灯を周囲から最も見えやすい場所に表示させることとしたものである。

〔参考〕 海上衝突予防法

（航行中の帆船等）

第25条　航行中の帆船（前条第４項若しくは第７項，次条第１項若しくは第２項又は第27条第１項，第２項若しくは第４項の規定の適用があるものを除く。以下この条において同じ。）であつて，長さ７メートル以上のものは，げん灯一対（長さ20メートル未満の帆船にあつては，げん灯一対又は両色灯１個。以下この条において同じ。）を表示し，かつ，できる限り船尾近くに船尾灯１個を表示しなければならない。

2　航行中の長さ７メートル未満の帆船は，できる限り，げん灯一対を表示し，かつ，できる限り船尾近くに船尾灯１個を表示しなければならない。ただし，これらの灯火又は次項に規定する三色灯を表示しない場合は，白色の携帯電灯又は点火した白灯を直ちに使用することができるように備えておき，他の船舶との衝突を防ぐために十分な時間これを表示しなければならない。

3　航行中の長さ20メートル未満の帆船は，げん灯一対及び船尾灯１個の表示に代えて，三色灯（紅色，緑色及び白色の部分からなる灯火であつて，紅色及び緑色の部分にあつてはそれぞれげん灯の紅灯及び緑灯と，白色の部分にあつては船尾灯と同一の特性を有することとなるように船舶の中心線上に装置されるものをいう。）１個をマストの最上部又はその付近の最も見えやすい場所に表示することができる。

4　航行中の帆船は，げん灯一対及び船尾灯１個のほか，マストの最上部又はその付近の最も見えやすい場所に，紅色の全周灯１個を表示し，かつ，その垂直線上の下方に緑色の全周灯１個を表示することができる。ただし，これらの灯火を前項の規定による三色灯と同時に表示してはならない。

5　ろかいを用いている航行中の船舶は，前各項の規定による帆船の灯火を表示することができる。ただし，これらの灯火を表示しない場合は，白色の携帯電灯又は点火した白灯を直ちに使用することができるように備えておき，他の船舶との衝突を防ぐために十分な時間これを表示しなければならない。

6　機関及び帆を同時に用いて推進している動力船（次条第1項若しくは第2項又は第27条第1項から第4項までの規定の適用があるものを除く。）は，前部の最も見えやすい場所に円すい形の形象物1個を頂点を下にして表示しなければならない。

3．本条第1項は，「港内においては」として特に航行中であることを明記していないが，海上衝突予防法第25条第2項及び第5項に規定する船舶は，いずれも航行中の船舶についての規定であるので，本項においても港内で海上衝突予防法にいう航行中の船舶に適用されることとなる。

「航行中」については，海上衝突予防法第3条第9項に，「船舶がびよう泊（係船浮標又はびよう泊をしている船舶にする係留を含む。）をし，陸岸に係留をし，又は乗り揚げていない状態をいう。」と定義されている。

4．第2項の「海上衝突予防法第27条第1項ただし書及び第7項の規定」とは，「航行中の長さ12メートル未満の運転不自由船は，その灯火又は形象物を表示することを要しない。」及び「航行中又はびよう泊中の長さ12メートル未満の操縦性能制限船は，第2項から第4項まで及び前項の規定による灯火又は形象物を表示することを要しない。」を示すが，本項は，長さ12メートル未満の航行中の運転不自由船及び航行中又はびょう泊中の操縦性能制限船についても，港内においては，それぞれ規定されている灯火及び形象物を表示させることとしたものである。

第27条　船舶は，港内においては，みだりに汽笛又はサイレンを吹き鳴らしてはならない。

〔概要〕 本条は，港内においてみだりに汽笛又はサイレンを吹鳴することを禁止した規定である。

【解説】 1．多数の船舶が航行し，あるいは停泊し，汽笛又はサイレンによる信号等が行われている港内において，みだりに汽笛又はサイレンを吹鳴することは，航法上の必要から吹鳴しなければならない信号と混同されるおそれがあり，又は他で発せられている必要な信号の聴取を妨げることとなるので，汽笛又はサイレンのみだりな吹鳴を禁止したものである。

2．海上衝突予防法では，「汽笛」とは，「この法律に規定する短音及び長音を発することができる装置をいう。」（同法第32条）と定義されている。

一般的には，汽笛もサイレンも構造的に音を発することができる装置であり，しかも，海上衝突予防法に定義する短音及び長音を発することが可能な装置であるので，海上衝突予防法に定義する「汽笛」にはサイレンも含まれる。

なお，本条及び第29条では，汽笛の他にサイレンを併記しているが，これは，海上衝突予防法に定義する汽笛以外の汽笛又はサイレンによるみだりな吹鳴をも制限し，又は火災警報については海上衝突予防法に定義する汽笛以外の汽笛又はサイレンによってもこれを行わせる方が法の目的に沿うからである。

3．「みだりに」とは，本法の他の規定と同様であり，社会通念上正当の目的又は理由等がないことをいう。

例えば，はしけ，通船等を呼ぶ場合，汽笛の吹鳴試験を行う場合等船舶，人命の安全に直接関係のない場合において，汽笛又はサイレンを不必要に何回も吹鳴することはみだりに吹鳴することに該当する。

第28条 特定港内において使用すべき私設信号を定めようとする者は，港長の許可を受けなければならない。

規則第５条第１項，第３項（私設信号の許可の報告及び告示）

規則第15条（許可の申請）
規則第19条（申請事項の追加）

〔概要〕 本条は，特定港内において私設信号を定めようとする者は港長の許可を受けなければならないことを規定したものである。

【解説】 1．特定港内で使用される信号には普通信号（国際信号書による信号をいう。）及び進路信号（普通信号以外の信号であって，自船の進路を表示させるために用いるものをいう。規則第11条。）があるが，これらは船舶の運航に密接に関連しているものであることから，これらの信号と混同され，又は不必要に多くの信号が行われることは無用の混乱を招き，船舶交通の安全上好ましくないので，私設信号については，法第28条によりこれを港長の許可にかからしめている。

2．「私設信号」とは，交通規制権限を有する行政主体が港内の船舶交通の安全確保及び円滑化を図るため定める信号以外の信号をいう。したがって，例えば，港湾管理者がその業務を遂行するため船舶を対象として設定する信号も，私設信号に該当することとなる。

3．本条に基づく許可の申請については，規則第15条で「私設信号の目的，方法及び内容並びに使用期間を記載した申請書によりしなければならない。」と規定している。また，規則第19条では，港長は，特に必要があると認めるときはその他の事項についても指定して申請させることができることとしている。（例えば，信号を発する場所等が考えられる。）なお，信号の「方法」とは，旗りゅう，灯火等の手段の別をいい，「内容」とは，信号，信文（信号の意味）及び応答信号をいう。

港長は申請のあった私設信号を許可するに当たり，船舶交通の安全を確保するため必要な条件を付することができるが，これは法第22条の危険物荷役，運搬許可の場合と同様である。

4．本条による許可のうち，係留施設の使用に関する私設信号を許可したときは，規則第5条第1項により，港長はこれを海上保安庁長官に速やかに報告しなければならず，また，規則第5条第3項により，海上保安庁長官はこれ

〔参考〕 私設信号使用許可申請書様式

第８号様式

私 設 信 号 使 用 許 可 申 請 書

年 月 日

港長 殿

（特定港以外の港にあっては、管轄の海上保安監部長又は海上保安部長あて）

申請者所属・氏名

１ 目 的

２ 信号を発する場所

３ 方 法

４ 内 容

信 号	信 文	応 答 信 号

５ 使 用 期 間

６ そ の 他

（係留施設の使用に関する信号の場合は、係船浮標については、海図上の著名物標からの方位・距離、係船岸壁等の場合は、所在地“図面添付”を記載すること。）

（第８号様式）

注 意

申請書は、１通提出すること。

を告示しなければならないこととなる。

5．私設信号には，係留施設の使用に関する信号のほか，一定の水域の利用に関しての情報提供を行う信号もある。（例……入航船有り，出航船有り。）

6．普通信号の様式を用いながら意味を変えて用いる信号等については，船舶交通の安全を阻害するおそれがあるので許可されるべきではない。また，私設信号はできるだけ簡易なものであるべきであるが，国際信号旗による一字信号又は二字信号等簡単な普通信号で足りるものは，新たに私設信号を設ける意義が薄いので，これらは普通信号を用いるべきである。

7．「特定港内において使用すべき」私設信号とされているので，当該信号を発する場所が港域外であっても信号の効果が港域内において生じる場合及び信号の効果は港域外において生じている信号を発する場所が港域内にある場合にも本条が適用される。

8．本条は，法第45条の規定により特定港以外の港にも準用される。

〔罰則〕　本条の規定に違反した者は，30万円以下の罰金又は科料（法第54条）に処せられ，また，法人の代表者又は法人若しくは人の代理人，使用人その他の従業者がその法人又は人の業務に関して違反行為をしたときは，行為者が罰せられるほか，その法人又は人も30万円以下の罰金又は科料に処せられる。（法第56条）

■（火災警報）

第29条　特定港内にある船舶であつて汽笛又はサイレンを備えるものは，当該船舶に火災が発生したときは，航行している場合を除き，火災を示す警報として汽笛又はサイレンをもつて長音（海上衝突予防法第32条第３項の長音をいう。）を５回吹き鳴らさなければならない。

2　前項の警報は，適当な間隔をおいて繰り返さなければならない。

〔概要〕　本条は，汽笛又はサイレンを備えている船舶が特定港内で火災を発生したときの火災警報について規定したものである。

【解説】 1．港内に停泊する船舶において火災が発生し，他船又は陸上から消火等についての援助を要するときは，当該船舶は普通信号やその他の通信手段により援助を要請することとなるが，特定港のように船舶交通がふくそうする港においては，付近の船舶が退避し，又は退避の準備ができるよう，火災の発生を広く他に周知する必要があることから，汽笛又はサイレンの吹鳴を義務付けたものである。

2．国際信号書に定める普通信号のうち，火災発生及び援助要請に関するものは，例えば次のようなものがある。

J：私は火災中で，危険貨物を積んでいる。私を十分避けよ。
CB6：私は，至急に援助を頼む。本船は，火災を起こしている。
IT：私は，火災を起こしている。
ITI：「J」に同じ。
IT2：船（船名または信号符字）は，火災を起こしている。
IX：火災は勢いを加えている。
IX1：私は，援助なしで火災をしずめられない。
JA：私は，消火用具がほしい。
JB：爆発の危険がある。
JD：ボイラーが爆発した。

3．本条の規定による火災警報は「汽笛又はサイレンをもつて長音５回」の吹鳴であり，第２項に「適当な間隔をおいて繰り返さなければならない。」こととされている。

ここで長音とは，海上衝突予防法第32条第３項の長音であるとされ，それによると，「４秒以上６秒以下の時間継続する吹鳴をいう。」と定義されている。なお，短音は同条第２項で「約１秒間継続する吹鳴をいう。」と定義されている。

4．本条は，「汽笛又はサイレンを備えている船舶」について適用があり，これらの装置を備えていない船舶には適用されない。

また，「航行している場合を除き」とされている。海上衝突予防法第３条第９項に「航行中」の定義として「船舶がびよう泊（係船浮標又はびよう泊をしている船舶にする係留を含む。）をし，陸岸に係留をし，又は乗り揚げていない状態をいう。」とあることから，本条は停泊中又は乗り揚げている場合に適用することとなる。これは，港内航行中に火災が発生した場合には，直ちに停泊するのが通常であり，かつ航行中に汽笛又はサイレンを吹鳴することは海上衝突予防法に定める各種信号と混同されるおそれがあるので，航行している場合を除いたものである。

5．本条に規定する火災警報を行い，かつあわせて他の信号による火災の周知を行うことは差し支えがなく，むしろ他の信号との併用が有効である。汽笛又はサイレンは音響信号としては付近の人に注意を促すものとして有効であるが，港内のように多数の船舶が航行し停泊している場所でその発信船舶を見分けることは難しい。したがって，例えば昼間であれば国際信号書に定める普通信号を掲揚し，夜間であれば発光信号を併用することが有効である。

6．本条の規定による火災警報を行っている船舶がある場合には，港長は当該船舶の救助措置を講ずるとともに，まず当該船舶の積荷を調査し，爆発，引火の危険があるときは直ちに付近の船舶に移動を命じ，かつ付近水域の航行制限を行う等の措置をとる必要がある。

> **第30条**　特定港内に停泊する船舶であつて汽笛又はサイレンを備えるものは，船内において，汽笛又はサイレンの吹鳴に従事する者が見やすいところに，前条に定める火災警報の方法を表示しなければならない。

〔概要〕　本条は，汽笛又はサイレンの吹鳴に従事する者が見易いところに前条に定める火災警報の方法を表示しなければならないことを規定したものである。

【解説】　1．特定港内で火災が発生した場合には，直ちに前条の火災警報を行う必要がある。通常，このような特殊かつ重要な信号は船舶乗組員の常識として船舶の運航に携わる者のすべてが知っているところであるが，火災の際は人心も混乱することもあり，また，もし信号方法を覚えていない者がいても確実に行われるよう本条の規定が設けられたものである。

2．本条の適用対象は前条と同じであって，「汽笛又はサイレンを備える船舶」である。また，前条の「航行している場合を除き」に対し，「停泊する船舶」としている。これは，前条の航行している場合を除いた状態の船舶には停泊し又は乗り揚げている状態の船舶があるが，乗り揚げている船舶に対してまでこのような表示義務を課することは現実的でないので，航行していない場合のうち停泊している場合に限って義務付けたものである。

「停泊する」とは，現に停泊している船舶のことであるが，特定港に停泊しようとし又は停泊する可能性のある船舶についても停泊直後に火災が発生することもあるので，あらかじめ火災警報の表示を行っておくことが必要である。

3．「汽笛又はサイレンの吹鳴に従事する者」とは，あらかじめ船内応急部署等によりその職務を指定された者をいうのではなく，その者を含め当該火災警報を行う可能性のある者すべてをいう。これは，あらかじめ指定された従事者は当該信号を熟知しているので特に表示を義務付ける必要性は少ない一方，火災の際は船内にいる者のうち最も早く事実を知った者又は汽笛・サイレンの起動装置に近い者が火災警報を行うのが通常であるからであり，「従事する者」は「従事すべき者」に限定されない。

4．船内における表示の場所については，「船内において，汽笛又はサイレンの吹鳴に従事する者が見やすいところに」と規定されている。通常は，汽笛又はサイレンの起動装置がある船橋内の見易いところ，例えば起動装置の至近又はその付近のおおむね人の眼の高さに近いところに表示しており，一方，そのように表示しておけば日常乗組員の目に触れて自然に覚えられることにもなる。

また，表示の方法については特に規定していないので，判り易い表現であればどのようなものでも差し支えない。

第7章　雑　　則

■（工事等の許可及び進水等の届出）

第31条　特定港内又は特定港の境界附近で工事又は作業をしようとする者は，港長の許可を受けなければならない。

2　港長は，前項の許可をするに当り，船舶交通の安全のために必要な措置を命ずることができる。

規則第16条（許可の申請）
規則第19条（申請事項の追加）

〔概要〕　本条は，港内又は港の境界付近における工事又は作業について規制した規定である。

【解説】　1．港内において工事又は作業が行われる場合には，一定の水域が占有され，また，作業船等が直ちに移動できない等船舶交通の安全及び港内の整とんが阻害されるおそれが大きいので，これを港長の許可にかからしめるとともに，港長は船舶交通の安全のため必要な措置を命じ得ることとしたものである。

2．本条において「港の境界附近」とは，工事又は作業が当該港における船舶の出入又は在港船に影響を及ぼし得る範囲をいう。

3．「工事又は作業をしようとする者」とは，工事又は作業の実施責任者である。すなわち，当該工事又は作業の実施について指揮監督する権限を有する者のことであり，請負契約を結んで工事又は作業の実施を一任する場合には当該請負った者（元請業者）がこれに該当する。したがって，複数の実施主体から成る任意団体（いわゆる共同企業体）が許可申請主体となり得るかは，法人格の有無等に照らし当該団体が実施責任を負うに足る団体かどうかにより決まることになる。

4．本条にいう「工事」又は「作業」については，海上交通安全法第40条，第41条のように「通常の管理行為，軽易な行為」等が除外されていないが，一般的には「工事」又は「作業」と呼び得るものであっても，船内の清掃作業等，当該行為の及ぼす影響が当該船内に限られるものや，船舶交通の実態がほとんどない水域における工事・作業等港内の船舶交通を阻害するおそれのない行為，及び船舶の離着岸や荷役等港内で通常行われる行為については除外される。また，法第22条の危険物荷役，第32条の行事，第33条の船舶の進水等，第34条の竹木材の水上荷卸し等本法の他の規定で規制対象としている行為も除外される。

5．定置網漁業を営むために行う定置網の設置，のり・かき・真珠貝等の養殖のために行う竹木材類の敷設，漁礁の設置等は，漁ろう行為の前提としてなされるものではあるが，当該行為は本条の工事・作業に該当し，港長等の許可を要する。

なお，これらの工作物を設置した後の通常の漁ろう活動は，本条の適用対象ではない。（法第35条の漁ろうの制限により規制されることがある。）

6．潜水して行うスクラップ採取，船底清掃等の作業は，本条にいう作業に該当する。

7．本条の許可の申請については，規則第16条で「工事又は作業の目的，方法，期間及び区域又は場所を記載した申請書によりしなければならない。」旨規定している。また，規則第19条では，特に必要があると認めるときは，その他の事項についてもこれを指定して申請させることができることとしており，例えば，工事・作業の種類，事故防止対策等が考えられる。

港長は申請のあった工事又は作業を許可するに当たり，船舶交通の安全を確保するため必要な条件を付することができるが，これは法第22条の危険物の荷役，運搬許可の場合と同様である。

8．本法の他の規定，例えば，法第23条第３項（廃物・散乱物の除去命令）又は第25条（漂流物等の除去命令）の規定により港長等から命ぜられた作業を行う場合には，あらためて本条の許可を受けることは要しない。ただし，この場合には当該命ぜられた行為の実施計画を提出し，必要に応じ，港長等から船舶交通の安全を図るための措置を要請されることとなる。

〔参考〕（工事・作業又は行事）許可申請書様式

第９号様式

（工事・作業又は行事）許可申請書

年　　月　　日

港長　　殿

（特定港以外の港にあっては、管轄の海上保安監部長又は海上保安部長あて）

申請者所属・氏名

１　目的及び種類

２　期間及び時間

３　区域又は場所

（区域を示す図面を添付すること。）

４　方　　法

（火薬類を使用する場合は、その旨明記すること。）

５　そ　の　他

（標識、警戒要領その他船舶に対する事故防止措置等について記載すること。）

（第９号様式）
注 意
1 この様式は、次の用途に使用できる。
工事又は作業許可申請書
行事許可申請書
2 用途により、表題中不要の文字を削ること。
3 申請書は、１通提出すること。
4 許可書又はその写しを、許可を受けた行為の行われている現場に携行すること。

9．海上交通安全法第40条及び第41条では，本条と同じく海域における工事等について規制されているが，同法第40条第８項及び第41条第６項により，港則法に基づく港の境界付近における工事等については，本条の許可を受けたときは同法の許可又は届出を要さず，また，同法の許可を受けたときは本条の許可を要しない旨の調整がなされている。

10．第１項の許可申請があった場合，港長は当該行為が船舶交通の安全上支障があると認めるときは許可できないが，必要な措置を講ずることによって船舶交通に及ぼすおそれのある危険性を排除し得ると認めるときは，当該必要な措置を命ずること（措置命令）により第１項の許可をすることができる。

第２項は，そうした命令をなし得ることを明らかにするとともに，無許可行為とは別に措置命令違反自体をも罰則の対象としたものである。

11．第２項の措置は，次のようなものである。

⑴ 船舶の解撤作業，沈船の引揚げ作業等油が流出し又は貨物が散乱するおそれのある作業を行うときにおける当該油の流出又は貨物の散乱を防止するための必要な措置

⑵ 工作物の設置される場合における当該工作物の存在を知らせる標識の設置

⑶ しゅんせつ，埋立て等が行われる場合における当該作業区域を明示する標識の設置

⑷ 船底清掃作業が行われる場合におけるごみ等脱落防止装置の設置

⑸ 潜水作業等が行われる場合における他船の接近を警戒防止する措置

⑹ その他必要に応じて，実施場所又は区域の縮小，時期・時間の変更，方

法の変更等

12. 当該工事又は作業は，一義的には実施者側により一般への周知が図られるほか，港長等により航行警報等による周知がなされ，また，必要に応じて法第39条に基づく船舶交通の制限又は禁止が行われる。

　このため，行政手続法に基づく標準処理期間を1か月以内とし，原則工事又は作業が実施される1か月以前に当該許可申請をするように指導が行われている。

13. 本条は法第45条の規定により，特定港以外の港についても準用される。

[罰則]　本条第1項の規定に違反した者又は本条第2項の規定による処分に違反した者は，3か月以下の懲役又は30万円以下の罰金に処せられ（法第52条），法人の代表者又は法人若しくは人の代理人，使用人，その他の従業者がその法人又は人の業務に関して違反行為をしたときは，行為者のほかその法人又は人も30万円以下の罰金に処せられる。（法第56条）

> **第32条**　特定港内において端艇競争その他の行事をしようとする者は，予め港長の許可を受けなければならない。

規則第17条（許可の申請）
規則第19条（申請事項の追加）

〔概要〕　本条は，特定港内において行事をしようとする者は，港長の許可を受けなければならないこととした規定である。

【解説】　1．船舶交通がふくそうする特定港内において端艇競争等の行事を行うことは，一定の水域を占有し又は通常の船舶交通の流れを乱すこととなり，船舶の交通の安全を阻害するおそれがあるので，これを港長の許可にかからしめたものである。

2．本条の適用は，特定港内に限られている。前条が特定港に限らず港内又は港の境界付近まで含めているのに対し,本条が特定港内に限られているのは,行事は工事・作業と異なり，工作物等が設置されることもなく，しかも短時日の間に行われるのが通常であるので，港域外において行われるもの又は特定港ほどの船舶交通がない港で行われるものに対してまで規制する必要はないからである。

3．本条の行事とは，法に例示されている端艇競争のほか，祭礼，パレード，海上訓練，水上カーニバル，水上花火大会，遠泳大会，海上デモ等一般的には一定の計画の下に統一された意思に従って多数のものが参加して行われる社会的な活動をいう。

参加する船艇等が少数であっても，水域を占用したり，船艇が隊伍を組む等航路や泊地等を通常の航行形態とは異なった形で航行するものは，本条の行事に該当する。

一船内において行われる納涼大会等は，当該船舶が通常の航行形態とは異なった形で行動することのない限り，本条の行事には該当しない。

4．「行事をしようとする者」とは，当該行事の実施責任者であり，行事全般の実施について指揮監督を行う者をいう。

5．「予め」とは，前もっての意であって，行事の内容と船舶交通に与える影響により異なり，特に何日前と一律には定まらないが，船舶交通の制限を必要とする場合も考えられるため，前条と同じく原則1か月以前に当該許可申請をするように指導が行われている。

6．本条の許可の申請については，規則第17条で「行事の種類，目的，方法，期間及び区域又は場所を記載した申請書によりしなければならない。」ことと規定している。また，規則第19条の規定では，その他の必要な事項についても指定して申請させることができることとしており，例えば，事故防止措置，参加人員，参加船舶の船名及び総トン数，現場の責任者，連絡体制等が考えられる。

〔参考〕　許可申請書様式（ *p*. 145　第9号様式参照）

7．港内における行事の計画及び実施については，次の事項に配慮する必要がある。

⑴　船舶交通の安全に及ぼす影響が最少に留まるような計画であること。
⑵　現場における指揮者の所在，指揮系統，連絡方法等が明確であること。
⑶　行事参加者の危険防止措置，他船に対する警戒措置をとること。
⑷　事故発生時の対策をとっておくこと。
⑸　関係者の集合及び解散の場所等の要領等を定めておくこと。
⑹　船舶の定員超過その他法令違反のおそれがないこと。
⑺　海域利用者間の調整が行われていること。

8．港長は，申請のあった行事を許可するに当たり，船舶交通の安全を確保するため必要な条件を付することができるが，これは法第22条の危険物の荷役，運搬許可の場合と同様である。

この時，港長は，一般船舶に対する周知を図り，必要に応じて法第39条の規定に基づき船舶交通の制限又は禁止を行うこととなる。

［罰則］　本条の規定に違反した者は，30万円以下の罰金又は科料に処せられ（法第54条），法人の代表者又は法人若しくは人の代理人，使用人その他の従業者がその法人又は人の業務に関して違反行為をしたときは，行為者のほか，その法人又は人も30万円以下の罰金に処せられる。（法第56条）

第33条　特定港の国土交通省令で定める区域内において長さが国土交通省令で定める長さ以上である船舶を進水させ，又はドツクに出入させようとする者は，その旨を港長に届け出なければならない。

規則第20条（進水等の届出）

〔概要〕　本条は，特定港において進水又は入出きょする際には造船所前面の水域の船舶交通を整理する必要がある場合もあるので，これを届け出させることとした規定である。

港の名称	区　　域	船舶の長　さ(メートル)	港の名称	区　　域	船舶の長　さ(メートル)
釧　　路	東第３区	60	境	第１区	15
函　　館	第１区 第２区 第３区	50 130 25	宇　　野	指定海面（Ａ区域） Ａ区域以外の港域内海面	25 200
稚　　内	指定海面	25	水　　島	港域内海面全域	80
八　　戸	第２区（一部水面を除く）	50	尾道糸崎	第１区，第２区，第３区，第４区	25
仙台塩釜	塩釜第１区	15	呉	呉区（一部海面を除く）	80
酒　　田	第１区，第２区	25	広　　島	第１区	100
小 名 浜	港域内海面全域	30	関　　門	下関区，田野浦区，西山区	25
千　　葉	千葉第２区	70	坂　　出	港域内海面全域	150
京　　浜	横浜第４区，横浜第５区	50	高　　松	港域内海面全域	70
横 須 賀	第２区 第３区 第５区	25 180 50	松　　山	第１区	15
新　　潟	西区	30	今　　治	第３区	40
伏木富山	富山区	50	高　　知	指定海面	50
清　　水	第２区	50	博　　多	第１区	30
舞　　鶴	第２区	150	長　　崎	第１区，第２区，第４区	25
阪　　神	堺泉北第２区，神戸第１区 大阪第３区	50 25	八　　代	港域内海面全域	50
			三　　角	港域内海面全域	60
			鹿 児 島	本港区	20

【解説】　１．本条の「国土交通省令で定める区域内において長さが国土交通省令で定める長さ以上である船舶」とは，規則第20条により前表のとおり，別表第３に定めている。

２．届け出るべき事項については特に定めがないが，本条の趣旨を勘案して，船名，船舶の主要目（総トン数，全長，最大喫水），入きょ等の目的，現在の停泊場所，船台・船きょの名称，進水・出きょ後の停泊場所，当該日時，進水距離等が考えられる。

〔参考〕 進水・入出渠届出書様式

第10号様式

進　水　・　入　出　渠　届

年　　月　　日

港長　殿

届出者所属・氏名

船舶の名称			
船舶の国籍		総トン数	トン
最大喫水	m　　cm	船舶の全長	m
船舶の代理人の氏名又は名称及び住所			
入渠目的		現在の港における船舶の位置（停泊地）	
入渠日時	月　日　時　分		
船渠・船台の名称		出渠・進水後の停泊場所	
出渠・進水日時	月　日　時　分	進水距離	船台下端から約　m

（第10号様式）

注　意

1　この様式は、次の用途に使用できる。
　進水届
　入渠届
　出渠届
　入出渠届

2　用途により、表題中不要の文字を削り、各欄の記載事項はそれぞれの用途に応じて記載すること。

3　「船舶の代理人の氏名又は名称及び住所」の欄には、代理店が設定されている場合は代理店の名称、住所及び電話番号を、また、代理店が設定されていない場合は運航者の名称及び住所を記載すること。

4　届書は、１通提出すること。

3．進水等を「させようとする者」とは，船舶を進水又は入出きょさせる造船所等の進水又は入出きょ作業の責任者をいう。

　これは，本法の船舶に関する他の規定が船長に対して申請を義務付けているのに対して，本条では，通常船舶が進水する場合には船長が定まっていない場合が多く，また，船主と造船所等との間の契約に基づき建造中又は修繕中の船舶の扱いについては造船所等の責任において行われることから，造船所側の実施責任者としたものである。

4．入きょの際に，あらかじめ出きょの日時が定まっているときは，入きょ届及び出きょ届の提出に代えて入出きょ届を提出することでも差し支えない。

5．入出きょ及び進水に伴い，あらかじめ造船所の前面水域にブイの設置を行う場合等にあっては，別に法第31条の工事，作業の許可を要する。

6．港長は，進水及び入出きょの状況によっては，一般に周知し又は船舶交通の制限を行うこととなる。

[罰則]　本条の規定に違反した者は，30万円以下の罰金又は科料に処せられ（法第54条），法人の代表者又は法人若しくは人の代理人，使用人その他の従業者がその法人又は人の業務に関して違反行為をしたときは，行為者のほかその法人又は人も30万円以下の罰金に処せられる。（法第56条）

第34条　特定港内において竹木材を船舶から水上に卸そうとする者及び特定港内においていかだをけい留し，又は運行しようとする者は，港長の許可を受けなければならない。

2　港長は，前項の許可をするに当り船舶交通安全のために必要な措置を命ずることができる。

規則第18条（許可の申請）
規則第19条（申請事項の追加）

〔概要〕　本条は，特定港内において竹木材を水上荷卸しし，又はいかだを係留・運行する者は，港長の許可を受けなければならないこととした規定である。

【解説】　1．竹木材の水上荷卸しは，相当広範囲の水面を使用する上に，沈木・流木が発生するおそれがある。沈木にあっては全部沈みきらないものや一度沈んだ後浮き上がってくるものもあり，海底が軟弱である場合には杭状に刺さることもあるが，航行船舶はその発見が困難なことから，船体の損傷あるいは推進器の破損をひき起こす危険性が大きい。流木にあっても，同様に発見が難しいことから事故を生ぜしめる危険性が大きい。また，いかだの運行・係留についても，いかだのように長大なものをみだりに係留し，運行することは，特定港のように船舶交通のふくそうする水域においては，他の船舶の運航を著しく阻害するだけでなく流木・沈木を生ずるおそれもあることから，船舶交通の安全上危険である。以上により，竹木材の水上荷卸し，いかだの運行・係留を港長の許可にかからしめるとともに，港長が必要な措置命令を行うことができることとしたものである。

2．「竹木材」とは，竹又は木材のことをいう。「いかだ」とは，竹木材等を綱，ボルト，ワイヤー等で結合し一体として運搬，保存できる状態にしたものをいい，当該結合したものの種類や材質は問題としていない。したがって，鋼製フローター，プラスチック製パイプ等であっても，いかだ状に組んだものは本条に該当する。

3．本条が適用されるのは，特定港内において「竹木材を船舶から水上荷卸し」

し,「いかだをけい留する」若しくは「いかだを運行する」場合である。

4.「竹木材を水上に卸そうとする者」とは, 竹木材の荷卸し, いかだの運行又はいかだの係留の作業の責任者をいうが, 竹木材を水上に卸した場合, 直ちに組まれて貯木場等へ運行し係留され, これらの作業が専門の荷役業者により一貫して行われるのが通例であるので, 普通は当該荷役業者となる。

その場合, 竹木材荷卸し, いかだ係留・運行の許可申請は同一人が同時に行うことができる。

5. 本条第1項の許可の申請については, 規則第18条で「許可の申請は, 貨物の種類及び数量, 目的, 方法, 期間及び場所又は区域若しくは区間を記載した申請書によりしなければならない。」と規定され, また, 規則第19条規定では, 特に必要があると港長が認めるときは, その他の事項についても指定して申請させることができるとしており, 例えば, 荷卸し船舶の船名及び総トン数, 停泊場所, 荷主名, いかだ運行の引船の名称, いかだの大きさ及び数, 1回にえい航するいかだの枚数及び全長等が考えられる。

ここで「貨物の種類」とは, 本条の適用対象である竹木材又はいかだの別, 鋼製フローター等いかだの構成物件の種類等をいう。

港長は申請のあった竹木材の水上荷卸し等を許可するに当たり, 船舶交通の安全を確保するため必要な条件を付すことができるが, これは法第22条の危険物の荷役, 運搬許可の場合と同様である。

6. 本条第2項は, 港長が第1項の許可を行うに当たって, 次のような流・沈木発生防止措置等船舶交通の安全上必要な措置を命ずることができることとした規定である。

⑴ 荷役に当たっては, 検数員のほか, 荷役業者も検数を厳重に励行するとともに, 沈・流木防止用ネットを展張すること。

当該ネットの展張が技術的に困難な場合は, これに代わる必要な措置をとること。

⑵ 荷役中潜水夫が待機し, 沈木が生じたときは, 必要に応じて, 荷役を一時中止して当該沈木を引き揚げるとともに, 港長にもその旨通報すること。

⑶ 荷役終了時には, 検数のチェックをするとともに, 音響測深器又は潜水夫若しくはその両者を併用して海底探査を行い, 沈木を完全に引き揚げる

〔参考〕 竹木材水上荷卸・筏運行・係留許可申請書様式

第11号様式

竹木材水上荷卸・筏運行・係留許可申請書

年　　月　　日

港長　　殿

申請者所属・氏名

<table>
<tr><td rowspan="2">荷卸船舶</td><td>船舶の名称</td><td></td><td rowspan="2">港における船舶の位置（停泊地）</td><td rowspan="2"></td></tr>
<tr><td>総トン数</td><td>トン</td></tr>
<tr><td colspan="2">貨物の種類及び数量</td><td colspan="3"></td></tr>
<tr><td colspan="2">荷主名</td><td colspan="3"></td></tr>
<tr><td colspan="2">筏運行の目的</td><td></td><td rowspan="2">荷卸
運行　期間</td><td>自　月　日　時　分</td></tr>
<tr><td colspan="2">引船の名称</td><td></td><td>至　月　日　時　分</td></tr>
<tr><td colspan="2">筏の大きさ及び数</td><td></td><td rowspan="2">運行区間（図面添付）</td><td rowspan="2">自
至
経路</td></tr>
<tr><td colspan="2">1回に曳航する枚数及び全長</td><td></td></tr>
<tr><td colspan="2">筏係留の目的</td><td></td><td rowspan="3">係留場所及び方法（図面添付）</td><td rowspan="3"></td></tr>
<tr><td colspan="2" rowspan="2">係留期間</td><td>自　月　日
時　分</td></tr>
<tr><td>至　月　日
時　分</td></tr>
</table>

（第11号様式）

注　意

1　この様式は、次の用途に使用できる。
　竹木材水上荷卸許可申請書
　筏運行許可申請書
　筏係留許可申請書
　竹木材水上荷卸、筏運行許可申請書
　筏運行、係留許可申請書
　竹木材水上荷卸、筏運行、係留許可申請書

2　用途により、表題中不要の文字を削り、各欄の記載事項はそれぞれの用途に応じて記載すること。

3　申請書は、１通提出すること。

4　許可書又はその写しを、許可を受けた行為の行われている現場に携行すること。

こと。

⑷　シンカーマークのあるものは，原則としてはしけ荷役又は岸壁荷役を行い，シンカーマークがない場合でも，積込み時の状況から判断して沈木，流木等のおそれがあるものも同様の扱いとする。

⑸　気象・海象条件による中止条件を設定すること。

⑹　荷卸しした木材の適当な係留場所を確保しておくこと。

⑺　いかだ運行は，運行の時間，経路，えい索及び固ばく方法等に十分留意し，具体的かつ安全な時間，経路等の選定を行うこと。

⑻　いかだ係留時は，流出防止上必要な措置をとること。

⑼　係留又は運行中のいかだが散乱した場合は，直ちに，港長にその旨通報すること。

7．いかだの係留については，法第８条の係留等の制限の規定がある。

［罰則］　本条第１項の規定に違反した者及び第２項の規定による処分に違反した者は，30万円以下の罰金又は科料に処せられ（法第54条），また，法人の代表者又は法人若しくは人の代理人，使用人その他の従業者がその法人又は人の業務に関して違反行為をしたときは，行為者のほか，その法人又は人に対しても30万円以下の罰金が科せられる。（法第56条）

■（漁ろうの制限）

第35条　船舶交通の妨となる虞のある港内の場所においては，みだりに漁ろうをしてはならない。

〔**概要**〕 本条は，港内において船舶交通の妨げとなる場所での漁ろうを制限した規定である。

【**解説**】 1．港内は，一般に船舶交通がふくそうしている場所であり，無制限に漁ろうを認めることは船舶交通の安全上問題がある。このため，港内でも特に船舶交通のふくそうする場所及び時間帯において交通の障害となるような方法等で漁ろうをすることを禁止し，港内における船舶交通の安全を確保することとしたものである。

2．海上衝突予防法第18条では，各種船舶間の航法として，航行中の動力船は漁ろうに従事している船舶の進路を避けなければならないこととしている。

しかしながら，港は多数の船舶が出入りし又は停泊する場所であるため，漁ろう活動がこれらの船舶の自由な運航等の妨げとなれば，港の機能が著しく損なわれることとなるので，本条が設けられたものである。

なお，本条の趣旨は，港内における船舶交通を妨げるおそれのある漁ろうを行わせないことにあって，港内における漁業を一般的に禁止するものではない。

3．制限の対象となる「船舶交通の妨となる虞のある港内の場所」とは，単に航路筋，泊地その他の空間的要素のみでなく，船舶の往来及び停泊の頻度その他の時間的要素をも考慮し，具体的かつ個別に判断して決まるのである。

一般的に，航路，係留施設の前面等はこれに該当するが，その他の水域については港の実情に応じて個々に判断する必要がある。

例えば，船舶の入出港，往来が頻繁で，かつ，常時多数の船舶が停泊する特定港では港内の大部分が船舶交通の妨げとなる場所ではあるが，一部には空間的に船舶交通の妨げとならないような場所がある。また，港域が相当に狭あいであっても入出港・停泊する船舶が少ない港にあっては船舶交通の妨げとならない時間帯がある。港域が広大であって船舶の出入り・停泊も少ない港にあっては空間的にも時間的にも船舶交通を妨げるおそれが少ない場合がある。

4．制限の対象となる行為は，上記場所において「みだりに漁ろう」をする行為である。

したがって，個々の事例において船舶交通に対する影響を勘案し，当該漁ろう行為が船舶交通を妨げるおそれがある場合は「みだりに漁ろう」するに該当することとなる。

「漁ろう」とは，漁業権に基づく漁業に限られるものでなく，広く水産動植物の採捕行為をいう。

また，海上衝突予防法第３条第４項において，「漁ろうに従事している船舶」とは「船舶の操縦性能を制限する網，なわその他の漁具を用いて漁ろうしている船舶(操縦性能制限船に該当するものを除く。)」と定義しているが，本条にいう漁ろうは，船舶の操縦性能の制限の有無とは関係がない。

5．漁業権と船舶交通の安全確保の関係については，水域が船舶交通の場であるとともに水産活動の場でもあるという観点から，両者の間で十分な調整がなされる必要がある。したがって，港域内その他の船舶交通のふくそうする水域における漁場計画が策定される際は，港長等に協議がなされ，事前調整が図られている。

[罰則] 本条の規定の違反となるような行為をした者は，30万円以下の罰金又は科料に処せられる。(法第54条)

■（灯火の制限）

第36条 何人も，港内又は港の境界附近における船舶交通の妨となる虞のある強力な灯火をみだりに使用してはならない。

2 港長は，特定港内又は特定港の境界附近における船舶交通の妨となる虞のある強力な灯火を使用している者に対し，その灯火の減光又は被覆を命ずることができる。

〔概要〕 本条は，港内又は港の境界付近における船舶交通の安全を図るため，灯火の使用制限及びその減光等の措置命令について定めた規定である。

【解説】 1．港内又は港の境界付近は船舶交通がふくそうしているので，このような場所において強力な灯火が使用されると，船舶の航行に当たって前方の見通しを妨げ，航路標識の識別等を妨げ，さらには運航当事者の眼を眩惑することによって衝突その他の事故をひき起こすおそれがあるので，第1項においてこのような灯火を使用することを禁止し，第2項によりその灯火の減光又は被覆を命ずることとしたものである。

2．「港の境界附近における」とは，他の規定の場合と同様に，当該港に入出港，停泊する船舶に対して影響のある範囲をいう。ここでは「港内又は港の境界附近における船舶交通」の障害となるおそれのあるものをすべて含み，単に港内又は港の境界付近にある船舶，海上又は陸上の灯火のみでなく，港から相当離れた場所にある灯火（例えば山の上にある灯火）であっても，それが港内又は港の境界付近を照らし，当該船舶交通の安全に障害を与えるおそれのあるときは，本条第1項が適用される。

また，本条の対象者は「何人も」としているので，法第23条（廃物投棄の禁止）と同じく船舶のみでなく，すべての人が対象となる。

3．「みだりに」とは，本法の他の規定の場合と同じく，絶対的な禁止ではなく，例えば人命救助，捜索のため海面を探照灯で照射する等相当の理由がある場合は，必要な灯火の使用が認められる。

4．第2項は，第1項に該当する強力な灯火を使用している者に対する改善命令を定めたものであり，その方法としては，当該灯火の「減光」又は「被覆」としている。

「減光」とは，灯光の出力を制限し又は灯器（電球等）の数を制限することであり，「被覆」とは，灯火を他のもので覆うことであるが，これらのほかに灯火の向きを変え，又は高さを加減すること等により，結果的に減光又は被覆の効果を有する方法も含まれる。

5．本条第2項は法第45条の規定により，特定港以外の港についても準用される。

〔罰則〕 本条第２項の規定による処分に違反した者は，３か月以下の懲役又は30万円以下の罰金に処せられ（法第52条），法人の代表者又は法人若しくは人の代理人，使用人その他の従事者がその法人又は人の業務に関して違反行為をしたときは，行為者のほか，その法人又は人も30万円以下の罰金に処せられる。（法第56条）

■（喫煙等の制限）

第37条 何人も，港内においては，相当の注意をしないで，油送船の付近で喫煙し，又は火気を取り扱つてはならない。

２　港長は，海難の発生その他の事情により特定港内において引火性の液体が浮流している場合において，火災の発生のおそれがあると認めるときは，当該水域にある者に対し，喫煙又は火気の取扱いを制限し，又は禁止することができる。ただし，海洋汚染等及び海上災害の防止に関する法律第42条の５第１項の規定の適用がある場合は，この限りでない。

〔概要〕 本条は，港内における爆発，火災の危険を防止するため，喫煙又は火気の取扱いについて制限した規定である。

【解説】 １．本条は，油送船に積載している引火性液体等が爆発，火災の危険性を有する蒸気を発生し，又は水面に浮流している場合，これに着火すると当該船舶のみならず狭あいな港内では他の船舶，港湾施設その他に大きな災害をもたらすおそれがあるので，着火の原因となる喫煙又は火気の取扱いについて，これを禁止し又は制限することとしたものである。

２．第１項では，何人に対しても，すべての「港内」において，「油送船の付近」で相当な注意をしないで行う喫煙等を制限している。

本条にいう「油送船」とは，いわゆる貨物積載のためのタンク構造を有する船舶であって，原油，灯油，ガソリン等の石油類，LNG，LPG等の液化ガス等の引火性の液体及びガスを運搬する船舶をいい，積載危険物が本法では非危険物となる引火点が60℃を超える重油等であっても，これに該当する。

本法にいう危険物（法第20条第2項）に該当するかは，当該危険物を荷役・運搬する見地から判断されているが，本条をもって規制すべきかどうかは，喫煙・火気の取扱いという裸火の使用による危険性から判断することとなる。このため，引火点が高い重油等であっても蒸気が発生し，又は空槽の場合にも多量の蒸気が槽内に充満して危険であることに変わりがないことから，本条の適用を受けることとなる。

なお，危険物船舶運送及び貯蔵規則では，はしけ，タンカー及びタンク船について次のとおり定義しているが（第2条），本条の油送船はこれらのすべてを含んでいる。

⑴　は し け　危険物を運送する船舶であって推進機関又は帆装を有しないものをいう。

⑵　タンカー　危険物である液体貨物を船体の一部を構成するタンクにばら積みして運送又は貯蔵する船舶（はしけを除く。）をいう。

⑶　タンク船　危険物である液体貨物を船体の一部を構成しないタンク（暴露甲板上に据え付けられたものを除く。）にばら積みして運送又は貯蔵する船舶（はしけを除く。）をいう。

3．「相当の注意をしないで」とは，漫然とのことであって，具体的には露天甲板等の開放部で喫煙等をする場合などがこれに該当する。

「油送船の付近」とは，引火性ガスの大気放出状況，気温，風の有無等によって異なり，その範囲を明確に定めることは困難であるが，おおむね30～50メートル以内の程度と考えられている。

4．第2項の「その他の事情」とは，荷役中の送油系統からの漏出，パイプの破損等引火性液体を水上に浮流させた海難以外の事由をいう。

「当該水域」とは，港内に引火性液体が浮流しかつ火災発生のおそれがある水域であり，港内のみに限らず危険の及ぶ範囲内の水域をいう。

本項の火気取扱いの制限は，第1項と異なり相当の注意を払っていると否とにかかわらず，必要に応じこれを制限することができる。

5．ただし書にいう海洋汚染等及び海上災害の防止に関する法律第42条の5第1項の規定は，「海上保安庁長官は，危険物の排出があった場合において，当該排出された危険物による海上火災が発生するおそれが著しく大であり，かつ，海上火災が発生したならば著しい海上火災が発生するおそれがあるときは，海上火災が発生するおそれのある海域にある者に対し火気の使用を制限し，若しくは禁止し，又はその海域にある船舶の船長に対しその船舶をその海域から退去させることを命じ，若しくはその海域に進入してくる船舶の船長に対しその進入を中止させることを命ずることができる。」と定めており，本項の規定と重複するので，同法の適用がある場合は，本項の喫煙等に関する制限・禁止を要しないこととしたものである。

6．本条第2項の規定は，法第45条の規定により特定港以外の港についても準用される。

［罰則］ 本条第2項の規定に違反した者は，30万円以下の罰金に処せられる。（法第53条）

■（船舶交通の制限等）

第38条 特定港内の国土交通省令* で定める水路を航行する船舶は，港長が信号所において交通整理のため行う信号に従わなければならない。

2 総トン数又は長さが国土交通省令* で定めるトン数又は長さ以上である船舶は，前項に規定する水路を航行しようとするときは，国土交通省令** で定めるところにより，港長に次に掲げる事項を通報しなければならない。通報した事項を変更するときも，同様とする。

一 当該船舶の名称

二 当該船舶の総トン数及び長さ

三 当該水路を航行する予定時刻

四 当該船舶との連絡手段

五 当該船舶が停泊し，又は停泊しようとする当該特定港の係留施設

3 次の各号に掲げる船舶が，海上交通安全法第22条の規定による通報をする際に，あわせて，当該各号に定める水路に係る前項第5号に掲

げる係留施設を通報したときは，同項の規定による通報をすることを要しない。

一　第1項に規定する水路に接続する海上交通安全法第2条第1項に規定する航路を航行しようとする船舶　当該水路

二　指定港内における第1項に規定する水路を航行しようとする船舶であつて，当該水路を航行した後，途中において寄港し，又はびよう泊することなく，当該指定港に隣接する指定海域における海上交通安全法第2条第1項に規定する航路を航行しようとするもの　当該水路

三　指定海域における海上交通安全法第2条第1項に規定する航路を航行しようとする船舶であって，当該航路を航行した後，途中において寄港し，又はびよう泊することなく，当該指定海域に隣接する指定港内における第1項に規定する水路を航行しようとするもの　当該水路

4　港長は，第1項に規定する水路のうち当該水路内の船舶交通が著しく混雑するものとして国土交通省令*** で定めるものにおいて，同項の信号を行つてもなお第2項に規定する船舶の当該水路における航行に伴い船舶交通の危険が生ずるおそれがある場合であつて，当該危険を防止するため必要があると認めるときは，当該船舶の船長に対し，国土交通省令*** で定めるところにより，次に掲げる事項を指示することができる。

一　当該水路（海上交通安全法第2条第1項に規定する航路に接続するものを除く。以下この号において同じ。）を航行する予定時刻を変更すること（前項（第2号及び第3号に係る部分に限る。）の規定により第2項の規定による通報がされていない場合にあつては，港長が指定する時刻に従つて当該水路を航行すること。）。

二　当該船舶の進路を警戒する船舶を配備すること。

三　前2号に掲げるもののほか，当該船舶の運航に関し必要な措置を講ずること。

5　第1項の信号所の位置並びに信号の方法及び意味は，国土交通省令*

で定める。

* 規則第20条の２第１項
** 規則第23条の２，24条，29条第２項から第６項までの各項，29条の３，29条の５，33条，33条の２，40条，43条，46条，50条
*** 規則第20条の２第2項，第３項

〔概要〕 本条は，特定港内の国土交通省令で定める水路において港長が行う航行管制について規定したものである。

【解説】 1．本条は，港内における船舶交通のふくそう度の増大により，特に船舶の通航が頻繁な水路や狭い水路では，道路交通の場合と同様に信号によって交通整理（港内交通管制）を実施する必要が生ずることから定められたものである。

また，船舶が信号所から発せられる信号の視認範囲まで進航してきた後では整理の施しようがない場合も生じるので，一定の船舶に対しては，港長に対して当該水路の航行予定時刻をあらかじめ通報させ，港長が船舶の当該水路への入航予定を十分に把握し，港内交通管制を行うこととしたものである。

2．港長が，信号所の信号を用いて船舶の交通整理を行う方式は，第19条の航法の命令委任規定に基づき，昭和27年より京浜港（東京区），大阪港及び関門港（若松区）の３港で実施されたのが最初であるが（本条自体が設けられたのは昭和38年），現在（令和６年３月１日）では，全国52か所の信号所により，15の港，36水路について航行管制を行っている。

本条第１項及び第５項の「国土交通省令」とは，規則第20条の２第１項を指すが，同規則では「国土交通省令で定める水路並びに…信号所の位置並びに信号の方法及び意味は，別表第４のとおりとする。」と規定されている。

別表第４の信号所の概要は次表のとおりである。

<table>
<tr><th rowspan="2">港</th><th rowspan="2" colspan="2">対象水路</th><th rowspan="2">信号所</th><th colspan="2">信号の方法</th></tr>
<tr><th>昼間</th><th>夜間</th></tr>
<tr><td rowspan="2">苫小牧</td><td colspan="2">苫小牧水路</td><td>苫小牧</td><td rowspan="2" colspan="2">電光文字</td></tr>
<tr><td colspan="2">勇払水路</td><td>勇払</td></tr>
<tr><td>八戸</td><td colspan="2">河川水面の一部</td><td>八戸</td><td>閃，形・旗</td><td>閃</td></tr>
<tr><td>仙台塩釜</td><td colspan="2">航路の一部</td><td>塩釜</td><td>閃，形・旗</td><td>閃</td></tr>
<tr><td rowspan="2">鹿島</td><td rowspan="2" colspan="2">鹿島水路</td><td>鹿島</td><td colspan="2">閃</td></tr>
<tr><td>鹿島中央</td><td colspan="2">電光文字</td></tr>
<tr><td rowspan="3">千葉</td><td rowspan="2" colspan="2">千葉航路</td><td>千葉灯標</td><td colspan="2">電光文字</td></tr>
<tr><td>千葉中央港</td><td colspan="2">閃</td></tr>
<tr><td colspan="2">市原航路</td><td>千葉灯標</td><td colspan="2">閃</td></tr>
<tr><td rowspan="12">京浜</td><td colspan="2">東京東航路</td><td>15号地北，15号地南，
中央防，10号地</td><td colspan="2">電光文字</td></tr>
<tr><td rowspan="2" colspan="2">東京西航路</td><td>羽田船舶，大井</td><td colspan="2">閃</td></tr>
<tr><td>青海，青海第二，晴海</td><td colspan="2">電光文字</td></tr>
<tr><td rowspan="2">鶴見航路</td><td>北水路</td><td>鶴見</td><td colspan="2">電光文字</td></tr>
<tr><td>南水路</td><td>鶴見第二</td><td colspan="2">電光文字</td></tr>
<tr><td rowspan="4">京浜運河</td><td>第１区</td><td>鶴見，田辺</td><td colspan="2">電光文字</td></tr>
<tr><td>第２区</td><td>池上</td><td colspan="2">電光文字</td></tr>
<tr><td>第３区</td><td>塩浜，水江</td><td colspan="2">電光文字</td></tr>
<tr><td>第４区</td><td>川崎，大師</td><td colspan="2">電光文字</td></tr>
<tr><td colspan="2">川崎航路</td><td>川崎</td><td colspan="2">電光文字</td></tr>
<tr><td rowspan="2">横浜航路</td><td>西水路</td><td>大黒，内港</td><td colspan="2">電光文字</td></tr>
<tr><td>東水路</td><td>本牧</td><td colspan="2">電光文字</td></tr>
<tr><td>新潟</td><td colspan="2">西区</td><td>新潟</td><td>閃，形・旗</td><td>閃</td></tr>
<tr><td rowspan="3">名古屋</td><td colspan="2">東水路</td><td>高潮防波堤東，金城</td><td colspan="2">電光文字</td></tr>
<tr><td colspan="2">西水路</td><td>高潮防波堤西，金城</td><td colspan="2">電光文字</td></tr>
<tr><td colspan="2">北水路</td><td>金城，名古屋北</td><td colspan="2">電光文字</td></tr>
</table>

<table>
<tr><td>四 日 市</td><td>第１航路，午起航路</td><td>四日市，四日市防波堤</td><td colspan="2">閃</td></tr>
<tr><td rowspan="4">阪　　神</td><td>浜寺水路</td><td>浜寺</td><td colspan="2">閃</td></tr>
<tr><td>堺水路</td><td>堺，堺第二</td><td colspan="2">閃</td></tr>
<tr><td>南港水路</td><td>南港，南港第二</td><td colspan="2">電光文字</td></tr>
<tr><td>神戸中央航路</td><td>神戸，神戸第二</td><td colspan="2">電光文字</td></tr>
<tr><td>水　　島</td><td>港内航路</td><td>水島</td><td colspan="2">電光文字</td></tr>
<tr><td rowspan="2">関　　門</td><td>早鞆瀬戸水路</td><td>早鞆</td><td colspan="2">電光文字</td></tr>
<tr><td>若松水路，奥洞海航路，
若松区</td><td>若松港口，牧山，二島</td><td colspan="2">電光文字</td></tr>
<tr><td>高　　知</td><td>高知水路</td><td>桂浜，浦戸</td><td>閃，形・旗</td><td>閃</td></tr>
<tr><td>佐 世 保</td><td>佐世保水路</td><td>高後埼</td><td colspan="2">閃</td></tr>
<tr><td>那　　覇</td><td>那覇水路</td><td>那覇，那覇第二</td><td colspan="2">閃</td></tr>
</table>

（備考）１．天候の状況等により夜間の信号を昼間に用いる場合がある。

２．「信号の方法」の欄中，「閃」は閃光方式，「形」は形象物，「旗」は旗りゅう，「電光文字」は電光文字盤方式という。

3．「国土交通省令で定めるトン数又は長さ以上である船舶」は，第1項の水路を航行しようとするときは，「国土交通省令で定めるところ」により，当該船舶の名称，当該船舶の総トン数及び長さ，当該水路を航行する予定時刻，当該船舶との連絡手段，当該船舶が停泊し，又は停泊しようとする当該特定港内のけい留施設を港長に通報することとなっており，これを受けて規則第2章各則において，次の港について個々に規定されている。

鹿島（規則第23条の2），千葉（規則第24条），京浜（規則第29条第2項，第3項，第4項，第5項，第6項），名古屋（規則第29条の3），四日市（規則第29条の5），阪神（規則第33条），水島（規則第33条の2），関門（規則第40条），高知（規則第43条），佐世保（規則第46条），那覇（規則第50条）

通報の時期については，入航する場合にあっては入航予定日，出航する場合等にあっては運航開始予定日のそれぞれ前日正午までに通報するとともに，変更があったときは，直ちに，その旨を港長に通報しなければならないこととなっている。なお，本条第2項第3号の「水路を航行する予定時刻」については，入航する場合にあっては当該水路入口付近に達する予定時刻を，出航する場合等にあっては運航開始予定時刻を通報するものとされている。

4．第3項は，港内の管制水路と海上交通安全法の航路が接続している場合及び海上交通安全法の指定海域における航路と指定港における水路を途中において寄港又は錨泊することなく航行する場合に，それぞれ必要となる入航前の事前通報について，通報者の負担を軽減する観点から，海上交通安全法第22条の規定による通報をする際に，あわせて，船舶が停泊し，又は停泊しようとする特定港内の係留施設を通報したときは，本条に基づく通報を不要とするものである。これらは，地理的な接続性やレーダー，カメラ等の設備による船舶の航行状況の一体的な把握により，海上交通安全法に基づく航路の航行予定時刻の通報を受けることで，港則法に基づく水路の航行予定時刻を把握することも可能となるためである。

令和6年3月1日現在，同項の規定に基づき，通報を省略することができるのは，水島港内航路を航行する船舶や，東京湾において，海上交通安全法の浦賀水道航路を通航後，他の港に寄港したり，びょう泊することなく港則法の管制水路を航行しようとする船舶及び港則法の管制水路通航後，他の港に寄港したり，びょう泊することなく浦賀水道航路を通航しようとする船舶である。

5．第４項は，国土交通省令で定める船舶交通が著しく混雑する管制水路において，管制信号を行ってもなお管制船舶の航行に伴い船舶交通の危険が生ずるおそれがある場合であって，当該危険を防止するため必要があると認めるときは，当該管制船舶の船長に対し，当該管制船舶の運航に関し必要な措置を講ずることを指示することができることとしたものである。

具体的な指示の内容として，信号の切り替えと同時に複数の大型船が一斉に入航するといった危険な状況を回避するための水路を航行する予定時刻の変更，VHF 無線での指示の伝達を確実にするための無線を聴取し，連絡体制の保持ができるようにするための海上保安庁との連絡保持，機関不調等により運動性能が著しく劣る管制船舶について，安全な航行を確保するための進路を警戒する船舶又は航行を補助する船舶の配備等があげられる。

6．AIS の「長さ」情報を活用し，国土交通省令で定めるトン数又は長さ以上の船舶が，管制水路内を航行中であっても，これと行き会うことができる船舶を港長が指示することができる港内交通整理手法の導入については，その導入により向上が見込まれる船舶交通の効率性の度合いや港内の船舶交通の実態等を踏まえ，港を利用する海事関係者等からの意見聴取も含めた検討を行い，環境が整った港から順次導入されている。

なお，令和６年３月１日現在，この港内交通整理手法を導入しているのは次の港（管制水路）である。

鹿島港（鹿島水路），千葉港（千葉航路，市原航路），京浜港東京区（東京西航路），京浜港横浜区（横浜航路），名古屋港（東水路），水島港（水島港内航路）

7．本条は，法第45条の規定により，特定港以外の港についても準用される。

［罰則］ 本条第１項の規定の違反となるような行為をした者又は本条第４項の規定による処分に違反した者は，３か月以下の懲役又は30万円以下の罰金に処せられる。（法第52条）

第39条　港長は，船舶交通の安全のため必要があると認めるときは，特定港内において航路又は区域を指定して，船舶の交通を制限し又は禁止することができる。

2　前項の規定により指定した航路又は区域及び同項の規定による制限又は禁止の期間は，港長がこれを公示する。

3　港長は，異常な気象又は海象，海難の発生その他の事情により特定港内において船舶交通の危険が生じ，又は船舶交通の混雑が生ずるおそれがある場合において，当該水域における危険を防止し，又は混雑を緩和するため必要があると認めるときは，必要な限度において，当該水域に進行してくる船舶の航行を制限し，若しくは禁止し，又は特定港内若しくは特定港の境界付近にある船舶に対し，停泊する場所若しくは方法を指定し，移動を制限し，若しくは特定港内若しくは特定港の境界付近から退去することを命ずることができる。ただし，海洋汚染等及び海上災害の防止に関する法律第42条の８の規定の適用がある場合は，この限りでない。

4　港長は，異常な気象又は海象，海難の発生その他の事情により特定港内において船舶交通の危険を生ずるおそれがあると予想される場合において，必要があると認めるときは，特定港内又は特定港の境界付近にある船舶に対し，危険の防止の円滑な実施のために必要な措置を講ずべきことを勧告することができる。

〔概要〕　本条は，港長が，特定港において船舶交通の制限・禁止を行い得ることとした規定であり，法第45条の規定により特定港以外の港にも準用される。

【解説】　1．本条は，特定港内において船舶交通の安全を阻害するような事態が生じた場合において，港長が船舶の交通の制限等を行うことにより，船舶交通の安全を確保しようとするものである。

2．第１項は，主として港内において工事あるいは作業が行われる等，あらかじめ交通の阻害事情やその期間が判明している場合における規定であるが，船舶交通の制限又は禁止ができるのは，船舶交通（航行のみならず停泊を含む。）の安全上必要がある場合に限られており，その期間，区域等も必要最少限に留めなければならない。（警察比例の原則）

3．第2項は，第1項の規定により船舶の交通を制限又は禁止する場合の方法について規定したものであり，港長が公示によりこれを行う旨を規定している。

公示の方法については，特に規定されていないが，原則として次のような方法が考えられる。

⑴　公示文を，海上保安部署その他当該港の適当な場所の掲示板等に掲示する。

⑵　関係者に文書で通知する。

上記のほか，制限又は禁止の期間，内容，対象等に鑑み，特に港長が広く一般船舶に周知する必要があると認めるときは，

⑶　航行警報又は水路通報等に掲載する。

ことが考えられる。

船舶交通の制限又は禁止の公示の例は，次表のとおりである。

4．第1項は，あらかじめ交通の阻害事情やその期間が判明している場合の規定であるのに対し，第3項は，異常な気象又は海象，海難の発生により特定港内において船舶交通の危険を生じるおそれがある場合のように，公示の暇がなく直ちに現場において対処しなければならない場合の港長の権限を規定したものである。

この場合も，港長の権限行使は，あくまでも当該水域の危険防止あるいは混雑緩和のために必要な限度に限られる。（警察比例の原則）

なお，第3項では，特定港内のほか特定港の境界付近の船舶に対しても，必要な限度において停泊場所の指定や退去を命ずることができることとしている。

5．台風による暴風雨の接近のように，あらかじめ交通の阻害事情や期間が判明しているわけではないが，船舶交通の危険が発生することが予想されるような事態があり，第4項は，こうした場合に，危険防止の円滑な実施のために必要な措置を講ずべきことを港長が勧告できることを規定しているもので

港長公示第○号

港則法第39条第１項の規定により，次のとおり船舶の航泊を禁止するので，同条第２項の規定により，公示する。

年　　月　　日

○　○　港　長

○○ふ頭北東における航泊の禁止について

第○区○○ふ頭北東の下記区域において，ふ頭築造工事が行われるため，工事期間中下記により一般船舶の航泊を禁止する。

記

1.　期　　間　　　年　　月　　日から　　　年　　月　　日まで

2.　区　　域

次の各地点を順次に結んだ線及びニとイを結んだ線により囲まれた海面

イ．○○灯台から○度○○メートルの地点

ロ．イ地点から○度○○メートルの地点

ハ．ロ地点から○度○○メートルの地点

ニ．ハ地点から○度○○メートルの地点

3.　標　　識

上記４地点には，昼間は赤旗，夜間は赤灯が掲げてある。

ある。

「危険防止の円滑な実施のために必要な措置」としては，危険を防止するために直接的に必要となる航行の制限や港内からの退去等に加え，荷役の中止や係留強化等が考えられる。

勧告に従うか否かについては，第一義的には，各船舶において，自船の船型や運動性能，荷役の状況，風速や波浪の変化の見込み等を総合的に勘案して適切に判断されるべきものであり，勧告された措置を講じなかった場合であっても，罰則の対象にはならない。

[罰則]　本条第１項又は第３項の規定による処分の違反となるような行為をした者は，３か月以下の懲役又は30万円以下の罰金に処せられる。（法第52条）

■（原子力船に対する規制）

第40条　港長は，核原料物質，核燃料物質及び原子炉の規制に関する法律（昭和32年法律第166号）第36条の２第４項の規定による国土交通大臣の指示があつたとき，又は核燃料物質（使用済燃料を含む。以下同じ。），核燃料物質によつて汚染された物（原子核分裂生成物を含む。）若しくは原子炉による災害を防止するため必要があると認めるときは，特定港内又は特定港の境界付近にある原子力船に対し，航路若しくは停泊し，若しくは停留する場所を指定し，航法を指示し，移動を制限し，又は特定港内若しくは特定港の境界付近から退去することを命ずることができる。

２　第20条第１項の規定は，原子力船が特定港に入港しようとする場合に準用する。

〔概要〕　本条は，港内又はその境界付近にある原子力船に対して，港長が航路の指定等を行い得ることとした規定である。

【解説】　１．原子力船は，港則法上一般商船と同様に扱われている。すなわち港において，防波堤入口や突出物付近の航法，速力，廃物投棄等に関して港則法の規定する義務を負い，また，港長は，停泊中の原子力船に対して移動を命ずることができ，船舶交通安全のため必要があると認めるときは，航路又は区域を指定して船舶交通を制限し又は禁止することができる。

さらに，特定港においては，原子力船は入出港の届出，びょう地の指定，泊地移動の制限，修繕及び係船に関する規制等に関して港則法の定めるところによって行動しなければならない。

以上の規制により，原子力船の衝突予防については十分な措置が定められているが，港則法では，当該船舶の使用に供する物質を危険物から除いているため（法第20条第１項），原子力船が燃料として積載している核燃料物質については危険物として取り扱われず，危険物積載船舶に関する規定（特定港の境界外における港長の指揮等）が適用されない。

しかし，原子力船に対しても，放射性物質が船外に漏れる等の災害が発生する危険が予測される場合には，停泊・停留場所の指定等について危険物積載船舶と同様の規制を受けさせる必要がある。これが本条を設けた理由である。

2．核原料物質，核燃料物質及び原子炉の規制に関する法律第36条の2第4項の規定とは，国土交通大臣は，同法第1項若しくは第2項の規定による原子力船の入港の届出（第1項：実用舶用原子炉を設置した船舶は国土交通大臣に，それ以外の原子力船は文部科学大臣に入港届を提出すること。第2項：外国原子力船の場合は，国土交通大臣に入港届を提出すること。）があった場合において必要があると認めるとき，又は第3項の通知（第3項：第1項による入港届を受けた文部科学大臣は，必要があると認めるときは，国土交通大臣に対し，原子炉設置者が核燃料物質，核燃料物質によって汚染された物又は原子炉による災害を防止するために講ずべき措置について通知するものとする。）があった場合においては，原子炉設置者又は外国原子力船運航者に対し，災害を防止するために必要な措置を講ずべきことを命ずるとともに，海上保安庁長官を通じ，当該港の港長（特定港以外の港にあっては港長の権限を行う管区海上保安本部の事務所の長）に対し，原子力船の航行に関し必要な規制をすべきことを指示する旨規定したものである。

3．本条第1項は，上記国土交通大臣の指示を受けた場合のほか，港長独自の判断で，災害防止のため必要があると認めるときにおいても，当該原子力船に対し，航路又は停泊・停留場所の指定，航法指示，移動制限，港内・港の境界付近からの退去命令をすることができることとしたものであり，これにより，港長は当該港に係る船舶交通の安全を確保できることとなる。

4．第2項は，原子力船に対しても危険物積載船舶と同様に，特定港に入港する際は，港の境界外において港長の指揮を受けなければならないこととしたものである。

5．本条は，法第45条の規定により，特定港以外の港についても準用される。

これは，原子力船が万一事故を起こした場合の影響の大きさにかんがみ，特定港以外の港に対しても，厳しい規制を課す必要があるからである。

特定港以外の港については，港長の職権は，当該港の所在地を管轄する海上保安監部長，海上保安部長又は海上航空基地長が行うこととなる。

〔罰則〕 本条第１項の規定による処分の違反となるような行為をした者は，６か月以下の懲役又は50万円以下の罰金に処せられる。（法第51条）

■（港長が提供する情報の聴取）

第41条 港長は，特定船舶（小型船及び汽艇等以外の船舶であつて，第18条第２項に規定する特定港内の船舶交通が特に著しく混雑するものとして国土交通省令* で定める航路及び当該航路の周辺の特に船舶交通の安全を確保する必要があるものとして国土交通省令* で定める当該特定港内の区域を航行するものをいう。以下この条及び次条において同じ。）に対し，国土交通省令* で定めるところにより，船舶の沈没等の船舶交通の障害の発生に関する情報，他の船舶の進路を避けることが容易でない船舶の航行に関する情報その他の当該航路及び海域を安全に航行するために当該特定船舶において聴取することが必要と認められる情報として国土交通省令* で定めるものを提供するものとする。

２ 特定船舶は，前項に規定する航路及び区域を航行している間は，同項の規定により提供される情報を聴取しなければならない。ただし，聴取することが困難な場合として国土交通省令** で定める場合は，この限りでない。

*　規則第20条の３
**　規則第20条の４

〔概要〕 本条は，小型船及び汽艇等以外の船舶であって，船舶交通が著しく混雑する特定港内の一定の航路又はその周辺の一定の海域を航行する特定船舶に対し，港長が，特定船舶において聴取することが必要と認められる一定の情報を提供するものとし，特定船舶には当該情報を聴取する義務を課した規定である。

【解説】　1．「船舶交通が著しく混雑する特定港」（第18条第2項に規定する特定港）においては，船舶交通が航路に集中しており，これらのうち，航路によっては地形等の自然的条件により航路の形状が複雑である等の理由により，航路及びその周辺海域において特に船舶交通が著しく混雑する港が存在している。また，これら航路の出入口やその周辺の海域は，航路に向かうために船舶が集中すること，岸壁等に停泊するために航路の途中から航路外に出ようとする船舶が存在すること等により船舶交通の流れが複雑になっている。このため，これら航路及びその付近の海域における船舶交通の安全を図るため，当該海域を航行する一定の船舶を「特定船舶」とし，特定船舶に対し，その運航上の判断を支援するものとして，港長が一定の情報を提供するとともに，特定船舶においては，当該情報の聴取義務を課している。

2．「第18条第2項に規定する特定港内の船舶交通が特に著しく混雑するものとして国土交通省令で定める航路」としては，船舶交通の交通量のみならず，航路の形状の複雑さ等も相俟って特に混雑するものとして，規則第20条の3第1項及び別表第5により，千葉港の千葉航路及び市原航路，京浜港の東京東航路，東京西航路，川崎航路，鶴見航路及び横浜航路，名古屋港の東航路，西航路及び北航路，阪神港の浜寺航路，堺航路及び神戸中央航路並びに関門港の関門航路及び関門第2航路とされ，同条及び同表において，「当該航路の周辺の特に船舶交通の安全を確保する必要があるものとして国土交通省令で定める当該特定港内の区域」が定められている。例として関門港における特定港内の区域を次図に示す。

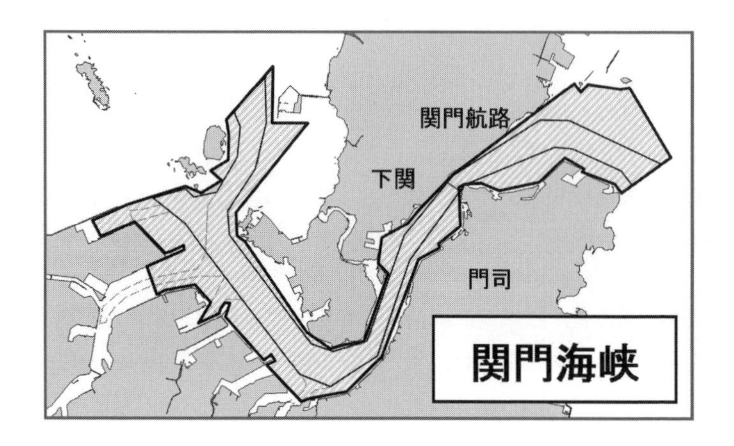

3．本条に基づき港長から一定の情報を提供され，当該情報を聴取しなければならない「特定船舶」は「小型船及び汽艇等以外の船舶であつて，第18条第２項に規定する特定港内の船舶交通が特に著しく混雑するものとして国土交通省令で定める航路及び当該航路の周辺の特に船舶交通の安全を確保する必要があるものとして国土交通省令で定める当該特定港内の区域を航行するもの」とされている。これは，小型船及び汽艇等以外の船舶は，船舶交通が著しく混雑する特定港内において小型船及び汽艇等がこれら船舶に対し常に避航義務を負うこととされている（法第18条第１項及び第２項）反面，相対的に安全を確保するための高い努力が求められるものであり，提供される情報を活用して航行の安全を確保させる観点から，情報を聴取すべき義務の対象となる「特定船舶」とするものである。本条の適用対象となる千葉港，京浜港，名古屋港，阪神港及び関門港において，小型船は総トン数500トン（関門港においては，総トン数300トン）以下の船舶とされている（法第18条第２項及び規則第８条の３）ことから，これらの港における特定船舶の大きさは「総トン数が500トン（関門港においては，総トン数300トン）を超える船舶」となる。

4．港長による情報提供は，特に「当該特定船舶において聴取することが必要と認められる情報」を提供するものであり，特定船舶に対して個別に行うことが基本となるが，複数の特定船舶に対して提供すべき情報が同一であり，提供の対象となる複数の特定船舶が具体的に特定される限りにおいて，例えば，船舶が所在する海域を示す等して，複数の船舶に対して同時に情報提供を行うこともあり得るものである。

5．船舶交通が混雑する特定港内の一定の航路及びその付近の海域において海上保安庁が提供している情報は，中短波無線によって提供される定時の気象情報等からVHF無線電話によって個別の船舶に対して提供される安全情報等まで幅広いものとなっている。一方，本条に基づき提供される情報は，「当該航路及び海域を安全に航行するために当該特定船舶において聴取することが必要と認められる情報」とされているとおり，個々の特定船舶の航行の安全に直接的・具体的な危険を生じるおそれのある事象に関する情報が基本であり，具体的には，規則第20条の３第３項各号に列挙されている次の情報である。

⑴　特定船舶が第１項に規定する航路及び特定港内の区域において適用される交通方法に従わないで航行するおそれがあると認められる場合における当該交通方法に関する情報（規則第20条の３第３項第１号）

ここでいう「当該交通方法に関する情報」には，第１項に規定する航路及び特定港内の区域において適用される本法の第３章の規定に基づく航法（法第19条の規定に基づいて規則で定める航法を含む。）及び海上衝突予防法の規定に基づく航法が含まれるが，典型的には，義務の履行状況が明確に判断できる航路航行義務（法第12条）等が考えられる。

⑵　船舶の沈没，航路標識の機能の障害その他の船舶交通の障害であって，特定船舶の航行の安全に著しい支障を及ぼすおそれのあるものの発生に関する情報（規則第20条の３第３項第２号）

ここでいう「船舶交通の障害」については，「発生に関する情報」とされているとおり，あらかじめその存在が想定されておらず，かつ，その発生によって船舶交通の安全を阻害するような事由であり，「船舶の沈没」及び「航路標識の機能の障害」以外では，物件の漂流や危険物の流出等が該当する。

また，「航行の安全に著しい支障を及ぼすおそれ」とは，特定船舶に損傷又は特定船舶の航行が実質的に困難となるような支障の発生が具体的に想定されるような状態であると解すべきである。

⑶　特定船舶が，工事又は作業が行われている海域，水深が著しく浅い海域その他の特定船舶が安全に航行することが困難な海域に著しく接近するおそれがある場合における当該海域に関する情報（規則第20条の３第３項第３号）

⑷　他の船舶の進路を避けることが容易でない船舶であって，その航行により特定船舶の航行の安全に著しい支障を及ぼすおそれのあるものに関する情報（規則第20条の３第３項第４号）

ここでいう「他の船舶の進路を避けることが容易でない船舶」とは，操縦性能が実質的に制限されるため他の船舶の進路を避けることが容易でない船舶である。船舶の操縦を制限する故障その他の異常な事態が生じているため他の船舶の進路を避けることができない船舶（運転不自由船）や船舶の操縦性能を制限する作業に従事しているため他の船舶の進路を避けることができない船舶（操縦性能制限船）に限られない。

⑸　特定船舶が他の特定船舶に著しく接近するおそれがあると認められる場合における当該他の特定船舶に関する情報（規則第20条の３第３項第５号）

⑹　前各号に掲げるもののほか，特定船舶において聴取することが必要と認められる情報（規則第20条の３第３項第６号）

第１号から第５号に掲げるもの以外でも，特定船舶の航行の安全に著しい支障を及ぼすおそれのある事象・状態は想定されるところであり，そのような事象・状態が認められる限りにおいて，港長が提供する情報として位置付けることとするものである。

例えば，第５号に掲げる情報は，特定船舶が他の特定船舶と著しく接近するおそれがあると認められる場合の情報であり，特定船舶が特定船舶以外の船舶と著しく接近するおそれがあると認められる場合の情報は含まれない。しかしながら，特定船舶が特定船舶以外の船舶と著しく接近するおそれがあると認められる場合であって，かつ，当該接近が当該特定船舶の航行の安全に著しい支障を及ぼすおそれがあると認められる場合もあり得るところであり，そのような場合における当該特定船舶以外の船舶に関する情報等が第６号の情報として想定される。

６．本条に基づく港長による情報提供は，国際的にはいわゆるVTS（Vessel Traffic Service）として整理される性質の業務であるが，VTSに関しては，国際海事機関（IMO）が決議（Resolution A.857(20)）によって採択した「VTSに関する指針」において「航行の安全に対する船長の責任を侵害することのないようになされるべき」とされ，国際的に共通の理解となっており，特定船舶の船長等が自らの責任で適切に運航上の判断を行うことを支援するための措置として位置付けられるものである。

　また，海上衝突予防法第39条及び第40条に規定されているとおり，港長による情報提供によっても，船員の常務として又はその時の特殊な状況により必要とされる注意を怠ることによって生じた結果について，船舶，船舶所有者，船長又は船員の責任を免除するものではない。

特定船舶の船長等においては，港長によって提供される情報を活用しつつ，自ら周囲の状況に注意して安全に航行すべきことは言うまでもないことである。

７．本条に基づく情報提供の手段はVHF無線電話とされ（規則第20条の３第２項），次表に掲げる呼出名称，周波数等によって行われる（「関門海峡海上交通センターが運用する門司船舶通航信号所及び同センターが行う情報の提供等の方法に関する告示」（平成22年海上保安庁告示第170号）等参照）。

方法	方法の詳細	使用言語	実施時期
MF 無線電話	一　日本語の場合 Ｈ３Ｅ　1,651kHz　50W 二　英語の場合 Ｈ３Ｅ　2,019kHz　50W	日本語又は英語	一　日本語を用いる場合 毎時の0分及び30分からのそれぞれ15分間 二　英語を用いる場合 毎時の15分及び45分からのそれぞれ15分間
ＶＨＦ無線電話	一　呼出し及び応答用 Ｆ３Ｅ　156.80MHz（チャンネル16）　10W 二　呼出し及び通信用 Ｆ３Ｅ　156.65MHz（チャンネル13）　10W 三　通信用 Ｆ３Ｅ　156.70MHz（チャンネル14）　10W Ｆ３Ｅ　160.925MHz（チャンネル66）　10W	日本語又は英語	適時
船舶自動識別装置	004310606（瀬戸送受信所） 004310703（前原送受信所） 004310704（火ノ山送受信所） 004310705（矢ケ浦送受信所） 004310706（木槲送受信所） 004310707（上県送受信所） 004310708（雲仙送受信所） 004310709（福江中送受信所） 004310807（浜田送受信所）	英語	適時
電話	093-372-0099 093-372-0090	日本語又は英語	適時
インターネット・ホームページ	https://www6.kaiho.mlit.go.jp/kanmon/	日本語	船舶から問い合わせがあったとき

備考　関門海域における船舶の航行の制限が行われた場合若しくは同制限が解除された場合又は関門海域を航行する船舶に影響を及ぼすおそれのある海難等が発生した場合における MF 無線電話による一般情報の提供は，MF 無線電話の項実施時期の欄に掲げる事項によらず，適時その情報を提供する。

8．第2項は，特定船舶として本条に基づき聴取義務を負うこととなる船舶であっても，聴取を求めることが現実的ではない場合には，聴取義務を免除することとしている。そのような場合としては，規則第20条の4において，電波の伝搬障害等により情報提供の手段となるVHF無線電話による通信が困難な場合，そもそもVHF無線電話を備えていない場合，他の船舶等とVHF無線電話による通信を行っている場合が定められている。

■（航法の遵守及び危険防止のための勧告）

第42条　港長は，特定船舶が前条第1項に規定する航路及び区域において適用される交通方法に従わないで航行するおそれがあると認める場合又は他の船舶若しくは障害物に著しく接近するおそれその他の特定船舶の航行に危険が生ずるおそれがあると認める場合において，当該交通方法を遵守させ，又は当該危険を防止するため必要があると認めるときは，必要な限度において，当該特定船舶に対し，国土交通省令*で定めるところにより，進路の変更その他の必要な措置を講ずべきことを勧告することができる。

2　港長は，必要があると認めるときは，前項の規定による勧告を受けた特定船舶に対し，その勧告に基づき講じた措置について報告を求めることができる。

＊　規則第20条の5

〔概要〕　本条は，第41条の規定による特定船舶に対して，港長が，航法遵守又は危険防止のために必要な措置を講ずべきことを勧告することができるものとするとともに，勧告を受けた船舶に対して，勧告に基づき講じた措置について報告を求めることができるものとする規定である。

【解説】　1．法第41条の規定による特定船舶に対する情報提供は，特定船舶の航行に危険を生じるおそれのある事象に関する情報を伝達するものであるが，情報の伝達のみでは特定船舶自ら適切な運航上の判断がなされない場合もあり得るため，港長は，必要と認める場合に，必要な限度において，特定船舶に対し，その運航上の判断を支援するものとして，一定の具体的な措置を講ずべきことを勧告することができる。

また，港長は，勧告を行った特定船舶に対して，勧告を受けて講じた措置について報告を求めることができる。これにより，報告の内容を踏まえ，必要に応じて，更なる勧告を行うことにより，一層の安全確保を図ることが可能となるものである。

2．本条に基づく勧告の手段はVHF無線電話その他の適切な方法とされている（規則第20条の５）。このうちVHF無線電話については，*p.* 180の表に掲げる呼出名称，周波数等によって行われる（「関門海峡海上交通センターが運用する門司船舶通航信号所及び同センターが行う情報の提供等の方法に関する告示」（平成22年海上保安庁告示第170号）等参照）。また，それ以外にも,海上保安庁の船艇からの呼びかけ等によっても行われることがある（「港則法施行規則第８条の２の規定による指示の方法等を定める告示」（平成22年海上保安庁告示第163号）参照）。

3．港長は，特定船舶が一定の交通方法に従わないで航行するおそれがあると認められる場合（規則第20条の３第３項第１号参照）や特定船舶が他の特定船舶に著しく接近するおそれがあると認められる場合（規則第20条の３第３項第５号参照）等においては，法第41条の規定に基づき情報を提供することとなる。しかし，運航上の判断を間接的に支援するために行うこうした情報提供にもかかわらず，特定船舶において情報提供の意図とは異なった措置が講じられるような場合や特段の措置が講じられないような場合があり得る。また，提供された情報を踏まえ，特定船舶において適切な措置が講じられる場合であっても，不十分なこともある。本条において「当該交通方法を遵守させ，又は当該危険を防止するため必要があると認めるとき」とは，このように，運航上の判断のための材料を提供することで間接的にこれを支援する情報提供では十分な効果が期待できず，より直接的に特定船舶の運航上の判断を支援するものとして，一定の具体的な措置を講ずべきことを特定船舶に促す必要があると認められる程度に航法を遵守させ，又は危険を防止すべき必要性がある場合をいう。

4．本条に基づく港長による勧告の解説については，前条6．に同じ。

5．勧告は，4．のとおり，その基本的な性質としてあくまでも特定船舶における運航上の判断を支援するものである。また，勧告の基礎となる船舶動静の把握には，特定船舶が航行している水域に漂流している木材等の航路障害物，当該水域で活動している小型の船舶，当該水域の実際の潮流の状況，当該特定船舶の操縦性能等の詳細を把握することが不可能であるという制約を伴うものである。

このため，特定船舶において講ずべき措置そのものを促す「勧告」は，こうした基本的な性質や制約を踏まえたものとして行われるべきものであることから，「必要な限度において」としているものである。

これを踏まえ，勧告を実施する側の港長においては，勧告を実施すべき必要性を十分に踏まえた上で，航法の遵守又は危険の防止のために必要となる限りでの措置を勧告するものであり，例えば，船長に委ねられるべき操舵や機関操作といった操船そのものに係る措置を含むものであってはならない。

また，勧告を受ける側の特定船舶においては，港長によってなされる勧告のこのような基本的な性質や制約を十分に認識し，勧告された措置の内容を十分に考慮した上で，自ら適切に運航上の判断を行うことが求められる。

■（異常気象等時特定船舶に対する情報の提供等）

第43条　港長は，異常な気象又は海象による船舶交通の危険を防止するため必要があると認めるときは，異常気象等時特定船舶（小型船及び汽艇等以外の船舶であつて，特定港内及び特定港の境界付近の区域のうち，異常な気象又は海象が発生した場合に特に船舶交通の安全を確保する必要があるものとして国土交通省令* で定める区域において航行し，停留し，又はびよう泊をしているものをいう。以下この条及び次条において同じ。）に対し，国土交通省令* で定めるところにより，当該異常気象等時特定船舶の進路前方にびよう泊をしている他の船舶に関する情報，当該異常気象等時特定船舶のびよう泊に異状が生ずるおそれに関する情報その他の当該区域において安全に航行し，停留し，又はびよう泊をするために当該異常気象等時特定船舶において聴取することが必要と認められる情報として国土交通省令* で定めるものを提供するものとする。

2　前項の規定により情報を提供する期間は，港長がこれを公示する。

3　異常気象等時特定船舶は，第１項に規定する区域において航行し，停留し，又はびよう泊をしている間は，同項の規定により提供される情報を聴取しなければならない。ただし，聴取することが困難な場合として国土交通省令** で定める場合は，この限りでない。

*　規則第20条の６，別表第６
**　規則第20条の７

〔概要〕　本条は，異常気象等が発生した場合に，特に船舶交通の安全を確保する必要がある一定の区域において航行，停留，びょう泊している船舶に対し，港長が，当該船舶において聴取することが必要と認められる一定の情報を提供すること及び当該船舶にその情報の聴取を義務付けることを規定したものである。

【解説】　１．台風の襲来等の異常な気象・海象時には，一部の特定港及びその境界付近において多数のびょう泊船舶が滞留することにより船舶交通の混雑が発生する区域がある。

このような区域における船舶交通の危険を防止するため，港長は，一定の船舶（異常気象等時特定船舶）に対して，その運航上の判断を支援するものとして，航行船舶の進路前方にびょう泊をしている他の船舶の情報，びょう泊船舶の走錨のおそれに関する情報等，当該区域において船舶が安全に航行，びょう泊等するために必要な情報を提供するとともに，情報の提供を受けるべき船舶に対しては，当該情報の聴取義務を課している。

２．本条の規定に基づき港長が情報を提供する区域は，横浜沖の錨地など京浜港の一部区域であり（規則第20条の６第１項（別表第６）），情報を聴取しなければならない「異常気象等時特定船舶」は，当該区域を航行し，停留し，又はびょう泊をしている船舶（小型船及び汽艇等を除く。）である。また，本条による情報提供は，常時実施されるものではなく，異常気象等の際に限って実施されるものであり，情報を提供する期間は，港長が公示する。

3．情報提供の手段はVHF無線電話とされている（規則第20条の6第2項，東京湾海上交通センターが運用する横浜船舶通航信号所及び同センターが行う情報の提供等の方法に関する告示〔平成30年海上保安庁告示第5号〕参照）。なお，情報の聴取が困難な場合として，そもそもVHF無線電話を備えていない場合や電波の伝搬障害等によりVHF無線電話による通信が困難な場合，他の船舶等とVHF無線電話による通信を行っている場合（規則第20条の7）には，聴取義務が課されない。

■（異常気象等時特定船舶に対する危険の防止のための勧告）

第44条　港長は，異常な気象又は海象により，異常気象等時特定船舶が他の船舶又は工作物に著しく接近するおそれその他の異常気象等時特定船舶の航行，停留又はびよう泊に危険が生ずるおそれがあると認める場合において，当該危険を防止するため必要があると認めるときは，必要な限度において，当該異常気象等時特定船舶に対し，国土交通省令* で定めるところにより，進路の変更その他の必要な措置を講ずべきことを勧告することができる。

2　港長は，必要があると認めるときは，前項の規定による勧告を受けた異常気象等時特定船舶に対し，その勧告に基づき講じた措置について報告を求めることができる。

＊　規則第20条の8

〔**概要**〕　本条は，第43条の規定による異常気象等時特定船舶に対して，港長が，危険防止のために必要な措置を講ずべきことを勧告することができるものとするとともに，勧告を受けた船舶に対して，勧告に基づき講じた措置について報告を求めることができるものとする規定である。

【解説】 1．第43条の規定による異常気象等時特定船舶に対する情報提供は，異常気象等時特定船舶の航行，停留又はびょう泊に危険を生じるおそれのある事象に関する情報を伝達するものであるが，情報の伝達のみでは異常気象等時特定船舶自らで適切な運航上の判断がなされない場合もあり得るため，必要と認める場合に，必要な限度において，異常気象等時特定船舶に対し，その運航上の判断を支援するものとして，港長が一定の具体的な措置を講ずべきことを勧告することができることとしている。

また，港長が，勧告を行った異常気象等時特定船舶に対して，勧告を受けて講じた措置について報告を求めることができることとしている。これにより，報告の内容を踏まえ，必要に応じて，更なる勧告を行うことにより，一層の安全確保を図ることが可能となるものである。

2． 本条に基づく勧告の手段はVHF無線電話又は電話とされている（規則第20条の８，東京湾海上交通センターが運用する横浜船舶通航信号所及び同センターが行う情報の提供等の方法に関する告示〔平成30年海上保安庁告示第５号〕参照)。

■（準用規定）

第45条 第９条，第25条，第28条，第31条，第36条第２項，第37条第２項及び第38条から第40条までの規定は，特定港以外の港について準用する。この場合において，これらに規定する港長の職権は，当該港の所在地を管轄する管区海上保安本部の事務所であつて国土交通省令*で定めるものの長がこれを行うものとする。

* 規則第20条の９

〔概要〕 本条は，特定港に適用される規定の一部を特定港以外の港にも準用することとしたものである。

【解説】 1．港則法は，港内における船舶交通の安全及び港内の整とんを図ることを目的として各種の規制を定めているが，中でも特定港においては港長による厳しい規制を定めている。しかし，特定港以外の港においても特定港における規制のうちのいくつかは適用することが妥当である場合もあるので，それらの規定について準用を認めた規定である。

2．特定港以外の港に準用される規定は次のとおりである。

⑴　停泊船舶に対する移動命令（第9条）

⑵　交通阻害物件の除去命令（第25条）

⑶　私設信号の許可（第28条）

⑷　工事等の許可及び措置命令（第31条）

⑸　灯火の減光又は被覆命令（第36条第2項）

⑹　引火性液体浮流時における喫煙・火気取扱いの制限又は禁止（第37条第2項）

⑺　船舶交通の制限等（第38条，第39条）

⑻　原子力船に対する規制（第40条）

3．特定港以外の港には港長が置かれていないので，上記の各規定が準用される場合には，規則第20条の9，海上保安庁組織規則第118条により，当該港の所在地を管轄する海上保安監部長，海上保安部長又は海上保安航空基地長がこれを行うこととなる。

■（非常災害時における海上保安庁長官の措置等）

第46条　海上保安庁長官は，海上交通安全法第37条第1項に規定する非常災害発生周知措置（以下この項において「非常災害発生周知措置」という。）をとるときは，あわせて，非常災害が発生した旨及びこれにより当該非常災害発生周知措置に係る指定海域に隣接する指定港内において船舶交通の危険が生ずるおそれがある旨を当該指定港内にある船舶に対し周知させる措置（次条及び第48条第2項において「指定港非常災害発生周知措置」という。）をとらなければならない。

2　海上保安庁長官は，海上交通安全法第37条第2項に規定する非常災害解除周知措置（以下この項において「非常災害解除周知措置」という。）をとるときは，あわせて，当該非常災害解除周知措置に係る指定海域に隣接する指定港内において，当該非常災害の発生により船舶交通の危険が生ずるおそれがなくなつた旨又は当該非常災害の発生により生じた船舶交通の危険がおおむねなくなつた旨を当該指定港内にある船舶に対し周知させる措置（次条及び第48条第２項において「指定港非常災害解除周知措置」という。）をとらなければならない。

〔概要〕 本条は，海上交通安全法第２条第４項で規定している指定海域において，非常災害が発生し，これにより指定海域において船舶交通の危険が生ずるおそれがある場合において，海上保安庁長官が当該危険を防止する必要があると認めた場合は，指定海域及びその周辺海域にある船舶に対し非常災害が発生した旨及びこれにより船舶交通の危険が生ずるおそれがある旨を周知する措置（以下「非常災害発生周知措置」という。）をとることとなるが，これにあわせ，非常災害発生周知措置に係る指定海域に隣接する指定港内においても，指定港内にある船舶に対し同様に周知させる措置（以下「指定港非常災害発生周知措置」という。）をとることを規定したものである。

【解説】 第１項は，海上交通安全法で規定する指定海域において非常災害が発生した場合に，危険を防止するため海上保安庁長官が当該海域及びその周辺海域にある船舶に対し，非常災害発生周知措置をとった場合は，あわせて当該指定海域に隣接する指定港においても，その旨を周知する措置をとることを規定している。海上交通安全法及び港則法でいう非常災害とは，法律上の明確な規定はないが，湾内全域において船舶交通の危険が生ずるおそれがある災害を想定している。具体的には，津波等による自然災害に加え，大型タンカーによる油の流出や火災など，その影響が湾内全域に及ぶような事故などについても対象となる。

第２項は，指定港非常災害発生周知措置の発令以降で，船舶交通の危険が生ずるおそれがなくなったと認めるとき，又は非常災害により生じた当該危険がおおむねなくなったと認めるときは，その旨を周知する「指定港非常災害解除周知措置」をとらなければならないことを規定したものである。非常災害発生周知措置の解除については，非常災害そのものによる船舶交通の危険がなくなった場合や非常災害の発生により既に発生した海難等による船舶交通の危険が概ね無くなった場合などが考えられるが，気象海象の状況や湾内全体の混雑具合等様々な事項を総合的に考慮して解除されることとなる。

第47条　海上保安庁長官は，指定港非常災害発生周知措置をとつたときは，指定港非常災害解除周知措置をとるまでの間，当該指定港非常災害発生周知措置に係る指定港内にある海上交通安全法第4条本文に規定する船舶（以下この条において「指定港内船舶」という。）に対し，国土交通省令* で定めるところにより，非常災害の発生の状況に関する情報，船舶交通の制限の実施に関する情報その他の当該指定港内船舶が航行の安全を確保するために聴取することが必要と認められる情報として国土交通省令* で定めるものを提供するものとする。

2　指定港内船舶は，指定港非常災害発生周知措置がとられたときは，指定港非常災害解除周知措置がとられるまでの間，前項の規定により提供される情報を聴取しなければならない。ただし，聴取することが困難な場合として国土交通省令** で定める場合は，この限りでない。

*　規則第20条の10
**　規則第20条の11

〔概要〕　本条は，法第46条第1項に規定する指定港非常災害発生周知措置がとられ，同条第2項に規定する指定港非常災害解除周知措置がとられるまでの間において，海上保安庁長官が当該非常災害に関する情報，船舶交通の制限の実施に関する情報等を提供することを定めたもので，海上交通安全法第4条に規定する長さ50メートル以上の船舶が当該情報を聴取しなければならないことが規定されている。

【解説】　1．第1項は，第46条1項における「指定港非常災害発生周知措置」

をとった場合に，同条第２項の「指定港非常災害解除周知措置」をとるまでの間に，「指定港内船舶」(海上交通安全法第４条において規定する長さ50メートル以上の船舶）に対し，航行の安全を確保するために聴取することが必要と認められる情報を提供することを規定している。

情報の提供は，規則第20条の10第１項においてVHF無線電話により行うものとされており，情報の提供内容については，規則第20条の10第２項において下記の事項が掲げられている。

⑴　非常災害の発生の状況に関する情報

⑵　船舶交通の制限の実施に関する情報

⑶　船舶の沈没，航路標識の機能の障害その他の船舶交通の障害であって，指定港内船舶の航行の安全に著しい支障を及ぼすおそれのあるものの発生に関する情報

⑷　指定港内船舶が，船舶の錨泊により著しく混雑する海域，水深が著しく浅い海域その他の指定港内船舶が航行の安全を確保することが困難な海域に著しく接近するおそれがある場合における，当該海域に関する情報

⑸　そのほか指定港内船舶が航行の安全を確保するために聴取することが必要と認められる情報

２．第２項は，指定港内船舶の第１項により提供される情報の聴取義務が規定されているが，聴取が困難な場合については除外規定が設けられている。

具体的には，規則第20条の11において，VHF無線電話を備えていない場合，電波の伝搬障害等によりVHF無線電話による通信が困難な場合及び他の船舶等とVHF無線電話による通信を行っている場合が掲げられている。

■（海上保安庁長官による港長等の職権の代行）

第48条　海上保安庁長官は，海上交通安全法第32条第１項第３号の規定により同項に規定する海域からの退去を命じ，又は同条第２項の規定により同項に規定する海域からの退去を勧告しようとする場合において，これらの海域及び当該海域に隣接する港からの船舶の退去を一体的に行う必要があると認めるときは，当該港が特定港である場合にあ

つては当該特定港の港長に代わつて第39条第3項及び第4項に規定する職権を，当該港が特定港以外の港である場合にあつては当該港に係る第45条に規定する管区海上保安本部の事務所の長に代わつて同条において準用する第39条第3項及び第4項に規定する職権を行うものとする。

2　海上保安庁長官は，指定港非常災害発生周知措置をとつたときは，指定港非常災害解除周知措置をとるまでの間，当該指定港非常災害発生周知措置に係る指定港が特定港である場合にあつては当該特定港の港長に代わつて第5条第2項及び第3項，第6条，第9条，第14条，第20条第1項，第21条，第24条，第38条第1項，第2項及び第4項，第39条第3項，第40条，第41条第1項，第42条，第43条第1項並びに第44条に規定する職権を，当該指定港が特定港以外の港である場合にあつては当該港に係る第45条に規定する管区海上保安本部の事務所の長に代わつて同条において準用する第9条，第38条第1項，第2項及び第4項，第39条第3項並びに第40条に規定する職権を行うものとする。

〔概要〕　本条は，海上保安庁長官が，海上交通安全法の適用海域において船舶に対し退去を命じ，又は勧告しようとする場合において，これらの海域及び当該海域に隣接する港からの船舶の退去を一体的に行う必要があると認めるとき及び指定港非常災害発生周知をとったときに，海上保安庁長官が特定港にあっては港長に代わって，特定港以外にあっては管区海上保安本部の事務所の長に代わってその職権を行うことを規定したものである。

【解説】　1．異常気象等により湾内全域において船舶交通の危険を生じるおそれがあると予想されるような場合には，湾内等の海上交通安全法の適用海域にある船舶だけでなく，港内の船舶についても時期を逸することなく湾外等の安全な海域に退去させる必要がある。第1項では，そのような場合に，海上保安庁長官が港長又は当該港の所在地を管轄する管区海上保安本部の事務所の長に代わり，港外退去の勧告や命令も実施できることとし，港内と海上交通安全法の適用海域について，船舶に対する退去の勧告や命令を一体的に実施することとしたものである。

2．　第２項は，非常災害時という特殊な状況にあることから，指定港及び指定海域を一体的にコントロールし，船舶交通の危険を防止するため，通常時は特定港に関して港長が，特定港以外の港に関しては当該港の所在地を管轄する管区海上保安本部の事務所の長が行う職権を，海上保安庁長官が一元的に実施することとしたものである。

第２項に掲げられている職権については以下のとおりとなっている。

（特定港の場合）

第５条第２項及び第３項（びょう地の指定）
第６条（移動の制限）
第９条（移動命令）
第14条（航路外待機の指示）
第20条第１項（危険物積載船に対する指揮）
第21条（危険物積載船の停泊等の制限）
第24条（海難発生時の措置）
第38条第１項，第２項及び第４項（船舶交通の制限等）
第39条第３項（異常な気象又は海象，海難の発生時等の船舶の航行制限等）
第40条（原子力船に対する規制）
第41条第１項（港長による情報提供）
第42条（航法の遵守及び危険の防止のための勧告）
第43条第１項（異常気象等時特定船舶に対する情報の提供等）
第44条（異常気象等時特定船舶に対する危険の防止のための勧告）

（特定港以外の場合）

第９条（移動命令）
第38条第１項，第２項及び第４項（船舶交通の制限等）
第39条第３項（異常な気象又は海象，海難の発生時等の船舶の航行制限等）
第40条（原子力船に対する規制）

■（職権の委任）

第49条　この法律の規定により海上保安庁長官の職権に属する事項は，国土交通省令* で定めるところにより，管区海上保安本部長に行わせることができる。

2　管区海上保安本部長は，国土交通省令で定めるところにより，前項の規定によりその職権に属させられた事項の一部を管区海上保安本部の事務所の長に行わせることができる。

*　規則第20条の12

〔概要〕　本条は，本法の規定による海上保安庁長官の職権の委任について規定したものである。

【解説】　海上保安庁長官の職権の効率的な行使と対象となる国民の便宜とを図るため，その職権の一部を管区海上保安本部長等に委任できることとしたものである。

規則第20条の12により，第47条第１項の指定港非常災害発生周知措置に伴う情報の提供及び第48条の規定による港長等に代わって海上保安庁長官が行う職権については，当該指定港の所在地を管轄する管区海上保安本部長に行わせ，さらにその職権を東京湾海上交通センターの長に行わせることとしている。

また，法第46条の規定による指定港非常災害発生周知措置及び指定港非常災害解除周知措置について，その海上保安庁長官の職権は，当該指定港の所在地を管轄する管区海上保安本部長も行うことができることとしている。

■（行政手続法の適用除外）

第50条　第９条（第45条において準用する場合を含む。），第14条，第20条第１項（第40条第２項（第45条において準用する場合を含む。）において準用する場合を含む。）又は第37条第２項若しくは第39条第３

項（これらの規定を第45条において準用する場合を含む。）の規定による処分については，行政手続法（平成５年法律第88号）第３章の規定は，適用しない。

2　前項に定めるもののほか，この法律に基づく国土交通省令の規定による処分であつて，港内における船舶交通の安全又は港内の整頓を図るためにその現場において行われるものについては，行政手続法第３章の規定は，適用しない。

〔概要〕　本条は，港長が法令に基づいて行う不利益処分について，行政手続法に定める不利益処分の適用を除外することとした規定である。

【解説】　１．行政手続法は，処分，行政指導及び届出に関する手続に関し，共通する事項を定めることによって行政運営における公正の確保と透明性の向上を図り，もって国民の権利利益の保護に資することを目的として，平成５年11月12日に法律第88号として公布され，平成６年10月１日から施行されている。

同法第３章は，不利益処分（行政庁が，法令に基づき，特定の者を名あて人として，直接に，これに義務を課し，又はその権利を制限する処分をいう。

同法第２条第４号）について定めており，「第１節　通則（第12条～第14条)」，「第２節　聴聞（第15条～第28条)」，「第３節　弁明の機会の付与（第29条～第31条)」により構成されている。

２．同法第３条第１項第13号では，その場で生じている事態に対応して臨機に適切な措置を執ることが必要ないわゆる現場処分に準ずるものについては，個別法において適用除外規定を置くこととされているが，以下のような現場において当該現場の安全確保及び秩序維持を図るために必要な処分については，状況の変化に即応して適時適切な判断を下す必要があり，事前に意見を聴取したり，理由を提示したりすることができないことから，行政手続法第３章の規定を適用除外することとしている。

第９条（特定港内停泊船舶への移動命令）

第14条（航路外での待機指示）

第20条第１項（危険物積載船に対する港長の指揮）
第37条第２項（喫煙，火気取扱の制限，禁止）
第39条第３項（異常な気象又は海象時の航行制限等）
第40条第２項（原子力船に対する港長の指示）

3．また，港則法に基づく国土交通省令の規定による処分であって，港内における船舶交通の安全又は港内の整とんを図るためにその現場において行われるものについても，第３章の規定は適用しないこととしている。

〔参考〕 行政手続法（平成５年法律第88号）（抄）

（定義）

第２条　この法律において，次の各号に掲げる用語の定義は，当該各号に定めるところによる。

一～三　（略）

四　不利益処分　行政庁が，法令に基づき，特定の者を名あて人として，直接に，これに義務を課し，又はその権利を制限する処分をいう。ただし，次のいずれかに該当するものを除く。

イ　事実上の行為及び事実上の行為をするに当たりその範囲，時期等を明らかにするために法令上必要とされている手続としての処分

ロ　申請により求められた許認可等を拒否する処分その他申請に基づき当該申請をした者を名あて人としてされる処分

ハ　名あて人となるべき者の同意の下にすることとされている処分

ニ　許認可等の効力を失わせる処分であって，当該許認可等の基礎となった事実が消滅した旨の届出があったことを理由としてされるもの

五～八　（略）

（適用除外）

第３条　次に掲げる処分及び行政指導については，次章から第４章までの規定は，適用しない。

一～十二　（略）

十三　公衆衛生，環境保全，防疫，保安その他の公益にかかわる事象が発生し又は発生する可能性のある現場において警察官若しくは海上保

安官又はこれらの公益を確保するために行使すべき権限を法律上直接に与えられたその他の職員によってされる処分及び行政指導

十四〜十六　（略）

2・3　（略）

第８章　罰　　　則

第51条　次の各号のいずれかに該当する者は，６月以下の懲役又は50万円以下の罰金に処する。

一　第21条，第22条第１項若しくは第４項又は第40条第２項（第45条において準用する場合を含む。）において準用する第20条第１項の規定の違反となるような行為をした者

二　第40条第１項（第45条において準用する場合を含む。）の規定による処分の違反となるような行為をした者

第52条　次の各号のいずれかに該当する者は，３月以下の懲役又は30万円以下の罰金に処する。

一　第５条第１項，第６条第１項，第11条，第12条又は第38条第１項（第45条において準用する場合を含む。）の規定の違反となるような行為をした者

二　第５条第２項の規定による指定を受けないで船舶を停泊させた者又は同条第４項に規定するびよう地以外の場所に船舶を停泊させた者

三　第７条第３項，第９条（第45条において準用する場合を含む。），第14条又は第39条第１項若しくは第３項（これらの規定を第45条において準用する場合を含む。）の規定による処分の違反となるような行為をした者

四　第24条の規定に違反した者

2　次の各号のいずれかに該当する場合には，その違反行為をした者は，３月以下の懲役又は30万円以下の罰金に処する。

一　第23条第１項又は第31条第１項（第45条において準用する場合を含む。）の規定に違反したとき。

二　第23条第３項又は第25条，第31条第２項，第36条第２項若しくは第38条第４項（これらの規定を第45条において準用する場合を含む。）の規定による処分に違反したとき。

第53条　第37条第２項（第45条において準用する場合を含む。）の規定による処分に違反した者は，30万円以下の罰金に処する。

第54条　第４条，第７条第２項，第20条第１項又は第35条の規定の違反となるような行為をした者は，30万円以下の罰金又は科料に処する。

2　次の各号のいずれかに該当する場合には，その違反行為をした者は，30万円以下の罰金又は科料に処する。

一　第７条第１項，第23条第２項，第28条（第45条において準用する場合を含む。），第32条，第33条又は第34条第１項の規定に違反したとき。

二　第34条第２項の規定による処分に違反したとき。

第55条　第10条の規定による国土交通省令の規定の違反となるような行為をした者は，30万円以下の罰金又は拘留若しくは科料に処する。

第56条　法人の代表者又は法人若しくは人の代理人，使用人その他の従業者がその法人又は人の業務に関して第52条第２項又は第54条第２項の違反行為をしたときは，行為者を罰するほか，その法人又は人に対しても各本条の罰金刑を科する。

〔概要〕　第51条から第56条までは本法の罰則規定である。また，第56条はいわゆる両罰規定となっている。

【解説】　1．これらの罰則は，本法に定める義務の違反に対して制裁の定めをおくことにより，義務者に義務の履行を迫り，法の実効性を確保することを目的としている。

　これらの罰則には，特別の規定のある場合のほか，原則として刑法総則の規定が適用される（刑法第８条）。この法律による特別の規定としては第56条の両罰規定がある。

2．この法律において，罰則で担保する規定とそうでない規定との区別については，次のような考え方に基づいている。

⑴　航法に関する規定，特に避航に関する規定は，一般にその規定による義務を履行すべき状況の判断が複雑かつ微妙であることが多いので，罰則で担保しないこととしている。もっとも，本法に定める航法に従わなかったことによって事故が生じた場合には，過失の認定を受け，刑法に定める罪が成立する場合がある。

⑵　航法以外の規定については，構成要件に該当するか否かの判断がより容易であるので，その履行について罰則で担保することとしている。

3．この法律においては，船舶に対して義務を課している規定が多いが，このような義務に違反した場合は，当該行為に対して責任を負うべき者，すなわち通常は船長が「違反となるような行為をした者」に該当することとなる。

4．第56条は，いわゆる「両罰規定」である。両罰規定の対象となるのは第52条第２項又は第54条第２項に規定する違反行為であるが，これらの規定は，船舶という特別の主体に義務が課せられていない。

　行為者の違反行為について業務主体が罰せられるのは，行政目的の達成という高度の政策的判断に基づくものではあるが，法人の代表者等自然人の行為につき犯罪が成立した場合に限り業務主体も罰せられるというのが両罰規定の考え方である。

　「法人」とは，自然人以外の権利能力を有する主体であって，民法その他の法律（商法，各種の団体設立法等）の規定によって設立されたものである。都道府県その他の公法人も含まれるが（地方自治法第２条第１項），国は含まれない。

〔参考資料〕

港則法適用港一覧表

都道府県	港　　　　名
北海道	枝幸，雄武，紋別，網走，羅臼，根室*，花咲，霧多布，厚岸，釧路*，十勝，えりも，様似，浦河，苫小牧*，室蘭*，伊達，森，臼尻，函館*，松前，福島江差，瀬棚，寿都，岩内，余市，小樽*，石狩湾*，増毛，留萌*，苫前，羽幌，天塩，稚内*，青苗，天売，焼尻，沓形，鬼脇，鴛泊，香深，船泊
青　森	深浦，鰺ヶ沢，小泊，三厩，平舘，青森*，小湊，野辺地，大湊，川内，脇野沢，佐井，大間，大畑，尻屋岬，むつ小川原*，八戸*
岩　手	久慈，八木，宮古，山田，大槌，釜石*，大船渡，広田
宮　城	気仙沼，志津川，女川，鮎川，荻浜，渡波，石巻*，仙台塩釜*
秋　田	象潟，金浦，平沢，本荘，秋田船川*，戸賀，北浦，能代
山　形	酒田*，加茂，由良，鼠ケ関
福　島	相馬*，四倉，江名，中之作，小名浜*
茨　城	平潟，大津，会瀬，日立*，常陸那珂，那珂湊，大洗，鹿島*
茨　城 千　葉	銚子
千　葉	勝浦，白浜，館山，木更津*，千葉*
東　京	岡田，波浮，元町，新島，大久保，神湊，八重根
東　京 神奈川	京浜*
神奈川	横須賀*，三崎，真鶴
新　潟	姫川，能生，直江津*，柏崎，寺泊，新潟*，岩船，両津*，羽茂，小木
富　山	魚津，伏木富山*，氷見
石　川	七尾*，穴水，宇出津，小木，飯田，輪島，福浦，滝，金沢*
福　井	内浦，和田，小浜，敦賀*，福井*
静　岡	熱海，網代，伊東，稲取，下田，手石，松崎，宇久須，土肥，戸田，静浦，沼津，田子の浦*，清水*，焼津，大井川，榛原，相良，御前崎，浜名
愛　知	伊良湖，福江，泉，三河*，東幡豆，吉田，一色，衣浦*，師崎，篠島，豊浜，内海，常滑，名古屋*
三　重	桑名，四日市*，千代崎，津，松阪，宇治山田，鳥羽，波切，浜島，五ケ所，長島，引本，尾鷲，木本
京　都	久美浜，浅茂川，間人，中浜，本庄，伊根，宮津*，舞鶴*，野原，田井
大　阪	深日，阪南*，泉州*
大　阪 兵　庫	阪神*
兵　庫	明石，東播磨*，八木，姫路*，相生，赤穂，津居山，柴山，香住，浜坂，岩屋，津名，洲本，由良，福良，湊，都志，郡家，富島
和歌山	新宮，宇久井，勝浦，浦神，古座西向，串本，日置，田辺*，日高，由良，湯浅広，和歌山下津*

鳥　取	米子，赤碕，鳥取，網代，田後
鳥　取 島　根	境*
島　根	益田，三隅，浜田*，江津，仁万，久手，大社，恵曇，加賀，七類，美保関，松江，安来，西郷，浦郷
岡　山	日生，片上，鶴海，牛窓，西大寺，小串，岡山，宇野*，日比，琴浦，味野，下津井，水島*，笠岡
広　島	福山*，尾道糸崎*，忠海，竹原，安芸津，呉*，広島*，大竹，土生，重井，佐木，瀬戸田，鮴崎，木ノ江，御手洗，大西，蒲刈，厳島
山　口	岩国*，久賀，安下庄，小松，柳井*，室津，上関，平生，室積，徳山下松*，三田尻中関*，秋穂，山口，丸尾，宇部*，小野田，厚狭，小串，特牛，角島，粟野，仙崎，萩*，須佐，江崎
山　口 福　岡	関門*
徳　島	撫養，今切，徳島小松島*，富岡，橘，由岐，日和佐，牟岐，浅川，宍喰
香　川	豊浜，観音寺，仁尾，詫間，多度津，丸亀，坂出*，香西，高松*，志度，津田，三本松，引田，坂手，内海，池田，土庄，直島
愛　媛	深浦，宇和島，吉田，三瓶，八幡浜，川之石，三崎，三机，長浜，郡中，松山*，北条，菊間，今治*，吉海，壬生川，西条，新居浜*，寒川，三島川之江*，岡村，宮浦，伯方
高　知	甲浦，室戸岬，室津，奈半利，高知*，宇佐，須崎，久礼，上ノ加江，佐賀，上川口，下田，清水，宿毛湾
福　岡	加布里，博多*，大島，芦屋，苅田，宇島，三池*，大牟田，若津
佐　賀	呼子，唐津*，住ノ江，諸富
佐　賀 長　崎	伊万里*
長　崎	島原，口之津，小浜，茂木，脇岬，長崎*，三重式見，瀬戸，松島，大村，崎戸，佐世保*，相浦，臼浦，江迎，田平，松浦，今福，福江，富江，玉之浦，岐宿，奈留島，奈良尾，有川，青方，小値賀，平戸，津吉，生月，大島，芦辺，郷ノ浦，勝本，比田勝，佐須奈，厳原*，豆酘
熊　本	水俣，佐敷，八代*，三角*，熊本，百貫，長洲，合津，姫戸，本渡，牛深，富岡，鬼池
福　岡 大　分	中津
大　分	長洲，高田，竹田津，国東，守江，別府，大分*，佐賀関，臼杵，津久見，佐伯，蒲江
宮　崎	北浦，延岡，土々呂，細島*，宮崎，内海，油津，外浦，福島
鹿児島	志布志，内之浦，大泊，大根占，鹿屋，垂水，福山，加治木，鹿児島*，喜入*，山川，枕崎，野間池，串木野，川内，阿久根，米ノ津，西之表，島間，中甑，手打，一湊，宮之浦，名瀬*，古仁屋
沖　縄	金武中城*，那覇*，渡久地，運天，平良，石垣

（注）　*は，特定港を示す。

港則法の適用関係表

条　項	内　　　容	法適用港	特定港
§4	入出港の届出		○
§5①	停泊制限		○
②④	びょう地指定		○（命令で定める特定港）
③④	〃（港長が特に必要と認めるとき）		○（上記以外の特定港）
⑤	係留施設供用の届出		○
⑥	係留施設供用の制限・禁止		○
⑦	係留施設管理者と港長の便宜供与		○
§6①②	移動の制限		○
§7①	修繕及び係船の届出		○
②	修繕及び係船にかかる停泊場所の指定		○
③	必要な員数の乗船命令		○
§8	係留等の制限	○	○
§9	移動命令	○*	○
§10	停泊の制限	○	○
§11	航路航行義務		○
§12	航路内での投びょう等の禁止		○
§13①～④	航路での航法		○
§14	航路外での待機の指示		○
§15	出航船優先の原則	○	○
§16①	速力制限	○	○
②	帆船の航法	○	○
§17	工作物突端等付近の航法	○	○
§18①	汽艇等の避航義務	○	○
②	小型船の避航義務		○（命令で定める特定港）
③	小型船・汽艇等以外の船舶の標識掲示義務		○（命令で定める特定港）
§19①	特別の航法の定め（§13③④，§15，§17に関するもの）	○	○
②	〃（§13～§18以外に関するもの）	○	○
§20①	危険物積載船舶に対する港長の指揮		○
②	危険物の種類の省令委任		○
§21	危険物積載船舶の停泊・停留制限		○

§22①	危険物荷役の許可		○
②③	港の境界外における作業場所指定		○
④	危険物運搬の許可		○
§23①	廃物投棄の規制	○	○
②	散乱物に対する脱落防止措置	○	○
③	廃物等の除去命令		○
§24	海難発生時の措置及び報告	○	○
§25	漂流物等の除去命令	○*	○
§26①②	港内の小型船の灯火	○	○
§27	汽笛・サイレンの吹鳴制限	○	○
§28	私設信号の許可	○*	○
§29①②	火災警報		○
§30	火災警報の方法の表示		○
§31①	工事・作業の許可	○*	○
②	必要な措置命令	○*	○
§32	行事の許可		○
§33	船舶の進水・ドックへの出入の届出		○
§34①	竹木材の荷卸し，いかだの係留・運行の許可		○
②	必要な措置命令		○
§35	漁ろうの制限	○	○
§36①	灯火使用の制限	○	○
②	灯火に対する減光・被覆命令	○*	○
§37	喫煙等の制限	○*（第２項）	○
§38①	管制信号の遵守義務	○*	○
②	水路航行予定時刻等の通報	○*	○
③	水路航行予定時刻等の通報の免除	○*	○
⑤	信号所の位置・信号内容の省令委任	○*	○
§39①～④	船舶交通の制限・禁止	○*	○
§40①②	原子力船に対する規制	○*	○
§41①②	港長が提供する情報の聴取		○（命令で定める特定港）
§42①②	航法の遵守及び危険の防止のための勧告		○（命令で定める特定港）
§43①③	異常気象等時特定船舶に対する情報の提供		国土交通省令で定める区域
§44①②	異常気象等時特定船舶に対する危険の防止のための勧告		国土交通省令で定める区域

（注）　*は，法第45条により，特定港以外の法適用港にも準用されることとなっているもの。

港則法

〔昭和二十三年七月十五日
法律第百七十四号〕

最近改正
平成一六年四月二一日法律第三六号
同　一七年五月二〇日同　第四五号
同　一八年六月一四日同　第六八号
同　二一年七月三日同　第六九号
同　二八年五月一八日同　第四二号
令和三年六月二日同　第五三号
同　四年六月一七日同　第六八号

目次

第一章　総則

（法律の目的）

第一条　この法律は、港内における船舶交通の安全及び港内の整とんを図ることを目的とする。

（港及びその区域）

第二条　この法律を適用する港及びその区域は、政令で定める。

参　政令＝令一。

（定義）

第三条　この法律において「汽艇等」とは、汽艇（総トン数二十トン未満の汽船をいう。）、はしけ及び端舟その他ろかいのみをもつて運転し、又は主としてろかいをもつて運転する船舶をいう。

2　この法律において「特定港」とは、喫水の深い船舶が出入できる港又は外国船舶が常時出入する港であつて、政令で定めるものをいう。

3　この法律において「指定港」とは、指定海域（海上交通安全法（昭和四十七年法律第百十五号）第二条第四項に規定する指定海域をいう。以下同じ。）に隣接する港のうち、レーダーその他の設備により当該港内における船舶交通を一体的に把握することができる状況にあるものであつて、非常災害が発生した場合に当該指定海域と一体的に船舶交通の危険を防止する必要があるものとして政令で定めるものをいう。

参　②政令＝令二。

第二章　入出港及び停泊

（入出港の届出）

第四条　船舶は、特定港に入港したとき又は特定港を出港しようとするときは、国土交通省令の定めるところにより、港長に届け出なければならない。

参　国土交通省令＝則一・二・二一。罰則＝五四①。

（びよう地）

第五条　特定港内に停泊する船舶は、国土交通省令の定めるところにより、各々そのトン数又は積載物の種類に従い、当該特定港内の一定の区域内に停泊しなければならない。

2　国土交通省令の定める船舶は、国土交通省令の定める特定港内に停泊しようとするときは、けい船浮標、さん橋、岸壁その他船舶がけい留する施設（以下「けい留施設」という。）にけい留する場合の外、港長からびよう泊すべき場所（以下「びよう地」という。）の指定を受けなければならない。この場合には、港長は、特別の事情がない限り、前項に規定する一定の区域内においてびよう地を指定しなければならない。

3　前項に規定する特定港以外の特定港でも、港長は、特に必要があると認めるときは、入港船舶に対しびよう地を指定することができる。

4　前二項の規定により、びよう地の指定を受けた船舶は、第一項の規定にかかわらず、当該びよう地に停泊しなければならない。

5　特定港のけい留施設の管理者は、当該けい留施設を船舶のけい留の用に供するときは、国土交通省令の定めるところにより、その旨をあらかじめ港長に届け出なければならない。

6　港長は、船舶交通の安全のため必要があると認めるときは、特定港のけい留施設の管理者に対し、当該けい留施設を船舶のけい留の用に供することを制限し、又は禁止することができる。

7　港長及び特定港のけい留施設の管理者は、びよう地の指定又はけい留施設の使用に関し船舶との間に行う信号その他の通信について、互に便宜を供与しなければならない。

参　①国土交通省令＝則三。②⑤国土交通省令＝則四・五。②③びよう地の指定の方法＝則五。①罰則＝五二①㈡。②④罰則＝五二①㈡。

（移動の制限）

第六条　汽艇等以外の船舶は、第四条、次条第一項、第九条及び第二十二条の場合を除いて、港長の許可

を受けなければ、前条第一項の規定により停泊した一定の区域外に移動し、又は港長から指定されたびよう地から移動してはならない。ただし、海難を避けようとする場合その他やむを得ない事由のある場合は、この限りでない。

2　前項ただし書の規定により移動したときは、当該船舶は、遅滞なくその旨を港長に届け出なければならない。

参　①罰則＝五二①㈠。

（修繕及び係船）

第七条　特定港内においては、汽艇等以外の船舶を修繕し、又は係船しようとする者は、その旨を港長に届け出なければならない。

2　修繕中又は係船中の船舶は、特定港内においては、港長の指定する場所に停泊しなければならない。

3　港長は、危険を防止するため必要があると認めるときは、修繕中又は係船中の船舶に対し、必要な員数の船員の乗船を命ずることができる。

参　①罰則＝五四②。②罰則＝五四①。③罰則＝五二①㈢。

（係留等の制限）

第八条　汽艇等及びいかだは、港内においては、みだりにこれを係船浮標若しくは他の船舶に係留し、又は他の船舶の交通の妨げとなるおそれのある場所に停泊させ、若しくは停留させてはならない。

（移動命令）

第九条　港長は、特に必要があると認めるときは、特定港内に停泊する船舶に対して移動を命ずることができる。

参　罰則＝五二①㈢。

（停泊の制限）

第十条　港内における船舶の停泊及び停留を禁止する場所又は停泊の方法について必要な事項は、国土交通省令でこれを定める。

参　国土交通省令＝則六・七・二三・二五・二六・三〇・三四・三六・四二・四七・四八・四九。罰則＝五五。

第三章　航路及び航法

（航路）

第十一条　汽艇等以外の船舶は、特定港に出入し、又は特定港を通過するには、国土交通省令で定める航路（次条から第三十九条まで及び第四十一条において単に「航路」という。）によらなければならない。ただし、海難を避けようとする場合その他やむを得ない事由のある場合は、この限りでない。

参　国土交通省令＝則八。罰則＝五二①㈠。

第十二条　船舶は、航路内においては、次に掲げる場合を除いては、投びようし、又はえい航している船舶を放してはならない。

一　海難を避けようとするとき。

二　運転の自由を失つたとき。

三　人命又は急迫した危険のある船舶の救助に従事するとき。

四　第三十一条の規定による港長の許可を受けて工事又は作業に従事するとき。

参　罰則＝五二①㈢。

（航法）

第十三条　航路外から航路に入り、又は航路から航路外に出ようとする船舶は、航路を航行する他の船舶の進路を避けなければならない。

2　船舶は、航路内においては、並列して航行してはならない。

3　船舶は、航路内において、他の船舶と行き会うときは、右側を航行しなければならない。

4　船舶は、航路内においては、他の船舶を追い越してはならない。

第十四条　港長は、地形、潮流その他の自然的条件及び船舶交通の状況を勘案して、航路を航行する船舶の航行に危険を生ずるおそれのあるものとして航路ごとに国土交通省令で定める場合において、航路を航行し、又は航行しようとする船舶の危険を防止するため必要があると認めるときは、当該船舶に対し、国土交通省令で定めるところにより、当該危険を防止するため必要な間航路外で待機すべき旨を指示することができる。

参　国土交通省令＝則八の二。罰則＝五二①㈢。

第十五条　汽船が港の防波堤の入口又は入口附近で他の汽船と出会う虞のあるときは、入航する汽船は、防波堤の外で出航する汽船の進路を避けなければならない。

第十六条　船舶は、港内及び港の境界附近においては、他の船舶に危険を及ぼさないような速力で航行しなければならない。

2　帆船は、港内では、帆を減じ又は引船を用いて航行しなければならない。

第十七条　船舶は、港内においては、防波堤、ふとうその他の工作物の突端又は停泊船舶を右げんに見て航行するときは、できるだけこれに近寄り、左げんに見て航行するときは、できるだけこれに遠ざかつて航行しなければならない。

第十八条　汽艇等は、港内においては、汽艇等以外の船舶の進路を避けなければならない。

2　総トン数が五百トンを超えない範囲内において国

土交通省令で定めるトン数以下である船舶であつて汽艇等以外のもの（以下「小型船」という。）は、国土交通省令で定める船舶交通が著しく混雑する特定港内においては、小型船及び汽艇等以外の船舶の進路を避けなければならない。

3　小型船及び汽艇等以外の船舶は、前項の特定港内を航行するときは、国土交通省令で定める様式の標識をマストに見やすいように掲げなければならない。

参　②国土交通省令＝則八の三。③国土交通省令＝則八の四。

第十九条　国土交通大臣は、港内における地形、潮流その他の自然的条件により第十三条第三項若しくは第四項、第十五条又は第十七条の規定によることが船舶交通の安全上著しい支障があると認めるときは、これらの規定にかかわらず、国土交通省令で当該港における航法に関して特別の定めをすることができる。

2　第十三条から前条までに定めるもののほか、国土交通大臣は、国土交通省令で一定の港における航法に関して特別の定めをすることができる。

参　①国土交通省令＝則二二・二七の二・二九の二・二九の四・三二・三五・三八・四四。②国土交通省令＝則九〜一一・一一の二・一三・二六・二七・三一・三七・四一・四二・四五・四八・四九。

第四章　危険物

第二十条　爆発物その他の危険物（当該船舶の使用に供するものを除く。以下同じ。）を積載した船舶は、特定港に入港しようとするときは、港の境界外で港長の指揮を受けなければならない。

2　前項の危険物の種類は、国土交通省令でこれを定める。

参　②国土交通省令＝則一二。①罰則＝五二[一]・五四①。

第二十一条　危険物を積載した船舶は、特定港においては、びよう地の指定を受けるべき場合を除いて、港長の指定した場所でなければ停泊し、又は停留してはならない。ただし、港長が爆発物以外の危険物を積載した船舶につきその停泊の期間並びに危険物の種類、数量及び保管方法に鑑み差し支えないと認めて許可したときは、この限りでない。

参　許可の申請＝則一三・一九。罰則＝五二[一]。

第二十二条　船舶は、特定港において危険物の積込、積替又は荷卸をするには、港長の許可を受けなければならない。

2　港長は、前項に規定する作業が特定港内においてされることが不適当であると認めるときは、港の境界外において適当の場所を指定して同項の許可をすることができる。

3　前項の規定により指定された場所に停泊し、又は停留する船舶は、これを港の境界内にある船舶とみなす。

4　船舶は、特定港内又は特定港の境界付近において危険物を運搬しようとするときは、港長の許可を受けなければならない。

参　①許可の申請＝則一四①・一九。罰則＝五二[一]。④許可の申請＝則一四②・一九。罰則＝五二[一]。

第五章　水路の保全

第二十三条　何人も、港内又は港の境界外一万メートル以内の水面においては、みだりに、バラスト、廃油、石炭から、ごみその他これらに類する廃物を捨ててはならない。

2　港内又は港の境界付近において、石炭、石、れんがその他散乱するおそれのある物を船舶に積み、又は船舶から卸そうとする者は、これらの物が水面に脱落するのを防ぐため必要な措置をしなければならない。

3　港長は、必要があると認めるときは、特定港内において、第一項の規定に違反して廃物を捨て、又は前項の規定に違反して散乱するおそれのある物を脱落させた者に対し、その捨て、又は脱落させた物を取り除くべきことを命ずることができる。

参　①罰則＝五二②[一]。②罰則＝五四②[一]。③罰則＝五二②[二]。

第二十四条　港内又は港の境界付近において発生した海難により他の船舶交通を阻害する状態が生じたときは、当該海難に係る船舶の船長は、遅滞なく標識の設定その他危険予防のため必要な措置をし、かつ、その旨を、特定港にあつては港長に、特定港以外の港にあつては最寄りの管区海上保安本部の事務所の長又は港長に報告しなければならない。ただし、海洋汚染等及び海上災害の防止に関する法律（昭和四十五年法律第百三十六号）第三十八条第一項、第二項若しくは第五項、第四十二条の二第一項、第四十二条の三第一項又は第四十二条の四の二第一項の規定による通報をしたときは、当該通報をした事項については報告をすることを要しない。

参　罰則＝五二①[四]。

第二十五条　特定港内又は特定港の境界付近における漂流物、沈没物その他の物件が船舶交通を阻害するおそれのあるときは、港長は、当該物件の所有者又は占有者に対しその除去を命ずることができる。

参　②罰則＝五二②[二]。

第六章　灯火等

第二十六条　海上衝突予防法（昭和五十二年法律第六十二号）第二十五条第二項本文及び第五項本文に規

定する船舶は、これらの規定又は同条第三項の規定による灯火を表示している場合を除き、同条第二項ただし書及び第五項ただし書の規定にかかわらず、港内においては、これらの規定に規定する白色の携帯電灯又は点火した白灯を周囲から最も見えやすい場所に表示しなければならない。

2　港内にある長さ十二メートル未満の船舶については、海上衝突予防法第二十七条第一項ただし書及び第七項の規定は適用しない。

第二十七条　船舶は、港内においては、みだりに汽笛又はサイレンを吹き鳴らしてはならない。

第二十八条　特定港内において使用すべき私設信号を定めようとする者は、港長の許可を受けなければならない。

参　許可の手続＝則五・一五・一九。罰則＝五四②㈡。

（火災警報）

第二十九条　特定港内にある船舶であつて汽笛又はサイレンを備えるものは、当該船舶に火災が発生したときは、航行している場合を除き、火災を示す警報として汽笛又はサイレンをもつて長音（海上衝突予防法第三十二条第三項の長音をいう。）を五回吹き鳴らさなければならない。

2　前項の警報は、適当な間隔をおいて繰り返さなければならない。

第三十条　特定港内に停泊する船舶であつて汽笛又はサイレンを備えるものは、船内において、汽笛又はサイレンの吹鳴に従事する者が見やすいところに、前条に定める火災警報の方法を表示しなければならない。

第七章　雑則

（工事等の許可及び進水等の届出）

第三十一条　特定港内又は特定港の境界附近で工事又は作業をしようとする者は、港長の許可を受けなければならない。

2　港長は、前項の許可をするに当り、船舶交通の安全のために必要な措置を命ずることができる。

参　①許可の申請＝則一六・一九。①罰則＝五二②㈠。②罰則＝五二②㈡。

第三十二条　特定港内において端艇競争その他の行事をしようとする者は、予め港長の許可を受けなければならない。

参　許可の申請＝則一七・一九。罰則＝五四②㈠。

第三十三条　特定港の国土交通省令で定める区域内において長さが国土交通省令で定める長さ以上である船舶を進水させ、又はドックに出入させようとする者は、その旨を港長に届け出なければならない。

参　国土交通省令＝則二〇。罰則＝五四②㈠。

第三十四条　特定港内において竹木材を船舶から水上に卸そうとする者及び特定港内においていかだをけい留し、又は運行しようとする者は、港長の許可を受けなければならない。

2　港長は、前項の許可をするに当り船舶交通安全のために必要な措置を命ずることができる。

参　①許可の申請＝則一八・一九。①罰則＝五四②㈠。②罰則＝五四②㈡。

（漁ろうの制限）

第三十五条　船舶交通の妨となる虞のある港内の場所においては、みだりに漁ろうをしてはならない。

参　罰則＝五四①。

（灯火の制限）

第三十六条　何人も、港内又は港の境界附近における船舶交通の妨となる虞のある強力な灯火をみだりに使用してはならない。

2　港長は、特定港内又は特定港の境界附近における船舶交通の妨となる虞のある強力な灯火を使用している者に対し、その灯火の滅光又は被覆を命ずることができる。

参　②罰則＝五二②㈡。

（喫煙等の制限）

第三十七条　何人も、港内においては、相当の注意をしないで、油送船の付近で喫煙し、又は火気を取り扱つてはならない。

2　港長は、海難の発生その他の事情により特定港内において引火性の液体が浮流している場合において、火災の発生のおそれがあると認めるときは、当該水域にある者に対し、喫煙又は火気の取扱いを制限し、又は禁止することができる。ただし、海洋汚染等及び海上災害の防止に関する法律第四十二条の五第一項の規定の適用がある場合は、この限りでない。

参　②罰則＝五三。

（船舶交通の制限等）

第三十八条　特定港内の国土交通省令で定める水路を航行する船舶は、港長が信号所において交通整理のため行う信号に従わなければならない。

2　総トン数又は長さが国土交通省令で定めるトン数又は長さ以上である船舶は、前項に規定する水路を航行しようとするときは、国土交通省令で定めるところにより、港長に次に掲げる事項を通報しなければならない。通報した事項を変更するときも、同様とする。

一　当該船舶の名称
二　当該船舶の総トン数及び長さ
三　当該水路を航行する予定時刻
四　当該船舶との連絡手段

五　当該船舶が停泊し、又は停泊しようとする当該特定港の係留施設

3　次の各号に掲げる船舶が、海上交通安全法第二十二条の規定による通報をする際に、あわせて、当該各号に定める水路に係る前項第五号に掲げる係留施設を通報したときは、同項の規定による通報をすることを要しない。

一　第一項に規定する水路に接続する海上交通安全法第二条第一項に規定する航路を航行しようとする船舶　当該水路

二　指定港内における第一項に規定する水路を航行しようとする船舶であつて、当該水路を航行した後、途中において寄港し、又はびよう泊することなく、当該指定港に隣接する指定海域における海上交通安全法第二条第一項に規定する航路を航行しようとするもの　当該水路

三　指定海域における海上交通安全法第二条第一項に規定する航路を航行しようとする船舶であつて、当該航路を航行した後、途中において寄港し、又はびよう泊することなく、当該指定海域に隣接する指定港内における第一項に規定する水路を航行しようとするもの　当該水路

4　港長は、第一項に規定する水路のうち当該水路内の船舶交通が著しく混雑するものとして国土交通省令で定めるものにおいて、同項の信号を行つてもなお第二項に規定する船舶の当該水路における航行に伴い船舶交通の危険が生ずるおそれがある場合であつて、当該危険を防止するため必要があると認めるときは、当該船舶の船長に対し、国土交通省令で定めるところにより、次に掲げる事項を指示することができる。

一　当該水路（海上交通安全法第二条第一項に規定する航路に接続するものを除く。以下この号において同じ。）を航行する予定時刻を変更すること（前項（第二号及び第三号に係る部分に限る。）の規定により第二項の規定による通報がされていない場合にあつては、港長が指定する時刻に従つて当該水路を航行すること。）。

二　当該船舶の進路を警戒する船舶を配備すること。

三　前二号に掲げるもののほか、当該船舶の運航に関し必要な措置を講ずること。

5　第一項の信号所の位置並びに信号の方法及び意味は、国土交通省令で定める。

参　①③国土交通省令＝則二〇の二。②国土交通省令＝則二三の二・二四・二九・二九の三・二九の五・三三・四〇・四三・四六・五〇。①罰則＝五二①㈠。④罰則＝五二②㈡。

第三十九条　港長は、船舶交通の安全のため必要があると認めるときは、特定港内において航路又は区域を指定して、船舶の交通を制限し又は禁止することができる。

2　前項の規定により指定した航路又は区域及び同項の規定による制限又は禁止の期間は、港長がこれを公示する。

3　港長は、異常な気象又は海象、海難の発生その他の事情により特定港内において船舶交通の危険が生じ、又は船舶交通の混雑が生ずるおそれがある場合において、当該水域における危険を防止し、又は混雑を緩和するため必要があると認めるときは、必要な限度において、当該水域に進行してくる船舶の航行を制限し、若しくは禁止し、又は特定港内若しくは特定港の境界付近にある船舶に対し、停泊する場所若しくは方法を指定し、移動を制限し、若しくは特定港内若しくは特定港の境界付近から退去することを命ずることができる。ただし、海洋汚染等及び海上災害の防止に関する法律第四十二条の八の規定の適用がある場合は、この限りでない。

4　港長は、異常な気象又は海象、海難の発生その他の事情により特定港内において船舶交通の危険を生ずるおそれがあると予想される場合において、必要があると認めるときは、特定港内又は特定港の境界付近にある船舶に対し、危険の防止の円滑な実施のために必要な措置を講ずべきことを勧告することができる。

参　①③罰則＝五二①㈢。

（原子力船に対する規制）

第四十条　港長は、核原料物質、核燃料物質及び原子炉の規制に関する法律（昭和三十二年法律第百六十六号）第三十六条の二第四項の規定による国土交通大臣の指示があつたとき、又は核燃料物質（使用済燃料を含む。以下同じ。）、核燃料物質によつて汚染された物（原子核分裂生成物を含む。）若しくは原子炉による災害を防止するため必要があると認めるときは、特定港内又は特定港の境界付近にある原子力船に対し、航路若しくは停泊し、若しくは停留する場所を指定し、航法を指示し、移動を制限し、又は特定港内若しくは特定港の境界付近から退去することを命ずることができる。

2　第二十条第一項の規定は、原子力船が特定港に入港しようとする場合に準用する。

参　①罰則＝五一㈢。②罰則＝五一㈡。

（港長が提供する情報の聴取）

第四十一条　港長は、特定船舶（小型船及び汽艇等以

外の船舶であつて、第十八条第二項に規定する特定港内の船舶交通が特に著しく混雑するものとして国土交通省令で定める航路及び当該航路の周辺の特に船舶交通の安全を確保する必要があるものとして国土交通省令で定める当該特定港内の区域を航行するものをいう。以下この条及び次条において同じ。）に対し、国土交通省令で定めるところにより、船舶の沈没等の船舶交通の障害の発生に関する情報、他の船舶の進路を避けることが容易でない船舶の航行に関する情報その他の当該航路及び区域を安全に航行するために当該特定船舶において聴取することが必要と認められる情報として国土交通省令で定めるものを提供するものとする。

2　特定船舶は、前項に規定する航路及び区域を航行している間は、同項の規定により提供される情報を聴取しなければならない。ただし、聴取することが困難な場合として国土交通省令で定める場合は、この限りでない。

参　①国土交通省令＝則二〇の三。②国土交通省令＝則二〇の四。

（航法の遵守及び危険の防止のための勧告）

第四十二条　港長は、特定船舶が前条第一項に規定する航路及び区域において適用される交通方法に従わないで航行するおそれがあると認める場合又は他の船舶若しくは障害物に著しく接近するおそれその他の特定船舶の航行に危険が生ずるおそれがあると認める場合において、当該交通方法を遵守させ、又は当該危険を防止するため必要があると認めるときは、必要な限度において、当該特定船舶に対し、国土交通省令で定めるところにより、進路の変更その他の必要な措置を講ずべきことを勧告することができる。

2　港長は、必要があると認めるときは、前項の規定による勧告を受けた特定船舶に対し、その勧告に基づき講じた措置について報告を求めることができる。

参　①国土交通省令＝則二〇の五。

（異常気象等時特定船舶に対する情報の提供等）

第四十三条　港長は、異常な気象又は海象による船舶交通の危険を防止するため必要があると認めるときは、異常気象等時特定船舶（小型船及び汽艇等以外の船舶であつて、特定港内及び特定港の境界付近の区域のうち、異常な気象又は海象が発生した場合に特に船舶交通の安全を確保する必要があるものとして国土交通省令で定める区域において航行し、停留し、又はびよう泊をしているものをいう。以下この条及び次条において同じ。）に対し、国土交通省令で定めるところにより、当該異常気象等時特定船舶の進路前方にびよう泊をしている他の船舶に関する情報、当該異常気象等時特定船舶のびよう泊に異状が生ずるおそれに関する情報その他の当該区域において安全に航行し、停留し、又はびよう泊をするために当該異常気象等時特定船舶において聴取することが必要と認められる情報として国土交通省令で定めるものを提供するものとする。

2　前項の規定により情報を提供する期間は、港長がこれを公示する。

3　異常気象等時特定船舶は、第一項に規定する区域において航行し、停留し、又はびよう泊をしている間は、同項の規定により提供される情報を聴取しなければならない。ただし、聴取することが困難な場合として国土交通省令で定める場合は、この限りでない。

（異常気象等時特定船舶に対する危険の防止のための勧告）

第四十四条　港長は、異常な気象又は海象により、異常気象等時特定船舶が他の船舶又は工作物に著しく接近するおそれその他の異常気象等時特定船舶の航行、停留又はびよう泊に危険が生ずるおそれがあると認める場合において、当該危険を防止するため必要があると認めるときは、必要な限度において、当該異常気象等時特定船舶に対し、国土交通省令で定めるところにより、進路の変更その他の必要な措置を講ずべきことを勧告することができる。

2　港長は、必要があると認めるときは、前項の規定による勧告を受けた異常気象等時特定船舶に対し、その勧告に基づき講じた措置について報告を求めることができる。

（準用規定）

第四十五条　第九条、第二十五条、第二十八条、第三十一条、第三十六条第二項、第三十七条第二項及び第三十八条から第四十条までの規定は、特定港以外の港について準用する。この場合において、これらに規定する港長の職権は、当該港の所在地を管轄する管区海上保安本部の事務所であつて国土交通省令で定めるものの長がこれを行うものとする。

参　国土交通省令＝則二〇の六。罰則＝五一[一][二]・五二①[二][三]・五二②[一][二]・五三・五四②[一]。

（非常災害時における海上保安庁長官の措置等）

第四十六条　海上保安庁長官は、海上交通安全法第三十七条第一項に規定する非常災害発生周知措置（以下この項において「非常災害発生周知措置」という。）をとるときは、あわせて、非常災害が発生した旨及びこれにより当該非常災害発生周知措置に係

る指定海域に隣接する指定港内において船舶交通の危険が生ずるおそれがある旨を当該指定港内にある船舶に対し周知させる措置（次条及び第四十八条第二項において「指定港非常災害発生周知措置」という。）をとらなければならない。

2　海上保安庁長官は、海上交通安全法第三十七条第二項に規定する非常災害解除周知措置（以下この項において「非常災害解除周知措置」という。）をとるときは、あわせて、当該非常災害解除周知措置に係る指定海域に隣接する指定港内において、当該非常災害の発生により船舶交通の危険が生ずるおそれがなくなつた旨又は当該非常災害の発生により生じた船舶交通の危険がおおむねなくなつた旨を当該指定港内にある船舶に対し周知させる措置（次条及び第四十八条第二項において「指定港非常災害解除周知措置」という。）をとらなければならない。

第四十七条　海上保安庁長官は、指定港非常災害発生周知措置をとつたときは、指定港非常災害解除周知措置をとるまでの間、当該指定港非常災害発生周知措置に係る指定港内にある海上交通安全法第四条本文に規定する船舶（以下この条において「指定港内船舶」という。）に対し、国土交通省令で定めるところにより、非常災害の発生の状況に関する情報、船舶交通の制限の実施に関する情報その他の当該指定港内船舶が航行の安全を確保するために聴取することが必要と認められる情報として国土交通省令で定めるものを提供するものとする。

2　指定港内船舶は、指定港非常災害発生周知措置がとられたときは、指定港非常災害解除周知措置がとられるまでの間、前項の規定により提供される情報を聴取しなければならない。ただし、聴取することが困難な場合として国土交通省令で定める場合は、この限りでない。

（海上保安庁長官による港長等の職権の代行）

第四十八条　海上保安庁長官は、海上交通安全法第三十二条第一項第三号の規定により同項に規定する海域からの退去を命じ、又は同条第二項の規定により同項に規定する海域からの退去を勧告しようとする場合において、これらの海域及び当該海域に隣接する港からの船舶の退去を一体的に行う必要があると認めるときは、当該港が特定港である場合にあつては当該特定港の港長に代わつて第三十九条第三項及び第四項に規定する職権を、当該港が特定港以外の港である場合にあつては当該港に係る第四十五条に規定する管区海上保安本部の事務所の長に代わつて同条において準用する第三十九条第三項及び第四項に規定する職権を行うものとする。

2　海上保安庁長官は、指定港非常災害発生周知措置をとつたときは、指定港非常災害解除周知措置をとるまでの間、当該指定港非常災害発生周知措置に係る指定港が特定港である場合にあつては当該特定港の港長に代わつて第五条第二項及び第三項、第六条、第九条、第十四条、第二十条第一項、第二十一条、第二十四条、第三十八条第一項、第二項及び第四項、第三十九条第三項、第四十条、第四十一条第一項、第四十二条、第四十三条第一項並びに第四十四条に規定する職権を、当該指定港が特定港以外の港である場合にあつては当該港に係る第四十五条に規定する管区海上保安本部の事務所の長に代わつて同条において準用する第九条、第三十八条第一項、第二項及び第四項、第三十九条第三項並びに第四十条に規定する職権を行うものとする。

（職権の委任）

第四十九条　この法律の規定により海上保安庁長官の職権に属する事項は、国土交通省令で定めるところにより、管区海上保安本部長に行わせることができる。

2　管区海上保安本部長は、国土交通省令で定めるところにより、前項の規定によりその職権に属させられた事項の一部を管区海上保安本部の事務所の長に行わせることができる。

（行政手続法の適用除外）

第五十条　第九条（第四十五条において準用する場合を含む。）、第十四条、第二十条第一項（第四十条第二項（第四十五条において準用する場合を含む。）において準用する場合を含む。）又は第三十七条第二項若しくは第三十九条第三項（これらの規定を第四十五条において準用する場合を含む。）の規定による処分については、行政手続法（平成五年法律第八十八号）第三章の規定は、適用しない。

2　前項に定めるもののほか、この法律に基づく国土交通省令の規定による処分であつて、港内における船舶交通の安全又は港内の整頓を図るためにその現場において行われるものについては、行政手続法第三章の規定は、適用しない。

第八章　罰則

第五十一条　次の各号のいずれかに該当する者は、六月以下の拘禁刑又は五十万円以下の罰金に処する。

一　第二十一条、第二十二条第一項若しくは第四項又は第四十条第二項（第四十五条において準用する場合を含む。）において準用する第二十条第一項の規定の違反となるような行為をした者

二　第四十条第一項（第四十五条において準用す

る場合を含む。）の規定による処分の違反となるような行為をした者

第五十二条　次の各号のいずれかに該当する者は、三月以下の拘禁刑又は三十万円以下の罰金に処する。

一　第五条第一項、第六条第一項、第十一条、第十二条又は第三十八条第一項（第四十五条において準用する場合を含む。）の規定の違反となるような行為をした者

二　第五条第二項の規定による指定を受けないで船舶を停泊させた者又は同条第四項に規定するびよう地以外の場所に船舶を停泊させた者

三　第七条第三項、第九条（第四十五条において準用する場合を含む。）、第十四条又は第三十九条第一項若しくは第三項（これらの規定を第四十三条において準用する場合を含む。）の規定による処分の違反となるような行為をした者

四　第二十四条の規定に違反した者

2　次の各号のいずれかに該当する場合には、その違反行為をした者は、三月以下の拘禁刑又は三十万円以下の罰金に処する。

一　第二十三条第一項又は第三十一条第一項（第四十五条において準用する場合を含む。）の規定に違反したとき。

二　第二十三条第三項又は第二十五条、第三十一条第二項、第三十六条第二項若しくは第三十八条第四項（これらの規定を第四十五条において準用する場合を含む。）の規定による処分に違反したとき。

第五十三条　第三十七条第二項（第四十五条において準用する場合を含む。）の規定による処分に違反した者は、三十万円以下の罰金に処する。

第五十四条　第四条、第七条第二項、第二十条第一項又は第三十五条の規定の違反となるような行為をした者は、三十万円以下の罰金又は科料に処する。

2　次の各号のいずれかに該当する場合には、その違反行為をした者は、三十万円以下の罰金又は科料に処する。

一　第七条第一項、第二十三条第二項、第二十八条（第四十五条において準用する場合を含む。）、第三十二条、第三十三条又は第三十四条第一項の規定に違反したとき。

二　第三十四条第二項の規定による処分に違反したとき。

第五十五条　第十条の規定による国土交通省令の規定の違反となるような行為をした者は、三十万円以下の罰金又は拘留若しくは科料に処する。

第五十六条　法人の代表者又は法人若しくは人の代理人、使用人その他の従業者がその法人又は人の業務に関して第五十二条第二項又は第五十四条第二項の違反行為をしたときは、行為者を罰するほか、その法人又は人に対しても各本条の罰金刑を科する。

附　則

1　この法律施行の期日は、公布の日から六十日を超えない期間内において、政令でこれを定める。

2　開港港則（明治三十一年勅令第百三十九号）は、これを廃止する。

参　施行期日＝昭和二三年七月一六日。

附　則（平成五年法律第八九号）抄

（施行期日）

第一条　この法律は、行政手続法（平成五年法律第八十八号）の施行の日〔平成六年一〇月一日〕から施行する。

（諮問等がされた不利益処分に関する経過措置）

第二条　この法律の施行前に法令に基づき審議会その他の合議制の機関に対し行政手続法第十三条に規定する聴聞又は弁明の機会の付与の手続その他の意見陳述のための手続に相当する手続を執るべきことの諮問その他の求めがされた場合においては、当該諮問その他の求めに係る不利益処分の手続に関しては、この法律による改正後の関係法律の規定にかかわらず、なお従前の例による。

（罰則に関する経過措置）

第十三条　この法律の施行前にした行為に対する罰則の適用については、なお従前の例による。

（聴聞に関する規定の整理に伴う経過措置）

第十四条　この法律の施行前に法律の規定により行われた聴聞、聴問若しくは聴聞会（不利益処分に係るものを除く。）又はこれらのための手続は、この法律による改正後の関係法律の相当規定により行われたものとみなす。

（政令への委任）

第十五条　附則第二条から前条までに定めるもののほか、この法律の施行に関して必要な経過措置は、政令で定める。

附　則（平成七年法律第九〇号）抄

（施行期日）

第一条　この法律は、千九百九十年の油による汚染に係る準備、対応及び協力に関する国際条約が日本国について効力を生ずる日〔平成八年一月一七日〕から施行する。〔後略〕

附　則（平成一一年法律第一六〇号）抄

（施行期日）

第一条　この法律（第二条及び第三条を除く。）は、

平成十三年一月六日から施行する。〔後略〕

附　則（平成一六年法律第三六号）抄

（施行期日）

第一条　この法律は、千九百七十三年の船舶による汚染の防止のための国際条約に関する千九百七十八年の議定書によって修正された同条約を改正する千九百九十七年の議定書〔中略〕が日本国について効力を生ずる日〔平成一七年五月一九日〕〔中略〕から施行する。〔後略〕

附　則（平成一七年法律第四五号）抄

（施行期日）

第一条　この法律は、平成十七年十一月一日から施行する。〔後略〕

附　則（平成一八年法律第六八号）抄

（施行期日）

第一条　この法律は、平成十九年四月一日〔中略〕から施行する。〔後略〕

附　則（平成二一年法律第六九号）抄

（施行期日）

第一条　この法律は、公布の日から起算して一年を超えない範囲内において政令で定める日〔平成二二年七月一日〕から施行する。ただし、次の各号に掲げる規定は、当該各号に定める日から施行する。

一　〔略〕

二　次条の規定　この法律の施行の日前の政令で定める日〔平成二二年六月一日〕

（経過措置）

第二条　この法律による改正後の港則法第三十六条の三第二項及び第三項〔中略〕の規定による通報は、これらの規定の例により、この法律の施行前においても行うことができる。

（罰則に関する経過措置）

第三条　この法律の施行前にした行為に対する罰則の適用については、なお従前の例による。

附　則（平成二八年法律第四二号）抄

（施行期日）

第一条　この法律は、公布の日から起算して二年を超えない範囲内において政令で定める日〔平成三〇年一月三一日〕から施行する。ただし、次の各号に掲げる規定は、当該各号に定める日から施行する。

一　附則第四条の規定　公布の日

二　第二条中港則法第三条第一項及び第二項並びに第七条から第九条までの改正規定、同法第十二条の改正規定（「雑種船」を「汽艇等」に改める部分に限る。）並びに同法第十八条及び第三十七条の三第一項の改正規定並びに附則第三条の規定　公布の日から起算して六月を超えない範囲内において政令で定める日〔平成二八年一一月一日〕

（罰則に関する経過措置）

第三条　附則第一条第二号に掲げる規定の施行前にした行為に対する罰則の適用については、なお従前の例による。

（政令への委任）

第四条　前二条に定めるもののほか、この法律の施行に関し必要な経過措置は、政令で定める。

附　則（令和三年法律第五三号）抄

（施行期日）

第一条　この法律は、公布の日から起算して二月を超えない範囲内において政令で定める日〔令和三年七月一日〕から施行する。〔後略〕

（政令への委任）

第二条　この法律の施行に関し必要な経過措置は、政令で定める。

附　則（令和四年法律第六八号）抄

（施行期日）

1　この法律は、刑法等一部改正法施行日から施行する。〔後略〕

港則法施行令

〔昭和四十年六月二十二日
政令第二百十九号〕

最近改正
平成一三年一二月二八日政令第四三四号
同一四年一〇月三〇日同第三二四号
同一五年七月三〇日同第三三九号
同一六年八月二七日同第二六二号
同一七年一二月二一日同第三七七号
同一九年一七月二〇日同第二二六号
同一九年一一月二日同第三二七号
同二一年八月七日同第二〇三号
同二三年一〇月一四日同第三一四号
同二四年九月二〇日同第二四〇号
同二五年八月一三日同第二三三号
同二六年七月一一日同第二五四号
同二七年七月三一日同第二八五号
同二九年九月二一日同第二四七号
同二九年一〇月二五日同第二六六号
令和三年四月二一日同第一四五号
同四年四月二〇日同第一七八号
同五年四月一四日同第一六五号

（港及びその区域）

第一条　港則法（以下「法」という。）第二条の港及びその区域は、別表第一のとおりとする。

（特定港）

第二条　法第三条第二項に規定する特定港は、別表第二のとおりとする。

（指定港）

第三条　法第三条第三項に規定する指定港は、別表第三のとおりとする。

附　則　抄

（施行期日）

1　この政令は、港則法の一部を改正する法律（昭和四十年法律第八十号）の施行の日（昭和四十年七月一日）から施行する。

附　則（平成一三年政令第四三四号）抄

（施行期日）

第一条　この政令は、測量法及び水路業務法の一部を改正する法律の施行の日（平成十四年四月一日）から施行する。

附　則（平成一四年政令第三二四号）

この政令は、平成十四年十一月一日から施行する。

附　則（平成一五年政令第三三九号）

この政令は、平成十五年八月二十日から施行する。

附　則（平成一六年政令第二六二号）

この政令は、平成十六年九月十日から施行する。

附　則（平成一七年政令第三七七号）

この政令は、平成十八年二月一日から施行する。

附　則（平成一九年政令第二二六号）

この政令は、平成十九年八月一日から施行する。

附　則（平成一九年政令第三二七号）抄

（施行期日）

第一条　この政令は、平成十九年十二月一日から施行する。

附　則（平成二一年政令第二〇三号）

この政令は、平成二十一年八月二十日から施行する。

附　則（平成二三年政令第三一四号）

この政令は、平成二十三年十一月一日から施行する。

附　則（平成二四年政令第二四〇号）

この政令は、平成二十四年十月一日から施行する。

附　則（平成二五年政令第二三三号）

この政令は、平成二十五年九月一日から施行する。ただし、別表第一熊本県の部八代の項及び別表第二熊本県の項の改正規定は、同年十月一日から施行する。

附　則（平成二六年政令第二五四号）抄

（施行期日）

1　この政令は、平成二十六年八月一日から施行する。ただし、別表第一山口県の部徳山下松の項の改正規定及び次項の規定は、平成二十七年二月一日から施行する。

附　則（平成二七年政令第二八五号）

この政令は、平成二十七年八月十五日から施行する。

附　則（平成二九年政令第二四七号）

この政令は、平成二十九年十月一日から施行する。ただし、別表第一北海道の部釧路の項の改正規定は、同年十一月一日から施行する。

附　則（平成二九年政令第二六六号）

この政令は、海上交通安全法等の一部を改正する法律の施行の日（平成三十年一月三十一日）から施行する。

附　則（令和三年政令第一四五号）

この政令は、令和三年五月一日から施行する。

附　則（令和四年政令第一七八号）

この政令は、令和四年五月一日から施行する。

附　則（令和五年政令第一六五号）

この政令は、令和五年五月一日から施行する。

港則法施行規則

〔昭和二十三年十月九日
運輸省令第二十九号〕

最近改正

平成二六年　三月　七日国土交通省令第　一九号
同　二六年　七月　一日同第　六五号
同　二七年　六月　一日同第　四四号
同　二七年　八月二一日同第　六二号
同　二八年　二月一六日同第　七号
同　二八年　八月二五日同第　六〇号
同　二九年　九月二二日同第　五四号
同　二九年一〇月二五日同第　六四号
同　三〇年　三月　八日同第　一一号
同　三〇年　八月二三日同第　六三号
同　三〇年一二月　三日同第　八七号
同　三一年　三月二〇日同第　一一号
同　三一年　四月二六日同第　三六号
令和　二年　二月　四日同第　五号
同　二年　四月　七日同第　四四号
同　二年　六月二四日同第　五九号
同　二年　九月一八日同第　七七号
同　三年　六月二三日同第　四二号
同　五年　四月一四日同第　三九号
同　五年　九月二〇日同第　七二号

目次

第一章　通則

（入出港の届出）

第一条　港則法（昭和二十三年法律第百七十四号。以下「法」という。）第四条の規定による届出は、次の区分により行わなければならない。

一　特定港に入港したときは、遅滞なく、次に掲げる事項を記載した入港届を提出しなければならない。

イ　船舶の信号符字（信号符字を有しない船舶にあっては、船舶番号。次号において同じ。）、名称、種類及び国籍

ロ　船舶の総トン数

ハ　船長の氏名並びに船舶の代理人の氏名又は名称及び住所

ニ　直前の寄港地

ホ　入港の日時及び停泊場所

ヘ　積載貨物の種類

ト　乗組員の数及び旅客の数

二　特定港を出港しようとするときは、次に掲げる事項を記載した出港届を提出しなければならない。

イ　船舶の信号符字及び名称

ロ　出港の日時及び次の仕向港

ハ　前号イからハまでに掲げる事項（イに掲げる事項を除く。）のうち同号の入港届を提出した後に変更があった事項

2　特定港に入港した場合において出港の日時があらかじめ定まっているときは、前項の届出に代えて、同項第一号及び第二号ロに掲げる事項を記載した入出港届を提出してもよい。

3　前項の入出港届を提出した後において、出港の日時に変更があったときは、遅滞なく、その旨を届け出なければならない。

4　特定港内に運航又は操業の本拠を有し、当該港内における停泊場所及び一月間の入出港の日時があらかじめ定まっている場合において、漁船として使用されるときは、前三項の届出に代えて、当該一月間について、次の各号に掲げる事項を記載した書面を提出してもよい。ただし、当該書面を提出した場合において、当該期間が終了したときは、遅滞なく、当該期間の入出港の実績を記載した書面を提出しなければならない。

一　第一項第一号イ及びロに掲げる事項

二　船舶所有者（船舶所有者以外の者が当該船舶を

運航している場合には、その者）の氏名又は名称及び住所

三　航行経路及び当該港内における停泊場所

四　予定する一月間の入出港の日時

5　避難その他船舶の事故等によるやむを得ない事情に係る特定港への入港又は特定港からの出港をしようとするときは、第一項から第三項までの届出に代えて、その旨を港長に届け出てもよい。ただし、港長が指定した船舶については、この限りでない。

第二条　次の各号のいずれかに該当する日本船舶は、前条の届出をすることを要しない。

一　総トン数二十トン未満の汽船及び端舟その他ろかいのみをもって運転し、又は主としてろかいをもって運転する船舶

二　平水区域を航行区域とする船舶

三　旅客定期航路事業（海上運送法（昭和二十四年法律第百八十七号）第二条第四項に規定する旅客定期航路事業をいう。）に使用される船舶であって、港長の指示する入港実績報告書及び次に掲げる書面を港長に提出しているもの

イ　一般旅客定期航路事業（海上運送法第二条第五項に規定する一般旅客定期航路事業をいう。）に使用される船舶にあっては、同法第三条第二項第二号に規定する事業計画（変更された場合にあっては変更後のもの。）のうち航路及び当該船舶の明細に関する部分を記載した書面並びに同条第三項に規定する船舶運航計画（変更された場合にあっては変更後のもの。）のうち運航日程及び運航時刻並びに運航の時季に関する部分を記載した書面

ロ　特定旅客定期航路事業（海上運送法第二条第五項に規定する特定旅客定期航路事業をいう。）に使用される船舶にあっては、同法第十九条の三第二項の規定により準用される同法第三条第二項第二号に規定する事業計画（変更された場合にあっては変更後のもの。）のうち航路、当該船舶の明細、運航時刻及び運航の時季に関する部分を記載した書面

（港区）

第三条　法第五条第一項の規定による特定港内の区域及びこれに停泊すべき船舶は、別表第一のとおりとする。

2　前項に定めるもののほか、この省令における特定港内の区域については、別表第一の港の名称の区分の欄ごとに、それぞれ同表の港区の欄及び境界の欄に掲げるとおりとする。

（びょう地の指定）

第四条　法第五条第二項の国土交通省令の定める船舶は、総トン数五百トン（関門港若松区においては、総トン数三百トン）以上の船舶（阪神港尼崎西宮芦屋区に停泊しようとする船舶を除く。）とする。

2　港長は、特に必要があると認めるときは、前項に規定する船舶以外の船舶に対してもびょう地の指定をすることができる。

3　法第五条第二項の国土交通省令の定める特定港は、京浜港、阪神港及び関門港とする。

4　法第五条第五項の規定により、特定港の係留施設の管理者は、当該係留施設を総トン数五百トン（関門港若松区においては、総トン数三百トン）以上の船舶の係留の用に供するときは、次に掲げる事項を港長に届け出なければならない。

一　係留の用に供する係留施設の名称

二　係留の用に供する時期又は期間

三　係留する船舶の国籍、船種、船名、総トン数、長さ及び最大喫水

四　係留する船舶の揚荷又は積荷の種類及び数量

5　特定港の係留施設の管理者は、次の各号のいずれかに該当する船舶の係留の用に供するときは、前項の届出をすることを要しない。

一　第一条第四項の規定により、同項本文の書面を港長に提出している船舶

二　第二条第三号の規定により、同号の書面（港長の指示する入港実績報告書を除く。）を港長に提出している船舶

第五条　港長は、係留施設の使用に関する私設信号の許可をしたときは、これを海上保安庁長官に速やかに報告しなければならない。

2　びょう地の指定その他港内における船舶交通の安全の確保に関する船舶と港長との間の無線通信による連絡についての必要な事項は、海上保安庁長官が定める。

3　海上保安庁長官は、第一項の報告を受けたとき及び前項の連絡についての必要な事項を定めたときは、これを告示しなければならない。

（停泊の制限）

第六条　船舶は、港内においては、次に掲げる場所にみだりにびょう泊又は停留してはならない。

一　ふ頭、桟橋、岸壁、係船浮標及びドックの付近

二　河川、運河その他狭い水路及び船だまりの入口付近

第七条　港内に停泊する船舶は、異常な気象又は海象により、当該船舶の安全の確保に支障が生ずるおそれがあるときは、適当な予備びょうを投下する準備

をしなければならない。この場合において汽船は、更に蒸気の発生その他直ちに運航できるように準備をしなければならない。

（航路）

第八条　法第十一条の規定による特定港内の航路は、別表第二のとおりとする。

2　前項に定めるもののほか、この省令における特定港内の航路については、別表第二の上欄に掲げる港の名称の区分ごとに、それぞれ同表の中欄に掲げるとおりとする。

第八条の二　法第十四条の規定による指示は、次の表の上欄に掲げる航路ごとに、同表の下欄に掲げる場合において、海上保安庁長官が告示で定めるところにより、VHF無線電話その他の適切な方法により行うものとする。

<table>
<tr><th colspan="2">航路</th><th>危険を生ずるおそれのある場合</th></tr>
<tr><td colspan="2">仙台塩釜港航路</td><td>視程が五百メートル以下の状態で、総トン数五百トン以上の船舶が航路を航行する場合</td></tr>
<tr><td colspan="2">京浜港横浜航路</td><td>船舶の円滑な航行を妨げる停留その他の行為をしている船舶と航路を航行する長さ五十メートル以上の他の船舶（総トン数五百トン未満の船舶を除く。）との間に安全な間隔を確保することが困難となるおそれがある場合</td></tr>
<tr><td rowspan="2">関門港</td><td>関門航路</td><td>次の各号のいずれかに該当する場合
一　視程が五百メートル以下の状態である場合
二　早鞆瀬戸において潮流を遡って航路を航行する船舶が潮流の速度に四ノットを加えた速力（対水速力をいう。以下この表及び第三十八条において同じ。）以上の速力を保つことができずに航行するおそれがある場合</td></tr>
<tr><td>関門第二航路
砂津航路
戸畑航路
若松航路
奥洞海航路
安瀬航路</td><td>視程が五百メートル以下の状態である場合</td></tr>
</table>

第八条の三　法第十八条第二項の国土交通省令で定める船舶交通が著しく混雑する特定港は、千葉港、京浜港、名古屋港、四日市港（第一航路及び午起航路に限る。以下この条において同じ。）、阪神港（尼崎西宮芦屋区を除く。以下この条において同じ。）及び関門港（響新港区を除く。以下この条において同じ。）とし、同項の国土交通省令の定めるトン数は、千葉港、京浜港、名古屋港、四日市港及び阪神港においては総トン数五百トン、関門港においては総トン数三百トンとする。

第八条の四　法第十八条第三項の国土交通省令で定める様式の標識は、国際信号旗数字旗1とする。

（えい航の制限）

第九条　船舶は、特定港内において、他の船舶その他の物件を引いて航行するときは、引船の船首から被えい物件の後端までの長さは二百メートルを超えてはならない。

2　港長は、必要があると認めるときは、前項の制限を更に強化することができる。

（縫航の制限）

第十条　帆船は、特定港の航路内を縫航してはならない。

（進路の表示）

第十一条　船舶は、港内又は港の境界付近を航行するときは、進路を他の船舶に知らせるため、海上保安庁長官が告示で定める記号を、船舶自動識別装置の目的地に関する情報として送信していなければならない。ただし、船舶自動識別装置を備えていない場合及び船員法施行規則（昭和二十二年運輸省令第二十三号）第三条の十六ただし書の規定により船舶自動識別装置を作動させていない場合においては、この限りではない。

2　船舶は、釧路港、苫小牧港、函館港、秋田船川港、鹿島港、千葉港、京浜港、新潟港、名古屋港、四日市港、阪神港、水島港、関門港、博多港、長崎港又は那覇港の港内を航行するときは、前しょうその他の見やすい場所に海上保安庁長官が告示で定める信号旗を掲げて進路を表示するものとする。ただし、当該船舶が当該信号旗を有しない場合又は夜間においては、この限りでない。

（危険物の種類）

第十二条　法第二十条第二項の規定による危険物の種類は、危険物船舶運送及び貯蔵規則（昭和三十二年運輸省令第三十号）第二条第一号に定める危険物及び同条第一号の二に定めるばら積み液体危険物のうち、これらの性状、危険の程度等を考慮して告示で

定めるものとする。

（許可の申請）

第十三条　法第二十一条ただし書の規定による許可の申請は、停泊の目的及び期間、停泊を希望する場所並びに危険物の種類、数量及び保管方法を記載した申請書によりしなければならない。

第十四条　法第二十二条第一項の規定による許可の申請は、作業の種類、期間及び場所並びに危険物の種類及び数量を記載した申請書によりしなければならない。

2　法第二十二条第四項の規定による許可の申請は、運搬の期間及び区間並びに危険物の種類及び数量を具して、これをしなければならない。

第十五条　法第二十八条（法第四十五条の規定により準用する場合を含む。）の規定による許可の申請は、私設信号の目的、方法及び内容並びに使用期間を記載した申請書によりしなければならない。

第十六条　法第三十一条第一項（法第四十五条の規定により準用する場合を含む。）の規定による許可の申請は、工事又は作業の目的、方法、期間及び区域又は場所を記載した申請書によりしなければならない。

第十七条　法第三十二条の規定による許可の申請は、行事の種類、目的、方法、期間及び区域又は場所を記載した申請書によりしなければならない。

第十八条　法第三十四条第一項の規定による許可の申請は、貨物の種類及び数量、目的、方法、期間及び場所又は区域若しくは区間を記載した申請書によりしなければならない。

第十九条　港長は、前六条に定める許可の申請について、特に必要があると認めるときは、各本条に規定する事項以外の事項を指定して申請させることができる。第十五条及び第十六条の場合において第二十条の九に規定する管区海上保安本部の事務所の長についても、同様とする。

（進水等の届出）

第二十条　法第三十三条の規定による特定港内の区域及び船舶の長さは、別表第三のとおりとする。

（船舶交通の制限等）

第二十条の二　法第三十八条第一項（法第四十五条の規定により準用する場合を含む。）の国土交通省令で定める水路並びに法第三十八条第五項（法第四十五条の規定により準用する場合を含む。）の信号所の位置並びに信号の方法及び意味は、別表第四のとおりとする。

2　法第三十八条第四項の国土交通省令で定める水路は、次の各号に掲げる港ごとに、それぞれ当該各号に掲げるものとする。

一　千葉港　千葉航路及び市原航路

二　京浜港　東京東航路、東京西航路、鶴見航路、京浜運河、川崎航路及び横浜航路

三　名古屋港　東水路、西水路及び北水路

3　法第三十八条第四項の規定により同条第二項に規定する船舶の運航に関し指示することができる事項は、次に掲げる事項とする。

一　水路を航行する予定時刻を変更すること。

二　船舶局のある船舶にあっては、水路入航予定時刻の三時間前から当該水路から水路外に出るときまでの間における海上保安庁との連絡を保持すること。

三　当該船舶の進路を警戒する船舶又は航行を補助する船舶を配備すること。

四　前各号に掲げるもののほか、当該船舶の運航に関し必要と認められる事項に関すること。

（港長による情報の提供）

第二十条の三　法第四十一条第一項の国土交通省令で定める航路及び当該航路の周辺の国土交通省令で定める特定港内の区域は、別表第五のとおりとする。

2　法第四十一条第一項の規定による情報の提供は、海上保安庁長官が告示で定めるところにより、ＶＨＦ無線電話により行うものとする。

3　法第四十一条第一項の国土交通省令で定める情報は、次に掲げる情報とする。

一　特定船舶が第一項に規定する航路及び特定港内の区域において適用される交通方法に従わないで航行するおそれがあると認められる場合における、当該交通方法に関する情報

二　船舶の沈没、航路標識の機能の障害その他の船舶交通の障害であって、特定船舶の航行の安全に著しい支障を及ぼすおそれのあるものの発生に関する情報

三　特定船舶が、工事又は作業が行われている海域、水深が著しく浅い海域その他の特定船舶が安全に航行することが困難な海域に著しく接近するおそれがある場合における、当該海域に関する情報

四　他の船舶の進路を避けることが容易でない船舶であって、その航行により特定船舶の航行の安全に著しい支障を及ぼすおそれのあるものに関する情報

五　特定船舶が他の特定船舶に著しく接近するおそれがあると認められる場合における、当該他の特定船舶に関する情報

六　前各号に掲げるもののほか、特定船舶において

聴取することが必要と認められる情報

（情報の聴取が困難な場合）

第二十条の四　法第四十一条第二項の国土交通省令で定める場合は、次に掲げる場合とする。

一　ＶＨＦ無線電話を備えていない場合

二　電波の伝搬障害等によりＶＨＦ無線電話による通信が困難な場合

三　他の船舶等とＶＨＦ無線電話による通信を行っている場合

（航法の遵守及び危険の防止のための勧告）

第二十条の五　法第四十二条第一項の規定による勧告は、海上保安庁長官が告示で定めるところにより、ＶＨＦ無線電話その他の適切な方法により行うものとする。

（異常気象等時特定船舶に対する情報の提供）

第二十条の六　法第四十三条第一項の国土交通省令で定める区域は、別表第六のとおりとする。

２　法第四十三条第一項の規定による情報の提供は、海上保安庁長官が告示で定めるところにより、ＶＨＦ無線電話により行うものとする。

３　法第四十三条第一項の国土交通省令で定める情報は、次に掲げる情報とする。

一　異常気象等時特定船舶の進路前方にびょう泊をしている他の船舶に関する情報

二　異常気象等時特定船舶のびょう泊に異状が生ずるおそれに関する情報

三　異常気象等時特定船舶の周辺にびょう泊をしている他の異常気象等時特定船舶のびょう泊の異状の発生又は発生のおそれに関する情報

四　船舶の沈没、航路標識の機能の障害その他の船舶交通の障害であって、異常気象等時特定船舶の航行、停留又はびょう泊の安全に著しい支障を及ぼすおそれのあるものの発生に関する情報

五　前各号に掲げるもののほか、当該区域において安全に航行し、停留し、又はびょう泊をするために異常気象等時特定船舶において聴取することが必要と認められる情報

（異常気象等時特定船舶において情報の聴取が困難な場合）

第二十条の七　法第四十三条第三項の国土交通省令で定める場合は、次に掲げる場合とする。

一　ＶＨＦ無線電話を備えていない場合

二　電波の伝搬障害等によりＶＨＦ無線電話による通信が困難な場合

三　他の船舶等とＶＨＦ無線電話による通信を行っている場合

（異常気象等時特定船舶に対する危険の防止のための勧告）

第二十条の八　法第四十四条第一項の規定による勧告は、海上保安庁長官が告示で定めるところにより、ＶＨＦ無線電話その他の適切な方法により行うものとする。

（法第四十五条に規定する管区海上保安本部の事務所）

第二十条の九　法第四十五条に規定する管区海上保安本部の事務所は、海上保安庁組織規則（平成十三年国土交通省令第四号）第百十八条に規定する海上保安監部、海上保安部又は海上保安航空基地とする。

（指定港非常災害発生周知措置がとられた際の海上保安庁長官による情報の提供）

第二十条の十　法第四十七条第一項の規定による情報の提供は、海上保安庁長官が告示で定めるところにより、ＶＨＦ無線電話により行うものとする。

２　法第四十七条第一項の国土交通省令で定める情報は、次に掲げる情報とする。

一　非常災害の発生の状況に関する情報

二　船舶交通の制限の実施に関する情報

三　船舶の沈没、航路標識の機能の障害その他の船舶交通の障害であって、指定港内船舶（法第四十七条第一項で規定する船舶をいう。以下この項において同じ。）の航行の安全に著しい支障を及ぼすおそれのあるものの発生に関する情報

四　指定港内船舶が、船舶のびょう泊により著しく混雑する海域、水深が著しく浅い海域その他の指定港内船舶が航行の安全を確保することが困難な海域に著しく接近するおそれがある場合における、当該海域に関する情報

五　前各号に掲げるもののほか、指定港内船舶が航行の安全を確保するために聴取することが必要と認められる情報

（指定港非常災害発生周知措置がとられた際の情報の聴取が困難な場合）

第二十条の十一　法第四十七条第二項の国土交通省令で定める場合は、次に掲げる場合とする。

一　ＶＨＦ無線電話を備えていない場合

二　電波の伝搬障害等によりＶＨＦ無線電話による通信が困難な場合

三　他の船舶等とＶＨＦ無線電話による通信を行っている場合

（職権の委任）

第二十条の十二　法第四十七条第一項並びに法第四十八条第一項及び第二項の規定による海上保安庁長官の職権は、当該指定港の所在地を管轄する管区海上

保安本部長に行わせる。

2　法第四十六条の規定による海上保安庁長官の職権は、当該指定港の所在地を管轄する管区海上保安本部長も行うことができる。

3　管区海上保安本部長は、法第四十七条第一項及び法第四十八条第二項の規定による職権を東京湾海上交通センターの長に行わせるものとする。

（適用除外等）

第二十一条　あらかじめ港長の許可を受けた場合には、第一条及び第四条第四項の届出をすることを要しない。

2　あらかじめ港長の許可を受けた場合については、第九条第一項、第二十一条の四、第二十七条、第二十七条の二第四項、第二十七条の三第二項及び第三項、第三十条、第三十一条、第三十四条、第三十七条並びに第四十七条の規定は、適用しない。

第二十一条の二　内航海運業法施行規則（昭和二十七年運輸省令第四十二号）第九号様式備考1括弧書の船舶に関する第四条第一項及び第四項、第八条の二、第二十七条の二第四項、第二十七条の三第二項、第二十九条の二第三項、第三十八条第一項第六号、第四十三条第一項、第四十六条第一項、第四十七条第三項、第五十条第一項並びに別表第一（帆船に係る規定を除く。）、別表第二及び別表第四の規定の適用については、これらの規定中「五百トン」とあるのは、「五百十トン」とする。

第二章　各則

第一節　釧路港

（びょう泊等の制限）

第二十一条の三　船舶は、西区東防波堤、同防波堤南端から釧路港西区南防波堤東灯台（北緯四十二度五十九分二十一秒東経百四十四度二十分三十秒）まで引いた線、西区南防波堤、釧路港西区南防波堤西灯台（北緯四十二度五十九分十九秒東経百四十四度十八分四十二秒）から西区西防波堤突端まで引いた線、同防波堤及び陸岸により囲まれた海面においては、次に掲げる場合を除いては、びょう泊し、又はえい航している船舶その他の物件を放してはならない。

一　海難を避けようとするとき。

二　運転の自由を失ったとき。

三　人命又は急迫した危険のある船舶の救助に従事するとき。

四　法第三十一条の規定による港長の許可を受けて工事又は作業に従事するとき。

（えい航の制限）

第二十一条の四　釧路港東第一区において、船舶が他の船舶その他の物件を引くときは、第九条第一項の規定にかかわらず、引船の船首から被えい物件の後端までの長さは百メートル、被えい物件の幅は十五メートルを超えてはならない。

第一節の二　江名港及び中之作港

（特定航法）

第二十二条　汽船が江名港又は中之作港の防波堤の入口又は入口付近で他の汽船と出会うおそれのあるときは、出航する汽船は、防波堤の内で入航する汽船の進路を避けなければならない。

第一節の三　鹿島港

（びょう泊等の制限）

第二十三条　船舶は、深芝公共岸壁北東端（北緯三十五度五十五分三十三秒東経百四十度四十二分）から二百四十七度四百三十メートルの地点（以下この条において「A地点」という。）から五十五度九百メートルの地点まで引いた線、同地点から三十五度八百七十メートルの地点まで引いた線、同地点から三度三十分二千六百七十メートルの地点まで引いた線、同地点から二百七十三度三十分四百八十メートルの地点まで引いた線、同地点から百八十三度三十分二千五百十メートルの地点まで引いた線、同地点から二百十五度九百四十メートルの地点まで引いた線、同地点から二百三十五度五百六十メートルの地点まで引いた線及び同地点からA地点まで引いた線により囲まれた海面（次条及び別表第四において「鹿島水路」という。）においては、次に掲げる場合を除いては、びょう泊し、又はえい航している船舶その他の物件を放してはならない。

一　海難を避けようとするとき。

二　運転の自由を失ったとき。

三　人命又は急迫した危険のある船舶の救助に従事するとき。

四　法第三十一条の規定による港長の許可を受けて工事又は作業に従事するとき。

（航行に関する注意）

第二十三条の二　長さ百九十メートル（油送船（原油、液化石油ガス若しくは密閉式引火点測定器により測定した引火点が摂氏二十三度未満の液体を積載しているもの又は引火性若しくは爆発性の蒸気を発する物質を荷卸し後ガス検定を行い、火災若しくは爆発のおそれのないことを船長が確認していないものに限る。以下同じ。）にあっては、総トン数千トン）以上の船舶は、鹿島水路を航行して鹿島港に入航し、又は鹿島港を出航しようとするときは、法第三十八条第二項各号に掲げる事項（同項第三号に掲げる事

項は、入航しようとするときにあっては鹿島水路入口付近に達する予定時刻とし、出航しようとするときにあっては運航開始予定時刻とする。）を、それぞれ入航予定日又は運航開始予定日の前日正午までに港長に通報しなければならない。

2　前項の事項を通報した船舶は、当該事項に変更があったときは、直ちに、その旨を港長に通報しなければならない。

第一節の四　千葉港

（航行に関する注意）

第二十四条　長さ百四十メートル（油送船にあっては、総トン数千トン）以上の船舶は、千葉航路を航行して入航し、又は出航しようとするときは、法第三十八条第二項各号に掲げる事項（同項第三号に掲げる事項は、入航しようとするときにあっては当該航路入口付近に達する予定時刻とし、出航しようとするときにあっては運航開始予定時刻とする。）を、それぞれ入航予定日又は運航開始予定日の前日正午までに港長に通報しなければならない。

2　長さ百二十五メートル（油送船にあっては、総トン数千トン）以上の船舶は、市原航路を航行して入航し、又は出航しようとするときは、法第三十八条第二項各号に掲げる事項（同項第三号に掲げる事項は、入航しようとするときにあっては当該航路入口付近に達する予定時刻とし、出航しようとするときにあっては運航開始予定時刻とする。）を、それぞれ入航予定日又は運航開始予定日の前日正午までに港長に通報しなければならない。

3　前二項の事項を通報した船舶は、当該事項に変更があったときは、直ちに、その旨を港長に通報しなければならない。

第二節　京浜港

（停泊の制限）

第二十五条　京浜港において、はしけを他の船舶の船側に係留するときは、次の制限に従わなければならない。

一　東京第一区においては、一縦列を超えないこと。

二　東京第二区並びに横浜第一区、第二区及び第三区においては、三縦列を超えないこと。

三　川崎第一区及び横浜第四区においては、二縦列を超えないこと。

（びょう泊等の制限）

第二十六条　船舶は、川崎第一区及び横浜第四区においては、次に掲げる場合を除いては、びょう泊し、又はえい航している船舶その他の物件を放してはならない。

一　海難を避けようとするとき。

二　運転の自由を失ったとき。

三　人命又は急迫した危険のある船舶の救助に従事するとき。

四　法第三十一条の規定による港長の許可を受けて工事又は作業に従事するとき。

（えい航の制限）

第二十七条　船舶は、京浜港において、汽艇等を引くときは、第九条第一項の規定にかかわらず、次の制限に従わなければならない。

一　東京区河川運河水面（第一区内の隅田川水面並びに荒川及び中川放水路水面を除く。）においては、引船の船首から最後の汽艇等の船尾までの長さが百五十メートルを超えないこと。

二　川崎第一区及び横浜第四区において貨物等を積載した汽艇等を引くときは、午前七時から日没までの間は、引船の船首から最後の汽艇等の船尾までの長さが百五十メートルを超えないこと。

（特定航法）

第二十七条の二　船舶は、東京西航路において、周囲の状況を考慮し、次の各号のいずれにも該当する場合には、他の船舶を追い越すことができる。

一　当該他の船舶が自船を安全に通過させるための動作をとることを必要としないとき。

二　自船以外の船舶の進路を安全に避けられるとき。

2　前項の規定により汽船が他の船舶の右舷側を航行して追い越そうとするときは、汽笛又はサイレンをもって長音一回に引き続いて短音一回を、その左舷側を航行して追い越そうとするときは、長音一回に引き続いて短音二回を吹き鳴らさなければならない。

3　前項の規定は、東京第一区及び東京区河川運河水面において、汽船が他の船舶を追い越そうとする場合に準用する。

4　総トン数五百トン以上の船舶は、十三号地その二東端から中央防波堤内側内貿ふ頭岸壁北端（北緯三十五度三十六分二十五秒東経百三十九度四十七分五十五秒）まで引いた線を超えて十三号地その二南東側海面を西行してはならない。

第二十七条の三　船舶は、川崎第一区及び横浜第四区においては、他の船舶を追い越してはならない。ただし、前条第一項中「東京西航路」とあるのを「川崎第一区及び横浜第四区」と読み替えて適用した場合に同項各号のいずれにも該当する場合は、この限りでない。

2　総トン数五百トン以上の船舶は、京浜運河を通り抜けてはならない。

3　総トン数千トン以上の船舶は、塩浜信号所から二百三十九度三十分千百メートルの地点から百五十二度に東扇島まで引いた線を超えて京浜運河を西行してはならない。

4　総トン数千トン以上の船舶は、京浜運河において、午前六時三十分から午前九時までの間は、船首を回転してはならない。

（航行に関する注意）

第二十八条　京浜運河から他の運河に入航し、又は他の運河から京浜運河に入航しようとする汽船は、京浜運河と当該他の運河との接続点の手前百五十メートルの地点に達したときは、汽笛又はサイレンをもって長音一回を吹き鳴らさなければならない。

第二十九条　総トン数五千トン（油送船にあっては千トン）以上の船舶は、鶴見航路又は川崎航路を航行して川崎第一区又は横浜第四区に入航しようとするときはそれぞれ当該航路入口付近で、川崎第一区又は横浜第四区を出航して鶴見航路又は川崎航路を航行しようとするときはそれぞれ境運河前面水域又は東扇島二十六号岸壁前面水域で汽笛又はサイレンをもって長音を二回吹き鳴らさなければならない。

2　長さ百五十メートル（油送船にあっては、総トン数千トン）以上の船舶は、東京東航路を航行して入航し、又は出航しようとするときは、法第三十八条第二項各号に掲げる事項（同項第三号に掲げる事項は、入航しようとするときにあっては当該航路入口付近に達する予定時刻とし、出航しようとするときにあっては運航開始予定時刻とする。）を、それぞれ入航予定日又は運航開始予定日の前日正午までに港長に通報しなければならない。

3　長さ三百メートル（油送船にあっては、総トン数五千トン）以上の船舶は、東京西航路を航行して入航し、又は出航しようとするときは、法第三十八条第二項各号に掲げる事項（同項第三号に掲げる事項は、入航しようとするときにあっては当該航路入口付近に達する予定時刻とし、出航しようとするときにあっては運航開始予定時刻とする。）を、それぞれ入航予定日又は運航開始予定日の前日正午までに港長に通報しなければならない。

4　総トン数千トン以上の船舶は、鶴見航路若しくは川崎航路を航行して入航し、又は川崎第一区及び横浜第四区において移動し（京浜運河以外の水域内において移動するときを除く。）、若しくは鶴見航路若しくは川崎航路を航行して出航しようとするときは、法第三十八条第二項各号に掲げる事項（同項第三号に掲げる事項は、入航しようとするときにあってはそれぞれ当該航路入口付近に達する予定時刻とし、移動し、又は出航しようとするときにあっては運航開始予定時刻とする。）を、それぞれ入航予定日又は運航開始予定日の前日正午までに港長に通報しなければならない。

5　長さ百六十メートル（油送船にあっては、総トン数千トン）以上の船舶は、横浜航路を航行して入航し、又は出航しようとするときは、法第三十八条第二項各号に掲げる事項（同項第三号に掲げる事項は、入航しようとするときにあっては当該航路入口付近に達する予定時刻とし、出航しようとするときにあっては運航開始予定時刻とする。）を、それぞれ入航予定日又は運航開始予定日の前日正午までに港長に通報しなければならない。

6　第二項から前項までの事項を通報した船舶は、当該事項に変更があったときは、直ちに、その旨を港長に通報しなければならない。

第二節の二　名古屋港

（特定航法）

第二十九条の二　第二十七条の二第一項及び第二項の規定は、東航路、西航路（西航路北側線西側屈曲点から百三十五度に引いた線の両側それぞれ五百メートル以内の部分を除く。）及び北航路において、船舶（同条第二項を準用する場合にあっては、汽船）が他の船舶を追い越そうとする場合に準用する。

2　船舶が第一項に規定する航路の部分を航行しているときは、その付近にある他の船舶は、航路外から航路に入り、航路から航路外に出、又は航路を横切って航行してはならない。

3　総トン数五百トン未満の船舶は、東航路、西航路及び北航路においては、航路の右側を航行しなければならない。

4　東航路を航行する船舶と西航路又は北航路を航行する船舶とが出会うおそれのある場合は、西航路又は北航路を航行する船舶は、東航路を航行する船舶の進路を避けなければならない。

5　西航路を航行する船舶（西航路を航行して東航路に入った船舶を含む。以下この項において同じ。）と北航路を航行する船舶（北航路を航行して東航路に入った船舶を含む。以下この項において同じ。）とが東航路において出会うおそれのある場合は、西航路を航行する船舶は、北航路を航行する船舶の進路を避けなければならない。

（航行に関する注意）

第二十九条の三　長さ二百七十メートル（油送船にあっては、総トン数五千トン）以上の船舶は、高潮防波堤東信号所から二百十二度三十分三千八百四十メー

トルの地点から百二十三度三十分に引いた線と東航路西側線屈曲点から百二十三度三十分に引いた線との間の航路（以下この項及び別表第四において「東水路」という。）を航行して入航し、又は出航しようとするときは、法第三十八条第二項各号に掲げる事項（同項第三号に掲げる事項は、入航しようとするときにあっては東水路入口付近に達する予定時刻とし、出航しようとするときにあっては運航開始予定時刻とする。）を、それぞれ入航予定日又は運航開始予定日の前日正午までに港長に通報しなければならない。

2　長さ百七十五メートル（油送船にあっては、総トン数五千トン）以上の船舶は、次に掲げる水路を航行して入航し、又は出航しようとするときは、法第三十八条第二項各号に掲げる事項（同項第三号に掲げる事項は、入航しようとするときにあってはそれぞれ当該水路入口付近に達する予定時刻とし、出航しようとするときにあっては運航開始予定時刻とする。）を、それぞれ入航予定日又は運航開始予定日の前日正午までに港長に通報しなければならない。

一　西水路（名古屋港高潮防波堤中央堤西灯台（北緯三十五度三十四秒東経百三十六度四十八分六秒）から二百二十九度二千百四十メートルの地点から百二十八度に引いた線と西航路北側線西側屈曲点から百三十五度に引いた線との間の同航路をいう。別表第四において同じ。）

二　北水路（金城信号所から百七十五度三十分七百五十メートルの地点から百二十三度三十分に引いた線以北の北航路をいう。別表第四において同じ。）

3　前二項の事項を通報した船舶は、当該事項に変更があったときは、直ちに、その旨を港長に通報しなければならない。

第二節の三　四日市港

（特定航法）

第二十九条の四　四日市港において、第一航路を航行する船舶と午起航路を航行する船舶とが出会うおそれのある場合は、午起航路を航行する船舶は、第一航路を航行する船舶の進路を避けなければならない。

（航行に関する注意）

第二十九条の五　総トン数三千トン以上の船舶は、第一航路を航行して入航し、又は第一航路若しくは午起航路を航行して出航しようとするときは、法第三十八条第二項各号に掲げる事項（同項第三号に掲げる事項は、入航しようとするときにあっては第一航路入口付近に達する予定時刻とし、出航しようとするときにあっては運航開始予定時刻とする。）を、それぞれ入航予定日又は運航開始予定日の前日正午までに港長に通報しなければならない。

2　前項の事項を通報した船舶は、当該事項に変更があったときは、直ちに、その旨を港長に通報しなければならない。

第三節　阪神港

（停泊の制限）

第三十条　船舶は、阪神港大阪区河川運河水面（大阪北港北灯台（北緯三十四度四十分二十四秒東経百三十五度二十四分九秒）から百三度七百三十メートルの地点から九十九度に対岸まで引いた線、天保山記念碑と桜島入堀西岸南端とを結んだ線、第三突堤第八号岸壁東端（北緯三十四度三十八分五十一秒東経百三十五度二十七分六秒）から百二度三十分に対岸まで引いた線、木津川口両突端を結んだ線及び木津川運河西口両突端を結んだ線からそれぞれ上流の港域内の河川及び運河水面をいう。以下同じ。）においては、両岸から河川幅又は運河幅の四分の一以内の水域に停泊し、又は係留しなければならない。

2　阪神港神戸区防波堤内において、はしけを岸壁、桟橋又は突堤に係留中の船舶の船側に係留するときは二縦列を、その他の船舶の船側に係留するときは三縦列を超えてはならない。

（えい航の制限）

第三十一条　船舶は、阪神港大阪区防波堤内において、汽艇等を引くときは、第九条第一項の規定にかかわらず、次の制限に従わなければならない。

一　阪神港大阪区河川運河水面（木津川運河水面を除く。）においては、引船の船首から最後の汽艇等の船尾までの長さが百二十メートルを超えないこと。

二　木津川運河水面においては、引船の船首から最後の汽艇等の船尾までの長さが八十メートルを超えないこと。

（特定航法）

第三十二条　第二十七条の二第二項の規定は、阪神港大阪区河川運河水面において、汽船が他の船舶を追い越そうとする場合に準用する。

（航行に関する注意）

第三十三条　総トン数五千トン以上の船舶は、第一号の地点から第三号の地点までを順次に結んだ線と第四号の地点から第六号の地点までを順次に結んだ線との間の海面（以下この項及び別表第四において「南港水路」という。）を航行して入航し、又は出航しようとするときは、法第三十八条第二項各号に掲

げる事項（同項第三号に掲げる事項は、入航しようとするときにあっては南港水路入口付近に達する予定時刻とし、出航しようとするときにあっては運航開始予定時刻とする。）を、それぞれ入航予定日又は運航開始予定日の前日正午までに港長に通報しなければならない。

一　大阪南港北防波堤灯台（北緯三十四度三十七分四十三秒東経百三十五度二十三分四十八秒）から百十三度五百七十メートルの地点

二　大阪南港北防波堤灯台から二百十三度七十メートルの地点

三　大阪南港北防波堤灯台から二百九十八度三十分五百二十メートルの地点

四　大阪南港北防波堤灯台から百四十一度六百六十メートルの地点

五　大阪南港北防波堤灯台から二百四度三百八十メートルの地点

六　大阪南港北防波堤灯台から二百六十九度三十分六百二十メートルの地点

2　総トン数三千トン以上の船舶は、堺信号所から三百一度二千五百四十メートルの地点から二十九度に引いた線以東の堺航路（以下この項及び別表第四において「堺水路」という。）を航行して堺泉北第二区若しくは堺泉北第三区に入航し、又は堺泉北第二区若しくは堺泉北第三区を出航しようとするときは、法第三十八条第二項各号に掲げる事項（同項第三号に掲げる事項は、入航しようとするときにあっては堺水路入口付近に達する予定時刻とし、出航しようとするときにあっては運航開始予定時刻とする。）を、それぞれ入航予定日又は運航開始予定日の前日正午までに港長に通報しなければならない。

3　総トン数一万トン以上の船舶は、浜寺信号所から二百六十二度四十分二千七百五十五メートルの地点から百八十一度に引いた線以東の浜寺航路（以下この項及び別表第四において「浜寺水路」という。）を航行して入航し、又は出航しようとするときは、法第三十八条第二項各号に掲げる事項（同項第三号に掲げる事項は、入航しようとするときにあっては浜寺水路入口付近に達する予定時刻とし、出航しようとするときにあっては運航開始予定時刻とする。）を、それぞれ入航予定日又は運航開始予定日の前日正午までに港長に通報しなければならない。

4　総トン数四万トン（油送船にあっては、千トン）以上の船舶は、神戸中央航路を航行して入航し、又は出航しようとするときは、法第三十八条第二項各号に掲げる事項（同項第三号に掲げる事項は、入航しようとするときにあっては当該航路入口付近に達する予定時刻とし、出航しようとするときにあっては運航開始予定時刻とする。）を、それぞれ入航予定日又は運航開始予定日の前日正午までに港長に通報しなければならない。

5　前各項の事項を通報した船舶は、当該事項に変更があったときは、直ちに、その旨を港長に通報しなければならない。

第三節の二　水島港

（航行に関する注意）

第三十三条の二　長さ二百メートル以上の船舶は、港内航路を航行して入航し、又は出航しようとするときは、法第三十八条第二項各号に掲げる事項（同項第三号に掲げる事項は、入航しようとするときにあっては当該航路入口付近に達する予定時刻とし、出航しようとするときにあっては運航開始予定時刻とする。）を、それぞれ入航予定日又は運航開始予定日の前日正午までに港長に通報しなければならない。

2　前項の事項を通報した船舶は、当該事項に変更があったときは、直ちに、その旨を港長に通報しなければならない。

第四節　尾道糸崎港

（停泊の制限）

第三十四条　尾道糸崎港第三区においては、船舶を岸壁又は桟橋に係留中の船舶の船側に係留してはならない。

第五節　広島港

（特定航法）

第三十五条　第二十七条の二第一項及び第二項の規定は、航路において、船舶（同条第二項を準用する場合にあっては、汽船）が他の船舶を追い越そうとする場合に準用する。

第六節　関門港

（びょう泊の方法）

第三十六条　港長は、必要があると認めるときは、関門港内にびょう泊する船舶に対し、双びょう泊を命ずることができる。

（えい航の制限）

第三十七条　船舶は、関門航路において、汽艇等を引くときは、第九条第一項の規定によるほか、一縦列にしなければならない。

（特定航法）

第三十八条　船舶は、関門港においては、次の航法によらなければならない。

一　関門航路及び関門第二航路を航行する汽船は、できる限り、航路の右側を航行すること。

二　田野浦区から関門航路によろうとする汽船は、門司埼灯台（北緯三十三度五十七分四十四秒東経百三十度五十七分四十七秒）から六十七度千九百八十メートルの地点から三百二十一度三十分に引いた線以東の航路から入航すること。

三　早鞆瀬戸を西行しようとする総トン数百トン未満の汽船は、前二号に規定する航法によらないことができる。この場合においては、できるだけ門司埼に近寄って航行し、他の船舶に行き会ったときは、右舷を相対して航過すること。

四　第一号の規定により早鞆瀬戸を東行する汽船は、前号の規定により同瀬戸を航行する汽船を常に右舷に見て航過すること。

五　潮流を遡り早鞆瀬戸を航行する汽船は、潮流の速度に四ノットを加えた速力以上の速力を保つこと。

六　若松航路及び奥洞海航路においては、総トン数五百トン以上の船舶は航路の中央部を、その他の船舶は、航路の右側を航行すること。

七　関門航路を航行する船舶と砂津航路、戸畑航路、若松航路又は関門第二航路（以下この号において「砂津航路等」という。）を航行する船舶とが出会うおそれのある場合は、砂津航路等を航行する船舶は、関門航路を航行する船舶の進路を避けること。

八　関門第二航路を航行する船舶と安瀬航路を航行する船舶とが出会うおそれのある場合は、安瀬航路を航行する船舶は、関門第二航路を航行する船舶の進路を避けること。

九　関門第二航路を航行する船舶と若松航路を航行する船舶とが関門航路において出会うおそれのある場合は、若松航路を航行する船舶は、関門第二航路を航行する船舶の進路を避けること。

十　戸畑航路を航行する船舶と若松航路を航行する船舶とが関門航路において出会うおそれのある場合は、若松航路を航行する船舶は、戸畑航路を航行する船舶の進路を避けること。

十一　若松航路を航行する船舶と奥洞海航路を航行する船舶とが出会うおそれのある場合は、奥洞海航路を航行する船舶は、若松航路を航行する船舶の進路を避けること。

2　第二十七条の二第一項及び第二項の規定は、関門航路（関門橋西側線と火ノ山下潮流信号所（北緯三十三度五十八分六秒東経百三十度五十七分四十一秒）から百三十度に引いた線との間の関門航路（第四十条第一項及び別表第四において「早鞆瀬戸水路」という。）を除く。）において、船舶（第二十七条の二第二項を準用する場合にあっては、汽船）が他の船舶を追い越そうとする場合に準用する。

第三十九条　汽艇等その他の物件を引いている船舶は、若松航路のうち、若松港口信号所から百十度三十分千百九十五メートルの地点から百六十四度に引いた線と同信号所から二百二十三度千八百三十五メートルの地点から三百十一度三十分に引いた線との間の航路を横断してはならない。

（航行に関する注意）

第四十条　総トン数一万トン（油送船にあっては、三千トン）以上の船舶は、早鞆瀬戸水路を航行しようとするときは、法第三十八条第二項各号に掲げる事項（同項第三号に掲げる事項は、早鞆瀬戸水路入口付近に達する予定時刻とする。）を通航予定日の前日正午までに港長に通報しなければならない。

2　総トン数三百トン以上の船舶は、若松港口信号所から百八十四度三十分千三百三十五メートルの地点から三百四十九度に引いた線以西の若松航路（以下この項及び別表第四において「若松水路」という。）を航行して入航し、又は若松水路若しくは奥洞海航路を航行して出航しようとするときは、法第三十八条第二項各号に掲げる事項（同項第三号に掲げる事項は、入航しようとするときにあっては若松水路入口付近に達する予定時刻とし、出航しようとするときにあっては運航開始予定時刻とする。）を、それぞれ入航予定日又は運航開始予定日の前日正午までに港長に通報しなければならない。

3　前二項の事項を通報した船舶は、当該事項に変更があったときは、直ちに、その旨を港長に通報しなければならない。

（縫航の制限）

第四十一条　帆船は、門司区、下関区、西山区及び若松区を縫航してはならない。

第七節　高松港

（びょう泊等の制限）

第四十二条　船舶は、朝日町防波堤、高松港朝日町防波堤灯台（北緯三十四度二十一分三十八秒東経百三十四度三分三十二秒）から高松港玉藻防波堤灯台（北緯三十四度二十一分四十一秒東経百三十四度三分六秒）まで引いた線、玉藻地区玉藻防波堤、北浜町北東端から三十七度に引いた線及び陸岸により囲まれた海面（航路を除く。）においては、次に掲げる場合を除いては、びょう泊し、又はえい航している船舶その他の物件を放してはならない。

一　海難を避けようとするとき。

二　運転の自由を失ったとき。

三　人命又は急迫した危険のある船舶の救助に従事するとき。
四　法第三十一条の規定による港長の許可を受けて工事又は作業に従事するとき。

第八節　高知港

（航行に関する注意）
第四十三条　総トン数千トン（油送船にあっては、五百トン）以上の船舶は、高知港御畳瀬灯台（北緯三十三度三十分二十六秒東経百三十三度三十三分三十四秒）から九十度に引いた線以南の航路（以下この項及び別表第四において「高知水路」という。）を航行して入航し、又は出航しようとするときは、法第三十八条第二項各号に掲げる事項（同項第三号に掲げる事項は、入航しようとするときにあっては高知水路入口付近に達する予定時刻とし、出航しようとするときにあっては運航開始予定時刻とする。）を、それぞれ入航予定日又は運航開始予定日の前日正午までに港長に通報しなければならない。
2　前項の事項を通報した船舶は、当該事項に変更があったときは、直ちに、その旨を港長に通報しなければならない。

第九節　博多港

（特定航法）
第四十四条　博多港において、中央航路を航行する船舶と東航路を航行する船舶とが出会うおそれのある場合は、東航路を航行する船舶は、中央航路を航行する船舶の進路を避けなければならない。

第十節　長崎港

（縫航の制限）
第四十五条　帆船は、長崎港第一区及び第二区を縫航してはならない。

第十一節　佐世保港

（航行に関する注意）
第四十六条　総トン数五百トン以上の船舶は、金比羅山山頂（百一メートル）から高崎鼻まで引いた線以西の航路（以下この項及び別表第四において「佐世保水路」という。）を航行して入航し、又は出航しようとするときは、法第三十八条第二項各号に掲げる事項（同項第三号に掲げる事項は、入航しようとするときにあっては佐世保水路入口付近に達する予定時刻とし、出航しようとするときにあっては運航開始予定時刻とする。）を、それぞれ入航予定日又は運航開始予定日の前日正午までに港長に通報しなければならない。
2　前項の事項を通報した船舶は、当該事項に変更があったときは、直ちに、その旨を港長に通報しなければならない。

第十二節　細島港

（停泊の制限）
第四十七条　日向製錬所護岸北東端から八十四度五百メートルの地点まで引いた線（以下この節において「A線」という。）、東ソー日向株式会社護岸南東端（北緯三十二度二十六分二十八秒東経百三十一度三十八分五十九秒）から百二十九度三百メートルの地点まで引いた線（以下この条において「B線」という。）及びB線以北の陸岸により囲まれた海面においては、船舶を他の船舶の船側に係留してはならない。
2　B線及び陸岸により囲まれた海面並びに番所鼻東端から零度に引いた線（以下この節において「C線」という。）及び陸岸により囲まれた海面（漁船船だまりを除く。次条において同じ。）において、船舶を他の船舶の船側に係留するときは、三縦列を超えてはならない。
3　総トン数五百トン以上の船舶は、前二項に規定する海面においては、船尾のみを係留施設に係留してはならない。

（びょう泊等の制限）
第四十八条　船舶は、A線及び陸岸により囲まれた海面（航路を除く。）並びにC線及び陸岸により囲まれた海面においては、次に掲げる場合を除いては、びょう泊し、又はえい航している船舶その他の物件を放してはならない。
一　海難を避けようとするとき。
二　運転の自由を失ったとき。
三　人命又は急迫した危険のある船舶の救助に従事するとき。
四　法第三十一条の規定による港長の許可を受けて工事又は作業に従事するとき。

第十三節　那覇港

（びょう泊等の制限）
第四十九条　船舶は、那覇港新港第一防波堤南灯台（北緯二十六度十三分二十七秒東経百二十七度三十九分六秒）から百二十八度千四百四十五メートルの地点まで引いた線、同地点から三百九度七百八十五メートルの地点まで引いた線、同地点から二百十九度三百メートルの地点まで引いた線、同地点から那覇港右舷灯台（北緯二十六度十二分四十八秒東経百二十七度三十九分四十七秒）まで引いた線及び陸岸により囲まれた海面並びに国場川明治橋下流の河川水面（次条第一項及び別表第四において「那覇水路」という。）においては、次に掲げる場合を除いては、びょう泊し、又はえい航している船舶その他の物件を放してはならない。

一 海難を避けようとするとき。
二 運転の自由を失ったとき。
三 人命又は急迫した危険のある船舶の救助に従事するとき。
四 法第三十一条の規定による港長の許可を受けて工事又は作業に従事するとき。

（航行に関する注意）
第五十条 総トン数五百トン以上の船舶は、那覇水路を航行して入航し、又は出航しようとするときは、法第三十八条第二項各号に掲げる事項（同項第三号に掲げる事項は、入航しようとするときにあっては那覇水路入口付近に達する予定時刻とし、出航しようとするときにあっては運航開始予定時刻とする。）を、それぞれ入航予定日又は運航開始予定日の前日正午までに港長に通報しなければならない。
2 前項の事項を通報した船舶は、当該事項に変更があったときは、直ちに、その旨を港長に通報しなければならない。

附 則 抄
1 この省令は、港則法施行の日（昭和二十三年七月十六日）から、これを適用する。

附 則（平成二二年国土交通省令第一四号）抄
（施行期日）
第一条 この省令は、港則法及び海上交通安全法の一部を改正する法律（以下この条及び次条において「改正法」という。）の施行の日（平成二十二年七月一日）から施行する。ただし、次条の規定は、改正法附則第一条第二号に掲げる規定の施行の日（平成二十二年六月一日）から施行する。
（経過措置）
第二条 改正法附則第二条の規定に基づき行う通報については、この省令の施行前においても、この省令による改正後の港則法施行規則第二十三条の二、第二十四条、第二十九条第二項から第五項まで、第二十九条の三、第二十九条の五、第三十三条、第四十条、第四十三条、第四十六条及び第五十条〔中略〕の規定を適用する。

附 則（平成二二年国土交通省令第四五号）
（施行期日）
第一条 この省令は、平成二十二年十月一日から施行する。ただし、次条の規定は、公布の日から施行する。
（経過措置）
第二条 この省令による改正後の港則法施行規則第二十九条第二項、第三項及び第六項の通報は、これらの規定の例により、この省令の施行前においても行うことができる。

附 則（平成二三年国土交通省令第一〇号）
（施行期日）
第一条 この省令は、平成二十三年三月二十五日から施行する。ただし、次の各号に掲げる規定は、当該各号に定める日から施行する。
一 次条の規定 平成二十三年六月一日
二 第二十九条の三の改正規定、別表第四名古屋の部の改正規定及び別表第五の改正規定 平成二十三年七月一日
（経過措置）
第二条 この省令による改正後の港則法施行規則第二十九条の三の規定による通報は、同条の規定の例により、前条第二号に掲げる規定の施行前においても行うことができる。

附 則（平成二四年国土交通省令第一五号）
（施行期日）
第一条 この省令の規定は、次の各号に掲げる区分に応じ、それぞれ当該各号に定める日から施行する。
一 別表第一和歌山下津の部下津区の項の改正規定及び別表第四千葉の部千葉航路の項の改正規定 平成二十四年三月十三日
二 別表第一関門の部若松区の項の改正規定及び別表第二関門の部の改正規定 平成二十四年三月二十九日
三 第八条の二の表関門港の部関門航路の項の改正規定、第三十八条の改正規定及び第四十条第一項の改正規定 平成二十四年五月一日
四 次条の規定 平成二十四年六月一日
五 目次の改正規定、第二章第三節の次に一節を加える改正規定及び別表第四水島の部港内航路の項の改正規定 平成二十四年七月一日
（経過措置）
第二条 この省令による改正後の港則法施行規則第三十三条の二の規定による通報は、同条の規定の例により、前条第五号に掲げる規定の施行前においても行うことができる。

附 則（平成二七年国土交通省令第四四号）
この省令は、平成二十七年八月一日から施行する。

附 則（平成二七年国土交通省令第六二号）
この省令は、平成二十七年九月四日から施行する。

附 則（平成二八年国土交通省令第七号）
この省令は、平成二十八年三月一日から施行する。

附 則（平成二八年国土交通省令第六〇号）
この省令は、海上交通安全法等の一部を改正する法律附則第一条第二号に掲げる規定の施行の日（平成二十八年十一月一日）から施行する。

附　則（平成二九年国土交通省令第五四号）

この省令は、平成二十九年十月一日から施行する。ただし、別表第一釧路の部西区の項の改正規定は、同年十一月一日から施行する。

附　則（平成二九年国土交通省令第六四号）

この省令は、平成三十年一月三十一日から施行する。〔後略〕

附　則（平成三〇年国土交通省令第一一号）

この省令は、平成三十年三月十五日から施行する。

附　則（平成三〇年国土交通省令第六三号）

この省令は、平成三十年九月一日から施行する。

附　則（平成三〇年国土交通省令第八七号）

この省令は、平成三十年十二月十五日から施行する。

附　則（平成三一年国土交通省令第一一号）

この省令は、平成三十一年四月一日から施行する。

附　則（平成三一年国土交通省令第三六号）

この省令は、公布の日から施行する。

附　則（令和二年国土交通省令第五号）

この省令は、令和二年二月五日から施行する。

附　則（令和二年国土交通省令第四四号）

この省令は、令和二年五月十五日から施行する。ただし、第二十七条の三第三項及び別表第四の改正規定は、公布の日から施行する。

附　則（令和二年国土交通省令第五九号）

この省令は、令和二年七月一日から施行する。

附　則（令和二年国土交通省令第七七号）

この省令は、令和二年九月二十六日から施行する。

附　則（令和三年国土交通省令第四二号）

この省令は、令和三年七月一日から施行する。

附　則（令和五年国土交通省令第三九号）

この省令は、令和五年五月一日から施行する。

附　則（令和五年国土交通省令第七二号）

この省令は、令和五年十月一日から施行する。ただし、次の各号に掲げる規定は、当該各号に定める日から施行する。

一　別表第二の改正規定及び別表第四京浜の部横浜航路の項の改正規定　令和五年十二月一日

二　別表第五の改正規定　令和六年二月一日

港則法施行規則第八条の二の規定による指示の方法等を定める告示

〔平成二十二年七月一日
海上保安庁告示第百六十三号〕

港則法施行規則（昭和二十三年運輸省令第二十九号）第八条の二及び第二十条の五の規定並びに海上交通安全法施行規則（昭和四十八年運輸省令第九号）第八条第一項及び第二項並びに第二十三条の四の規定に基づき、港則法（昭和二十三年法律第百七十四号）第十四条の二及び第三十七条の四第一項並びに海上交通安全法（昭和四十七年法律第百十五号）第十条の二及び第二十九条の三第一項の規定を実施するため、港則法施行規則第八条の二の規定による指示の方法等を定める告示を次のように定める。

1　港則法施行規則第八条の二の規定による指示の方法及び同規則第二十条の五の規定による勧告の方法は、別に定めるもののほか、別表の上欄に掲げる航路ごとにそれぞれ同表の下欄に掲げる方法（関門港にあっては指示の方法に限る。）及び海上保安庁の船舶からの呼びかけその他の適切な方法とする。

2　海上交通安全法施行規則第八条第一項及び第二項の規定による指示の方法並びに同規則第二十三条の四の規定による勧告の方法は、別に定めるもののほか、海上保安庁の船舶からの呼びかけその他の適切な方法とする。

附　則

この告示は、港則法施行規則等の一部を改正する省令（平成二十二年国土交通省令第十四号）の施行の日（平成二十二年七月一日）から施行する。

別表

航　路		方　法
仙台塩釜港航路		一　ＶＨＦ無線電話 イ　呼出名称　しおがまほあん ロ　周波数 (1)　呼出し及び応答用　一五六・八〇MHz（チャンネル一六） (2)　通信用　一五六・六〇MHz（チャンネル一二） ハ　使用言語　日本語又は英語 二　電話 〇二二―三六五―九七七〇
関門港	若松航路 奥洞海航路	一　ＶＨＦ無線電話 イ　呼出名称　わかまつこうないほあん ロ　周波数 (1)　呼出し及び応答用　一五六・八〇MHz（チャンネル一六） (2)　通信用　一五六・六〇MHz（チャンネル一二） ハ　使用言語　日本語又は英語 二　電話 〇九三―八七一―二四八二

港則法施行規則第十一条第一項の規定による進路を他の船舶に知らせるために船舶自動識別装置の目的地に関する情報として送信する記号

〔平成二十二年四月一日
海上保安庁告示第九十四号〕

最近改正
平成二三年一二月二七日海上保安庁告示第二七九号
同　二五年　三月一九日同　第　六四号
同　二八年　三月三一日同　第　一八号
同　二九年一〇月二三日同　第　四五号
同　三〇年　一月　四日同　第　　二号
同　三一年　三月二九日同　第　二二号
令和　二年　九月一〇日同　第　三三号
同　四年　四月一四日同　第　一六号
同　五年　三月二八日同　第　一二号

港則法施行規則第十一条第一項の規定による船舶自動識別装置の目的地に関する情報として送信する記号は、仕向港の港内又は境界付近を航行する場合にあっては仕向港を示す記号及び仕向港での進路を示す記号とし、出発港又は通過港の港内又は境界付近を航行する場合にあっては出発港又は通過港での進路を示す記号とし、それぞれ別表第一、別表第二及び別表第三のとおりとする。

附　則

この告示は、港則法施行規則等の一部を改正する省令（平成二十二年国土交通省令第十四号）の施行の日（平成二十二年七月一日）から施行する。

附　則（平成二三年海上保安庁告示第二七九号）

この告示は、公布の日から施行する。

附　則（平成二八年海上保安庁告示第一八号）

この告示は、公布の日から施行する。

附　則（平成二九年海上保安庁告示第四五号）

この告示は、平成二十九年十一月一日から施行する。

附　則（平成三〇年海上保安庁告示第二号）

この告示は、平成三十年一月三十一日から施行する。

附　則（平成三一年海上保安庁告示第二二号）

この告示は、平成三十一年四月一日から施行する。

附　則（令和二年海上保安庁告示第三三号）

この告示は、令和二年九月十日から施行する。ただし、次の各号に掲げる規定は、当該各号に定める日から施行する。

一　第一条の規定のうち函館の項の改正規定　令和二年九月二十六日

二　〔略〕

附　則（令和四年海上保安庁告示第一六号）

この告示は、令和四年五月一日から施行する。

附　則（令和五年海上保安庁告示第一二号）

この告示は、公布の日から施行する。ただし、第二条〔中略〕の改正規定は、令和五年四月一日から施行する。

別表第一　仕向港を示す記号

(1)　次の表の中欄に掲げる港又は港内の区域を仕向港とする場合の仕向港を示す記号は、「>」と同表の右欄に掲げる記号とを組み合わせたものとする。ただし、搭載している船舶自動識別装置の性能上「>」を送信することが困難な場合にあっては、「TO」を付し、その後に一文字のスペースを空けることをもって代えることができるものとする。

(2)　たとえば、北海道枝幸港を仕向港とする場合は、「>JP ESS」となる。

都道府県	仕向港	港を示す記号
北海道	枝幸	JP ESS
	雄武	JP OUM
	紋別	JP MBE
	網走	JP ABA
	羅臼	JP RAU
	根室	JP NEM
	花咲	JP HNK
	霧多布	JP KRT
	厚岸	JP AKE
	釧路	JP KUH
	十勝	JP TOK
	えりも	JP EMM
	様似	JP SAM
	浦河	JP URK
	苫小牧	JP TMK
	室蘭	JP MUR
	伊達	JP DAT

	森	JP MOR
	臼尻	JP USJ
	函館	JP HKP
	松前	JP MTM
	福島	JP FKU
	江差	JP ESI
	瀬棚	JP STN
	寿都	JP STU
	岩内	JP IWN
	余市	JP YIC
	小樽	JP OTR
	石狩湾	JP ISW
	増毛	JP MSK
	留萌	JP RMI
	苫前	JP TJJ
	羽幌	JP HBO
	天塩	JP TSO
	稚内	JP WKJ
	青苗	JP AON
	天売	JP TER
	焼尻	JP YGR
	沓形	JP KTG
	鬼脇	JP ONW
	鴛泊	JP OSD
	香深	JP KBK
	船泊	JP FND
青森県	深浦	JP FKK
	鯵ケ沢	JP AJK
	小泊	JP KOD
	三厩	JP MNY
	平館	JP TDT
	青森	JP AOM
	小湊	JP KMN
	野辺地	JP NHJ
	大湊	JP OMT
	川内	JP KAW
	脇野沢	JP WKW
	佐井	JP SJA
	大間	JP OAX
	大畑	JP OHT
	尻屋岬	JP SYZ
	むつ小川原	JP MUT
	八戸	JP HHE
岩手県	久慈	JP KJI
	八木	JP YGI
	宮古	JP MYK
	山田	JP YAD
	大槌	JP OTJ
	釜石	JP KIS
	大船渡	JP OFT
	広田	JP HTA
宮城県	気仙沼	JP KSN
	志津川	JP SZG
	女川	JP ONG
	鮎川	JP AYU
	荻浜	JP OGH
	渡波	JP WAT
	石巻	JP ISM
	仙台塩釜	JP SGM
秋田県	象潟	JP KST
	金浦	JP KNO
	平沢	JP HSW
	本荘	JP HON
	秋田船川	JP AFG
	戸賀	JP TOJ
	北浦	JP KJT
	能代	JP NSR
山形県	酒田	JP SKT
	加茂	JP KMO

	由良	JP YUJ
	鼠ヶ関	JP NEZ
福島県	相馬	JP SMA
	四倉	JP YOT
	江名	JP ENA
	中之作	JP NKX
	小名浜	JP ONA
茨城県	平潟	JP HRK
	大津	JP OSJ
	会瀬	JP OUS
	日立	JP HTC
	常陸那珂	JP HIC
	那珂湊	JP NMT
	大洗	JP OAR
	鹿島	JP KSM
茨城県・千葉県	銚子	JP CHO
千葉県	勝浦	JP KUR
	白浜	JP SRX
	館山	JP TTY
	木更津	JP KZU
	千葉四区	JP ANE
	千葉葛南区	JP FNB
	千葉（四区及び葛南区を除く。）	JP CHB
東京都	岡田	JP OAA
	波浮	JP HAU
	元町	JP MOT
	新島	JP NIJ
	大久保	JP OKB
	神湊	JP KMM
	八重根	JP YNE
東京都・神奈川県	京浜東京区	JP TYO
	京浜川崎区	JP KWS
	京浜横浜区	JP YOK
神奈川県	横須賀	JP YOS
	三崎	JP MIK
	真鶴	JP MNA
新潟県	姫川	JP HMK
	能生	JP NOU
	直江津	JP NAO
	柏崎	JP KWZ
	寺泊	JP TRD
	新潟	JP KIJ
	岩船	JP IWH
	両津	JP RYO
	羽茂	JP HMC
	小木	JP OGI
富山県	魚津	JP UOZ
	伏木富山	JP FTX
	氷見	JP HMJ
石川県	七尾	JP NNO
	穴水	JP ANM
	宇出津	JP UST
	小木	JP OII
	飯田	JP IDA
	輪島	JP WJM
	福浦	JP FRJ
	滝	JP TKI
	金沢	JP KNZ
福井県	内浦	JP UCU
	和田	JP WDA
	小浜	JP OBM
	敦賀	JP TRG
	福井	JP FKJ
静岡県	熱海	JP AMI
	網代	JP AJR
	伊東	JP ITJ
	稲取	JP INR

	下田	JP SMD
	手石	JP TIS
	松崎	JP MTZ
	宇久須	JP UGU
	土肥	JP TOI
	戸田	JP HAD
	静浦	JP SZU
	沼津	JP NUM
	田子の浦	JP TGO
	清水	JP SMZ
	焼津	JP YZU
	大井川	JP OIG
	榛原	JP HBA
	相良	JP SGR
	御前崎	JP OMZ
	浜名	JP HMN
愛知県	伊良湖	JP IRK
	福江	JP FKE
	泉	JP IZM
	三河	JP MKW
	東幡豆	JP HGH
	吉田	JP YDA
	一色	JP IKJ
	衣浦	JP KNU
	師崎	JP MRZ
	篠島	JP SNJ
	豊浜	JP TYJ
	内海	JP UTM
	常滑	JP TXN
	名古屋	JP NGO
三重県	桑名	JP KNA
	四日市	JP YKK
	千代崎	JP CYZ
	津	JP TSU
	松坂	JP MSA
	宇治山田	JP UJY
	鳥羽	JP TOB
	波切	JP NKR
	浜島	JP HJM
	五ケ所	JP GKS
	長島	JP NSA
	引本	JP HMT
	尾鷲	JP OWA
	木本	JP KNT
京都府	久美浜	JP KMH
	浅茂川	JP AMG
	間人	JP TZA
	中浜	JP NKJ
	本荘	JP HNJ
	伊根	JP INE
	宮津	JP MIY
	舞鶴	JP MAI
	野原	JP NOH
	田井	JP TAZ
大阪府	深日	JP FUE
	阪南	JP HAN
	泉州	JP SSU
大阪府・兵庫県	阪神大阪区	JP OSA
	阪神堺泉北区	JP SBK
	阪神神戸区	JP UKB
	阪神尼崎西宮芦屋区	JP AMX
兵庫県	明石	JP AKA
	東播磨	JP HHR
	八木	JP YAG
	姫路	JP HIM
	相生	JP AIO
	赤穂	JP AKO
	津居山	JP TYN
	柴山	JP SBY

	香住	JP KXS
	浜坂	JP HKJ
	岩屋	JP IWY
	津名	JP TNA
	洲本	JP SUH
	由良	JP YRA
	福良	JP FRA
	湊	JP MNT
	都志	JP TSH
	郡家	JP GNG
	富島	JP TJO
和歌山県	新宮	JP SHN
	宇久井	JP UKI
	勝浦	JP KAT
	浦神	JP URM
	古座西向	JP KOB
	串本	JP KUJ
	日置	JP HIK
	田辺	JP TAE
	日高	JP HDK
	由良	JP YUR
	湯浅広	JP YSH
	和歌山下津	JP WAK

鳥取県	米子	JP YNG
	赤碕	JP ASK
	鳥取	JP TTJ
	網代	JP AZJ
	田後	JP TJR
鳥取県・島根県	境	JP SMN
島根県	益田	JP MSD
	三隅	JP MMI
	浜田	JP HMD
	江津	JP GOT
	仁万	JP NIM
	久手	JP KUT
	大社	JP TIA
	恵曇	JP ETM
	加賀	JP KJG
	七類	JP SCR
	美保関	JP MIH
	松江	JP MTE
	安来	JP YSG
	西郷	JP SAI
	浦郷	JP UAO
岡山県	日生	JP HIN

	片上	JP KKM
	鶴海	JP TRU
	牛窓	JP USH
	西大寺	JP SDZ
	小串	JP KOG
	岡山	JP OKP
	宇野	JP UNO
	日比	JP HIB
	琴浦	JP JKT
	味野	JP AJN
	下津井	JP STI
	水島	JP MIZ
	笠岡	JP KSA
広島県	福山	JP FKY
	尾道糸崎	JP ONX
	忠海	JP TDN
	竹原	JP THR
	安芸津	JP AKT
	呉	JP KRE
	広島	JP HIJ
	大竹	JP OTK
	土生	JP HAB
	重井	JP SIG

	佐木	JP SGJ
	瀬戸田	JP STD
	鮴崎	JP MBR
	木ノ江	JP KNE
	御手洗	JP MTI
	大西	JP ONS
	蒲刈	JP KGR
	厳島	JP ITS
山口県	岩国	JP IWK
	久賀	JP KGB
	安下庄	JP AGN
	小松	JP KMX
	柳井	JP YAN
	室津	JP MRT
	上関	JP KOX
	平生	JP HRA
	室積	JP MZM
	徳山下松	JP TXD
	三田尻中関	JP MNX
	秋穂	JP AII
	山口	JP YMG
	丸尾	JP MRU
	宇部	JP UBJ
	小野田	JP OND
	厚狭	JP ASA
	小串	JP KGS
	特牛	JP KTO
	角島	JP TNS
	粟野	JP YYA
	仙崎	JP SZK
	萩	JP HAG
	須佐	JP SUS
	江崎	JP ESK
山口県・福岡県	関門響新港区	JP HBK
	関門新門司区	JP SMJ
	関門（響新港区及び新門司区を除く。）	JP KNM
徳島県	撫養	JP MYA
	今切	JP IGR
	徳島小松島	JP TKX
	富岡	JP TOM
	橘	JP TBN
	由岐	JP YUK
	日和佐	JP HWS
	牟岐	JP MUG
	浅川	JP ASW
	宍喰	JP SIS
香川県	豊浜	JP TYH
	観音寺	JP KJN
	仁尾	JP NIO
	詫間	JP TKM
	多度津	JP TAD
	丸亀	JP MAR
	坂出	JP SKD
	香西	JP KZJ
	高松	JP TAP
	志度	JP SID
	津田	JP TUD
	三本松	JP SAN
	引田	JP HEA
	坂手	JP SAT
	内海	JP UCN
	池田	JP IKA
	土庄	JP TNO
	直島	JP NAS
愛媛県	深浦	JP FKR
	宇和島	JP UWA
	吉田	JP YSD
	三瓶	JP MKM

	八幡浜	JP YWH
	川之石	JP KWI
	三崎	JP MSX
	三机	JP MTK
	長浜	JP NGH
	郡中	JP IYO
	松山	JP MYJ
	北条	JP HJO
	菊間	JP KIK
	今治	JP IMB
	吉海	JP YHI
	壬生川	JP NWA
	西条	JP SAJ
	新居浜	JP IHA
	寒川	JP SAW
	三島川之江	JP MKX
	岡村	JP OMR
	宮浦	JP MYU
	伯方	JP HKS
高知県	甲浦	JP KRA
	室戸岬	JP MRJ
	室津	JP MUX
	奈半利	JP NHI

	高知	JP KCZ
	宇佐	JP USA
	須崎	JP SUZ
	久礼	JP KUE
	上ノ加江	JP KMK
	佐賀	JP SGA
	上川口	JP KMW
	下田	JP SMO
	清水	JP TSZ
	宿毛湾	JP SUK
福岡県	加布里	JP KAF
	博多	JP HKT
	大島	JP OSS
	芦屋	JP ASZ
	苅田	JP KND
	宇島	JP UNS
	三池	JP MII
	大牟田	JP OMU
	若津	JP WKT
佐賀県	呼子	JP YBK
	唐津	JP KAR
	住ノ江	JP SUM
	諸富	JP MOM

佐賀県・長崎県	伊万里	JP IMI
長崎県	島原	JP SMB
	口之津	JP KUC
	小浜	JP OBB
	茂木	JP MOG
	脇岬	JP WKI
	長崎	JP NMX
	三重式見	JP MSI
	瀬戸	JP SET
	松島	JP MAT
	大村	JP OMJ
	崎戸	JP STO
	佐世保	JP SSB
	相浦	JP AIN
	臼浦	JP USU
	江迎	JP EMU
	田平	JP TBR
	松浦	JP MTS
	今福	JP IMA
	福江	JP FKN
	富江	JP TME
	玉之浦	JP TMN

	岐宿	JP KSH
	奈留島	JP NRS
	奈良尾	JP NRO
	有川	JP ARK
	青方	JP AOK
	小値賀	JP OJI
	平戸	JP HRD
	津吉	JP TYP
	生月	JP IKK
	大島	JP OSM
	芦辺	JP ASB
	郷ノ浦	JP GON
	勝本	JP KSU
	比田勝	JP HTK
	佐須奈	JP SSN
	厳原	JP IZH
	豆酘	JP TST
熊本県	水俣	JP MIN
	佐敷	JP SSI
	八代	JP YAT
	三角	JP MIS
	熊本	JP KMP
	百貫	JP HKK
	長洲	JP NGU
	合津	JP AIZ
	姫戸	JP HDO
	本渡	JP HOD
	牛深	JP UBK
	富岡	JP TMO
	鬼池	JP ONJ
福岡県・大分県	中津	JP NAT
大分県	長洲	JP NSU
	高田	JP TKD
	竹田津	JP TDJ
	国東	JP KNS
	守江	JP MOO
	別府	JP BPU
	大分	JP OIP
	佐賀関	JP SAG
	臼杵	JP USK
	津久見	JP TMI
	佐伯	JP SAE
	蒲江	JP KME
宮崎県	北浦	JP KIT
	延岡	JP NOB
	土々呂	JP TOT
	細島	JP HSM
	宮崎	JP KMI
	内海	JP UCH
	油津	JP NIC
	外浦	JP TON
	福島	JP FMS
鹿児島県	志布志	JP SBS
	内之浦	JP UUR
	大泊	JP ODM
	大根占	JP ONE
	鹿屋	JP KYA
	垂水	JP TMZ
	福山	JP FYM
	加治木	JP KJK
	鹿児島	JP KOJ
	喜入	JP KII
	山川	JP YAM
	枕崎	JP MKK
	野間池	JP NMK
	串木野	JP KSO
	川内	JP SEN
	阿久根	JP AKN

	米ノ津	JP KKO
	西之表	JP IIN
	島間	JP SIM
	中甑	JP NKK
	手打	JP TEU
	一湊	JP KYR
	宮之浦	JP MNO
	名瀬	JP NAZ
	古仁屋	JP KNY
沖縄県	金武中城	JP KNX
	那覇	JP NAH
	渡久地	JP TCC
	運天	JP UNT
	平良	JP HRR
	石垣	JP ISG

別表第二　仕向港での進路を示す記号

(1)　仕向港での進路を示す記号は、次に掲げるものとする。

イ　仕向港の港内又は境界付近でびょう泊しようとする場合にあっては「OFF」（ただし、当該びょう泊しようとする錨地に向かって航行する進路が次の表の中欄に掲げられている場合にあっては、同表の右欄に掲げる進路を示す記号）

ロ　次の表の左欄に掲げる港を仕向港とし、同表の中欄に掲げる進路にしたがって同港を航行する場合にあっては、同表の右欄に掲げる進路を示す記号（それ以外の進路にしたがって同港を航行する場合にあっては「XX」）

(2)　(1)の仕向港での進路を示す記号は、別表第一による仕向港を示す記号の後に一文字のスペースを空け、その後に付するものとする。ただし、次の表の左欄に掲げる港を仕向港とし、同港の港内又は境界付近でびょう泊し、引き続いて同港を航行する場合にあっては、当該びょう泊をするまでの間は(1)イの記号を、引き続いて同港で航行する時は(1)ロの記号を、それぞれ付するものとする。

(3)　たとえば、釧路港を仕向港とし、釧路港では東区第１区の係留施設に向かって航行する場合は、「＞JP　KUH　1」となる。

港　名	仕向港での進路	進路を示す記号
釧路	東区第１区の係留施設に向かって航行する。	1
	東区第２区の係留施設に向かって航行する。	2
	東区第３区の係留施設に向かって航行する。	3
	西区第１区の係留施設に向かって航行する。	4
	西区第２区の係留施設に向かって航行する。	5
苫小牧	第１区の開発フェリーふ頭から中央北ふ頭２号岸壁に至る間の係留施設に向かって航行する。	C
	第１区の中央北ふ頭３号岸壁から丸一鋼管岸壁に至る間の係留施設に向かって航行する。	N
	第１区の勇払ふ頭から中央南ふ頭西岸壁に至る間の係留施設に向かって航行する。	E
	第１区のホクレン用桟橋から苫小牧ふ頭に至る間の係留施設に向かって航行する。	S
	第２区の入船ふ頭から北ふ頭に至る間の係留施設に向かって航行する。	2 E
	第２区の西ふ頭又は南ふ頭の係留施設に向かって航行する。	2 W
函館	第１区の係留施設に向かって航行する。	1
	第２区の万代ふ頭正面岸壁から若松ふ頭岸壁に至る間の係留施設に向かって航行する。	2 E
	第２区の弁天Ａ岸壁から函館どつく第４岸壁に至る間の係留施設に向かって航行する。	2 W
	第３区の係留施設に向かって航行する。	3
	第４区のコスモ石油桟橋ドルフィンから港町けい船くいに至る間の係留施設に向かって航行する。	4 N
	第４区の港町ふ頭から北ふ頭に至る間の係留施設に向かって航行する。	4 S
秋田船川	秋田北防波堤灯台から旧北防波堤先端まで引いた線以北の係留施設に向かって航行する。	N
	旧北防波堤先端から99度に陸岸まで引いた線（以下「Ａ線」という。）以北の係留施設に向かって航行する。	E
	ＥＮＥＯＳ桟橋に向かって航行する。	E N
	Ａ線の南側の旧雄物川東側の中島岸壁から下浜ふ頭に至る間の係留施設に向かって航行する。	E C
	Ａ線の南側の旧雄物川東側の寺内ふ頭以南の係留施設に向かって航行する。	E S

	Ａ線の南側の旧雄物川西側の係留施設に向かって航行する。	W
鹿島	深芝公共岸壁北東端から325度610メートルの地点まで引いた線以北の係留施設に向かって航行する。	O
	中央水路（深芝公共岸壁北東端から325度610メートルの地点まで引いた線、同地点から236度30分250メートルの地点まで引いた線、鹿島中央信号所から35度890メートルの地点（以下「Ａ地点」という。）から227度30分に引いた線（以下「Ａ線」という。）、Ａ地点から169度760メートルの地点から272度30分に引いた線（以下「Ｂ線」という。）及び陸岸により囲まれた海面をいう。以下同じ。）の北側の係留施設に向かって航行する。	CN
	中央水路の南側の係留施設に向かって航行する。	CS
	南水路（Ｂ線及び陸岸により囲まれた海面をいう。以下同じ。）の東側の係留施設に向かって航行する。	SE
	南水路の西側及び南側の係留施設に向かって航行する。	SW
	北水路（Ａ線及び陸岸により囲まれた海面をいう。以下同じ。）の南西側及び北西側の係留施設に向かって航行する。	NW
	北水路の北東側の係留施設に向かって航行する。	NE
千葉	千葉区第１区の中央ふ頭南東端から出洲ふ頭南西端まで引いた線以北の係留施設に向かって航行する。	D
	千葉区第３区の中央ふ頭南側の係留施設に向かって航行する。	C
	千葉区第３区の係留施設（中央ふ頭南側の係留施設を除く。）に向かって航行する。	S
	船橋中央ふ頭南岸壁及び船橋中央ふ頭北岸壁のＥからＭ岸壁に向かって航行する。	FS
	船橋中央ふ頭北岸壁北東端から日の出水門まで引いた線以西の葛南区の係留施設に向かって航行する。	FN
	塩浜三角点（12メートル）（北緯35度40分10秒東経139度56分49秒）から334度30分420メートルの地点から341度580メートルの地点まで引いた線以西の係留施設に向かって航行する。	IW
	塩浜三角点から66度30分610メートルの地点から72度30分510メートルの地点まで引いた線以北の係留施設に向かって航行する。	IE
京浜東京区	15号地西側又は北側の係留施設に向かって航行する。	L
	10号地その１、11号地建材ふ頭、辰巳ふ頭、Ｍ１、Ｍ２ドルフィンバース又は12号地木材投下泊地ブイバースに向かって航行する。	M
	10号地その２又はお台場ライナーふ頭に向かって航行する。	V
	晴海信号所から芝浦ふ頭南端まで引いた線以北の係留施設に向かって航行する。	H
	晴海信号所から豊洲ふ頭北西端まで引いた線以東の係留施設に向かって航行する。	T
	有明ふ頭又は台場官庁船桟橋に向かって航行する。	A
	品川ふ頭に向かって航行する。	S
	東京国際クルーズふ頭桟橋又は青海コンテナふ頭に向かって航行する。	R
	ＪＥＲＡ大井火力発電所桟橋、大井コンテナふ頭、大井水産ふ頭、大井食品ふ頭又は大井食品ふ頭南端から大井ふ頭その２北端まで引いた線以西の係留施設に向かって航行する。	O
	中央防波堤内側埋立地の係留施設に向かって航行する。	C
	中央防波堤外側埋立地西側の係留施設に向かって航行する。	CW
京浜川崎区	境運河の係留施設に向かって航行する。	SU
	田辺運河の係留施設に向かって航行する。	TU
	池上運河の係留施設に向かって航行する。	IU
	塩浜運河の係留施設に向かって航行する。	SG
	大師運河の係留施設に向かって航行する。	DU
	第１区大川町南側岸壁に向かって航行する。	OK

	第１区扇町南側岸壁に向かって航行する。	ＯＴ
	第１区水江町南側岸壁に向かって航行する。	ＭＥ
	第１区千鳥町南側岸壁に向かって航行する。	ＴＤ
	第１区浮島町京浜運河側岸壁に向かって航行する。	ＵＳ
	第１区京浜運河側東扇島岸壁に向かって航行する。	ＨＯ
	第１区扇島北側岸壁に向かって航行する。	ＯＧ
京浜横浜区	横浜本牧防波堤灯台から307度1,720メートルの地点まで引いた線以南の係留施設に向かって航行する。	ＨＭ
	横浜東水堤北端から100度30分1,470メートルの地点まで引いた線以南の係留施設に向かって航行する。	Ｙ
	横浜東水堤北端から横浜北水堤灯台まで引いた線以西の係留施設に向かって航行する。	ＯＳ
	横浜北水堤灯台から横浜大黒ふ頭船だまり波除堤灯台まで引いた線以北の係留施設に向かって航行する。	Ｄ
	横浜北水堤灯台から横浜大黒防波堤西灯台まで引いた線以北の大黒ふ頭の係留施設に向かって航行する。	ＤＳ
	横浜大黒防波堤東灯台から大黒ふ頭北東端まで引いた線以西の係留施設に向かって航行する。	ＤＥ
	第３区の大黒ふ頭北東端から末広町１丁目南東端まで引いた線以西の係留施設に向かって航行する。	ＤＮ
	第４区の末広町1丁目南東端から末広町２丁目南西端まで引いた線以北の係留施設に向かって航行する。	ＳＨ
	第３区のＪＦＥスチール東日本製鉄所岸壁に向かって航行する。	Ｋ
	第４区の安善町２丁目南側岸壁に向かって航行する。	ＡＺ
	第４区の扇島北側岸壁に向かって航行する。	ＯＮ
	旭運河の係留施設に向かって航行する。	ＡＵ
	境運河の係留施設に向かって航行する。	ＳＵ
新潟	西区信濃川の西側の係留施設に向かって航行する。	Ｗ
	西区信濃川の東側の万代島ふ頭の係留施設に向かって航行する。	ＷＢ
	西区信濃川の東側の導流堤の東側の係留施設に向かって航行する。	ＷＤ
	西区信濃川東側の通船川沿いの係留施設又は山の下ふ頭の北側岸壁に向かって航行する。	ＷＴ
	西区臨港ふ頭の係留施設に向かって航行する。	ＷＲ
	東区東側の係留施設に向かって航行する。	Ｅ
	東区西側の係留施設に向かって航行する。	ＥＷ
名古屋	北浜ふ頭西側の係留施設（Ｊ２からＧ１桟橋）又は高潮防波堤東信号所から89度1,270メートルの地点を中心とする半径300メートルの円内海面の危険物船錨地に向かって航行する。	Ｅ１
	東海元浜ふ頭南側、北浜ふ頭北側の係留施設（Ｇ６からＧ４桟橋）又は横須賀ふ頭に向かって航行する。	Ｅ２
	東海元浜ふ頭西側の係留施設に向かって航行する。	Ｅ３
	東海元浜ふ頭北側の係留施設に向かって航行する。	Ｅ４
	新宝ふ頭の係留施設に向かって航行する。	Ｅ５
	潮見ふ頭南側の係留施設（ＢＬ、ＢＫ桟橋）又は潮見ふ頭南西端から180度400メートルの地点まで引いた線、同地点から83度430メートルの地点まで引いた線、同地点から０度に引いた線及び陸岸により囲まれた海面の危険物船錨地に向かって航行する。	Ｂ１
	潮見ふ頭東側の係留施設（ＢＨ２からＢＹ桟橋）に向かって航行する。	Ｂ２
	潮見ふ頭北側の係留施設（Ｑ１からＢ３桟橋）に向かって航行する。	Ｂ３
	潮見ふ頭西側の係留施設（Ｂ４からＢＪ桟橋）に向かって航行する。	Ｂ４
	昭和ふ頭又は船見ふ頭の係留施設に向かって航行する。	Ｎ１

	ガーデンふ頭、大手ふ頭、築地東ふ頭又は大江ふ頭の係留施設に向かって航行する。	Ｎ２
	一洲町の桟橋、稲永ふ頭又は潮凪ふ頭の係留施設に向かって航行する。	Ｎ３
	空見ふ頭東側の係留施設に向かって航行する。	Ｎ４
	金城ふ頭52から57号岸壁に向かって航行する。	Ｋ１
	金城ふ頭58から62号岸壁に向かって航行する。	Ｋ２
	金城ふ頭76から85号岸壁に向かって航行する。	Ｋ３
	金城ふ頭71から75号岸壁、空見ふ頭西側又は木場金岡ふ頭東側の係留施設に向かって航行する。	Ｗ１
	飛島ふ頭東側の係留施設に向かって航行する。	Ｗ２
	飛島ふ頭南側の係留施設に向かって航行する。	Ｗ３
	飛島ふ頭西側、弥富ふ頭東側の係留施設又は第４区の係船浮標に向かって航行する。	Ｗ４
	弥富ふ頭南側又は鍋田ふ頭の係留施設に向かって航行する。	Ｗ５
	高潮防波堤東信号所から22度2,,010メートルの地点を中心とする半径350メートルの円内海面の危険物船錨地に向かって航行する。	Ｐ１
	南浜ふ頭の係留施設又は高潮防波堤東信号所から144度30分820メートルの地点（以下「Ａ地点」という。）から214度800メートルの地点まで引いた線、同地点から128度250メートルの地点まで引いた線、同地点から66度30分460メートルの地点まで引いた線、同地点から34度400メートルの地点まで引いた線、同地点からＡ地点まで引いた線により囲まれた海面の危険物船錨地に向かって航行する。	Ｓ１
四日市	石原産業から昭和四日市石油に至る間の係留施設に向かって航行する。	ＩＳ
	コスモ石油塩浜桟橋、三菱ケミカル第１から第３桟橋又は東邦石炭ふ頭に向かって航行する。	ＤＭ
	千歳町第１、第２又は第３ふ頭の係留施設（第１から第14号岸壁）に向かって航行する。	ＣＥ
	千歳町第２、第３ふ頭の係留施設（第15号岸壁から小型船桟橋）、日本板硝子又は太平洋セメントの係留施設に向かって航行する。	ＣＷ
	コスモ石油四日市桟橋に向かって航行する。	Ｔ
	コスモ石油午起桟橋又はＪＥＲＡ四日市火力発電所の係留施設に向かって航行する。	Ｕ
	霞１丁目西側の係留施設に向かって航行する。	ＫＷ
	霞１丁目南側の係留施設に向かって航行する。	ＫＳ
	霞１丁目東側の係留施設に向かって航行する。	ＫＥ
	霞ケ浦南ふ頭北側若しくは東側又は霞ケ浦北ふ頭南側の係留施設に向かって航行する。	ＳＮ
	霞ケ浦南ふ頭西側の係留施設に向かって航行する。	ＳＷ
	富双１、２丁目又は富田浜町の係留施設に向かって航行する。	Ｆ
	谷口石油精製桟橋に向かって航行する。	Ａ
	ＪＥＲＡ川越火力発電所の係留施設に向かって航行する。	Ｅ
	四日市港東防波堤南灯台から285度200メートルの地点まで引いた線、同地点から334度1,080メートルの地点まで引いた線、同地点から17度520メートルの地点まで引いた線、同地点から四日市港東防波堤北西端まで引いた線及び四日市港東防波堤により囲まれた海面の錨地に向かって航行する。	Ｗ
阪神大阪区	第１区内の係留施設に向かって航行する。	Ｈ
	第２区天保山大橋以西の係留施設に向かって航行する。	２Ｔ
	第２区天保山大橋以東の係留施設に向かって航行する。	２Ａ
	第３区港大橋以西の係留施設に向かって航行する。	３Ｗ
	第３区港大橋以東の第５から第８号岸壁、尻無川又は大正内港の係留施設に向かって航行する。	３Ｅ

	第３区港大橋以東の南港コンテナふ頭、Ｉ岸壁又はＧ岸壁に向かって航行する。	3C
	第３区港大橋以東の係留施設（第５から第８号岸壁、尻無川若しくは大正内港の係留施設、南港コンテナふ頭、Ｉ岸壁又はＧ岸壁を除く。）に向かって航行する。	3K
	第４区南港北防波堤灯台と南港信号所を結んだ線以北の係留施設に向かって航行する。	4N
	第４区の係留施設（南港北防波堤灯台と南港信号所を結んだ線以北の係留施設を除く。）に向かって航行する。	4S
	第５区の係留施設に向かって航行する。	5
阪神堺泉北区	第１区の係留施設に向かって航行する。	1
	第２区の係留施設に向かって航行する。	2
	第３区の係留施設に向かって航行する。	3
阪神神戸区	第１区の三菱重工業神戸造船所から川崎造船神戸工場に至る間の係留施設に向かって航行する。	K
	第１区の高浜岸壁に向かって航行する。	T
	第１区の中突堤に向かって航行する。	N
	第１区の新港第1突堤西側から新港第４突堤西側に至る間の係留施設に向かって航行する。	SW
	第１区のポートアイランド西側の係留施設に向かって航行する。	PW
	第２区のポートアイランド第二期埋立地東側の係留施設に向かって航行する。	P2
	第２区のポートアイランド東側の係留施設又はドルフィンバース９番に向かって航行する。	PE
	第２区のポートアイランド北側の係留施設に向かって航行する。	PN
	第２区の新港第４突堤東側から新港東ふ頭東側に至る間の係留施設に向かって航行する。	SE
	第２区の摩耶ふ頭西側の係留施設又はドルフィンバース１番に向かって航行する。	MW
	第２区の摩耶ふ頭南側の係留施設、摩耶ふ頭東側の係留施設又はドルフィンバース２番から８番に向かって航行する。	M
	第２区の灘ふ頭に向かって航行する。	A
	第２区の東部第1工区の係留施設に向かって航行する。	E1
	第２区及び第３区の東部第２工区の係留施設に向かって航行する。	E2
	第２区の六甲アイランド北側の係留施設に向かって航行する。	RN
	第２区の六甲アイランド西側の係留施設に向かって航行する。	RW
	第３区の六甲アイランド南側の係留施設に向かって航行する。	RS
	第３区の六甲アイランド東側の係留施設に向かって航行する。	RE
	第３区の六甲アイランド北側の係留施設に向かって航行する。	R
	第３区の東部第3工区の係留施設に向かって航行する。	E3
	第３区の東神戸フェリーふ頭の係留施設に向かって航行する。	F
	第３区の東部第４工区の係留施設に向かって航行する。	E4
水島	西公共（－）2.6m物揚場からＥＮＥＯＳ水島製油所Ａ工場岸壁に至る間の係留施設に向かって航行する。	A
	東公共物揚場からＥＮＥＯＳ水島製油所Ｂ工場桟橋に至る間又は呼松水路の係留施設に向かって航行する。	B
	旭化成Ｃ７桟橋から太平洋セメント桟橋に至る間の係留施設に向かって航行する。	C
	ＪＦＥ倉敷Ａ岸壁からＪＦＥ倉敷コークス積出桟橋に至る間の係留施設に向かって航行する。	D
	高梁川水路又は乙島の係留施設に向かって航行する。	TH
	玉島地区（乙島を除く。）の係留施設に向かって航行する。	TS

	ＪＦＥ南側海域（ＡからＥ錨地）に向かって航行する。	ＦＭ
	玉島人工島南側海域（ＦからＰ錨地）に向かって航行する。	ＦＴ
関門田野浦区	田野浦区の係留施設（太刀浦係船岸壁及び太刀浦１号物揚場を除く。）に向かって航行する。	Ｔ
	太刀浦係船岸壁１号から６号に向かって航行する。	ＵＷ
	太刀浦係船岸壁７号から８号に向かって航行する。	Ｕ
	太刀浦係船岸壁９号から29号に向かって航行する。	ＵＳ
	太刀浦係船岸壁30号から42号及び太刀浦１号物揚場に向かって航行する。	ＵＥ
関門門司区	門司区の係留施設に向かって航行する。	Ｍ
関門下関区	下関区の係留施設に向かって航行する。	Ｓ
関門西山区	西山区の係留施設（福浦湾の係留施設を除く。）に向かって航行する。	Ｎ
	西山区の福浦湾の係留施設に向かって航行する。	ＮＦ
関門小倉区	高浜船だまり、砂津兼松油槽小倉油層所オイル・ＬＰＧ共用桟橋又はオイル専用桟橋に向かって航行する。	ＫＡ
	砂津泊地又は紫川泊地の係留施設に向かって航行する。	ＫＳ
	日明泊地又は日明北泊地の係留施設に向かって航行する。	ＫＨ
	ジャパンオイルネットワーク㈱小倉油槽所Ｂ桟橋から堺川九州電力桟橋に至る間の係留施設又は若松区第５区九州化学工業桟橋から日鉄ケミカルマテリアル㈱戸畑１号岸壁に至る間の係留施設に向かって航行する。	Ｒ
	日鉄高炉セメントの１設、３設桟橋、原料船岸壁又は若松区第５区日鉄ケミカルマテリアル㈱製品払出岸壁から堺川公共岸壁に至る間の係留施設に向かって航行する。	ＲＳ
関門若松区	第１区の東京製鉄専用桟橋、五島商店岸壁、北九州市環境局江川中継所桟橋、堀川公共岸壁又は三菱マテリアル桟橋に向かって航行する。	ＹＯ
	第１区の三菱ケミカル無機１号埠頭から三菱ケミカル合成４号桟橋に至る間の係留施設に向かって航行する。	ＹＲ
	第１区の二島岸壁又は三菱ケミカル化工品１号桟橋から三菱ケミカル硝酸1号桟橋に至る間の係留施設に向かって航行する。	ＹＫ
	第１区の太平洋セメント岸壁、黒崎公共岸壁又は黒崎泊地内の係留施設に向かって航行する。	ＹＤ
	第１区の若松高架鉄道桟橋、八幡製鉄西八幡鉄くず岸壁、妙見泊地内の係留施設又は第２区の洞岡北岸壁に向かって航行する。	ＹＢ
	第２区の八幡泊地内の係留施設（AGC岸壁を除く。）に向かって航行する。	Ｙ
	第２区のAGC岸壁に向かって航行する。	ＹＥ
	第２区の岬ノ山岸壁又は第３区の係留施設に向かって航行する。	ＹＷ
	第４区の製鉄戸畑内浦岸壁、川代岸壁、戸畑商港岸壁又は戸畑漁港岸壁に向かって航行する。	ＹＮ
	第４区の㈱J―オイルミルズ若松工場岸壁、日立金属東岸壁、㈱トーカイ岸壁又は北湊泊地内の係留施設に向かって航行する。	ＹＸ
	第４区安瀬南第１泊地内の係留施設、第５区の響灘ドルフィン、響灘南岸壁、ひびきコールセンター第１岸壁、戸畑共同火力重油桟橋又は第５区内の錨地に向かって航行する。	ＹＨ
	第５区製鉄戸畑泊地内又は焼結船だまりの係留施設に向かって航行する。	Ｚ
	第６区安瀬泊地内の係留施設又は錨地に向かって航行する。	Ａ
関門六連島区	大東タンクターミナル株式会社六連油槽所の係留施設に向かって航行する。	ＪＢ
	新港ふ頭多目的国際ターミナルの係留施設に向かって航行する。	ＪＣ
関門長府区	長府区の係留施設に向かって航行する。	Ｃ

博多	第１区東浜ふ頭４岸から須崎ふ頭4岸に至る間の係留施設に向かって航行する。ただし、北防波堤北端から箱崎防波堤南端まで引いた線を通過する場合を除く。	C
	第１区箱崎ふ頭から東浜ふ頭５岸に至る間の係留施設に向かって航行する。ただし、北防波堤北端から箱崎防波堤南端まで引いた線を通過する場合を除く。	P
	第１区須崎ふ頭北護岸から西公園下防波堤に至る間の係留施設に向かって航行する。ただし、北防波堤北端から箱崎防波堤南端まで引いた線を通過する場合を除く。	S
	北防波堤北端から箱崎防波堤南端まで引いた線を通過し、第１区の係留施設に向かって航行する。	E１
	第２区の係留施設に向かって航行する。	E２
長崎	長崎漁港の係留施設に向かって航行する。	F
	第１区東側の係留施設に向かって航行する。	１E
	第１区西側の係留施設に向かって航行する。	１W
	第１区の係船浮標に向かって航行する。	１B
	第２区東側の係留施設に向かって航行する。	２E
	第２区西側の係留施設に向かって航行する。	２W
	第３区北側又は第５区の係留施設に向かって航行する。	３N
	第３区東側、第４区小ケ倉柳ふ頭又は土井首浦の係留施設に向かって航行する。	３E
	第４区九州スチールセンターからナカタマックコーポレーションに至る間の係留施設に向かって航行する。	４E
	第４区三菱重工造船所若しくは大島造船所の係留施設又は公共岸壁に向かって航行する。	４W
那覇	那覇ふ頭又は那覇軍港の係留施設に向かって航行する。	N
	泊ふ頭の係留施設に向かって航行する。	T
	新港ふ頭の係留施設に向かって航行する。	S
	浦添ふ頭の係留施設に向かって航行する。	U

別表第三　出発港又は通過港での進路を示す記号

(1)　次の表の左欄を出発港又は通過港とし、同表の中欄に掲げる進路にしたがって同港を航行する場合における出発港又は通過港での進路を示す記号は、「／」と同表の右欄に掲げる進路を示す記号とを組み合わせたものとし、別表第一による仕向港を示す記号（別表第二による仕向港での進路を示す記号がある場合にあっては、当該仕向港での進路を示す記号）の後に付するものとする。ただし、搭載している船舶自動識別装置の性能上「／」を送信することが困難な場合にあっては、一文字のスペースを空け、その後に「００」を付することをもって代えることができるものとする。

(2)　たとえば、釧路港を仕向港とし、釧路港では東区第１区の係留施設に向かって航行する場合であって、途中、関門港を東口に向かって航行し、関門港を通過する場合は、「>JP KUH　1／E」となる。

港　　名	出発港又は通過港での進路	進路を示す記号
関門	東口に向かって航行し、関門港（響新港区、新門司区を除く。）を通過又は出港する。	E
	西口の六連島東方に向かって航行し、関門港（響新港区、新門司区を除く。）を通過又は出港する。	WM
	西口の馬島西方から白州・白島南方に向かって航行し、関門港（響新港区、新門司区を除く。）を通過又は出港する。	WS
	西口の馬島西方から藍島東方に向かって航行し、関門港（響新港区、新門司区を除く。）を通過又は出港する。	WA

港則法施行規則第十一条第二項の港を航行するときの進路を表示する信号

〔平成七年三月十七日
海上保安庁告示第三十五号〕

最近改正

平成二一年三月一二日海上保安庁告示第九五号
同二二年四月一日同第九三号
同二三年一二月二七日同第二八〇号
同二五年三月一九日同第六四号
同二八年三月三一日同第一八号
同二九年一〇月二三日同第四五号
同三〇年一月四日同第二号
同三一年三月二九日同第二二号
令和二年九月一〇日同第三二号
同四年四月一四日同第一六号
同五年三月二八日同第一二号

1　港則法施行規則第十一条の港を航行するときの進路を表示する信号は別表のとおりとする。

2　前項の進路信号を掲げる場合には、信号旗として国際信号旗を用いる。

附　則（平成二三年海上保安庁告示第二八〇号）

この告示は、公布の日から施行する。

附　則（平成二八年海上保安庁告示第一八号）

この告示は、公布の日から施行する。

附　則（平成二九年海上保安庁告示第四五号）

この告示は、平成二十九年十一月一日から施行する。

附　則（平成三〇年海上保安庁告示第二号）

この告示は、平成三十年一月三十一日から施行する。

附　則（平成三一年海上保安庁告示第二二号）

この告示は、平成三十一年四月一日から施行する。

附　則（令和二年海上保安庁告示第三二号）

この告示は、令和二年九月十日から施行する。ただし、次の各号に掲げる規定は、当該各号に定める日から施行する。

一　〔略〕

二　第二条の規定のうち別表第三号の改正規定　令和二年九月二十六日

附　則（令和四年海上保安庁告示第一六号）

この告示は、令和四年五月一日から施行する。

附　則（令和五年海上保安庁告示第一二号）

この告示は、公布の日から施行する。ただし、〔中略〕第四条の改正規定は、令和五年四月一日から施行する。

別表

(1)　「○代」、「A」、「B」、「C」……又は「1」、「2」、「3」……とあるのは、それぞれ国際信号旗の第○代表旗、国際信号旗のA、B、C……又は国際信号旗の1、2、3……を示す。

(2)　たとえば、「2代・A・1」とあるのは、上方より順次国際信号旗の第2代表旗、国際信号旗のA及び国際信号旗の1の順序で掲げることを意味する。

1　釧路港

信　　号	信　　文
２代・１	東区第１区の係留施設に向かって航行する。
２代・２	東区第２区の係留施設に向かって航行する。
２代・３	東区第３区の係留施設に向かって航行する。
２代・４	西区第１区の係留施設に向かって航行する。
２代・５	西区第２区の係留施設に向かって航行する。

2　苫小牧港

信　　号	信　　文
２代・Ｃ	第１区の開発フェリーふ頭から中央北ふ頭２号岸壁に至る間の係留施設に向かって航行する。
２代・Ｎ	第１区の中央北ふ頭３号岸壁から丸一鋼管岸壁に至る間の係留施設に向かって航行する。
２代・Ｅ	第１区の勇払ふ頭から中央南ふ頭西岸壁に至る間の係留施設に向かって航行する。
２代・Ｓ	第１区のホクレン用桟橋から苫小牧ふ頭に至る間の係留施設に向かって航行する。
２代・２・Ｅ	第２区の入船ふ頭から北ふ頭に至る間の係留施設に向かって航行する。
２代・２・Ｗ	第２区の西ふ頭又は南ふ頭の係留施設に向かって航行する。

3　函館港

信　　号	信　　文
２代・１	第１区の係留施設に向かって航行する。
２代・２・Ｅ	第２区の万代ふ頭正面岸壁から若松ふ頭岸壁に至る間の係留施設に向かって航行する。
２代・２・Ｗ	第２区の弁天Ａ岸壁から函館どつく第４岸壁に至る間の係留施設に向かって航行する。
２代・３	第３区の係留施設に向かって航行する。
２代・４・Ｎ	第４区のコスモ石油桟橋ドルフィンから港町けい船くいに至る間の係留施設に向かって航行する。
２代・４・Ｓ	第４区の港町ふ頭から北ふ頭に至る間の係留施設に向かって航行する。

4　秋田船川港

信　　号	信　　文
２代・Ｎ	秋田北防波堤灯台から旧北防波堤先端まで引いた線以北の係留施設に向かって航行する。
２代・Ｅ	旧北防波堤先端から99度に陸岸まで引いた線（以下「Ａ線」という。）以北の係留施設に向かって航行する。
２代・Ｅ・Ｎ	ＥＮＥＯＳ桟橋に向かって航行する。
２代・Ｅ・Ｃ	Ａ線の南側の旧雄物川東側の中島岸壁から下浜ふ頭に至る間の係留施設に向かって航行する。
２代・Ｅ・Ｓ	Ａ線の南側の旧雄物川東側の寺内ふ頭以南の係留施設に向かって航行する。
２代・Ｗ	Ａ線の南側の旧雄物川西側の係留施設に向かって航行する。

5　鹿島港

信　　号	信　　文
２代・Ｏ	深芝公共岸壁北東端から325度610メートルの地点まで引いた線以北の係留施設に向

	かって航行する。
２代・C・N	中央水路（深芝公共岸壁北東端から325度610メートルの地点まで引いた線、同地点から236度30分250メートルの地点まで引いた線、鹿島中央信号所から35度890メートルの地点（以下「Ａ地点」という。）から227度30分に引いた線（以下「Ａ線」という。）、Ａ地点から169度760メートルの地点から272度30分に引いた線（以下「Ｂ線」という。）及び陸岸により囲まれた海面をいう。以下同じ。）の北側の係留施設に向かって航行する。
２代・C・S	中央水路の南側の係留施設に向かって航行する。
２代・S・E	南水路（Ｂ線及び陸岸により囲まれた海面をいう。以下同じ。）の東側の係留施設に向かって航行する。
２代・S・W	南水路の西側及び南側の係留施設に向かって航行する。
２代・N・W	北水路（Ａ線及び陸岸により囲まれた海面をいう。以下同じ。）の南西側及び北西側の係留施設に向かって航行する。
２代・N・E	北水路の北東側の係留施設に向かって航行する。

6　千葉港

信　　号	信　　　　文
２代・D	千葉区第１区の中央ふ頭南東端から出洲ふ頭南西端まで引いた線以北の係留施設に向かって航行する。
２代・C	千葉区第３区の中央ふ頭南側の係留施設に向かって航行する。
２代・S	千葉区第３区の係留施設（中央ふ頭南側の係留施設を除く。）に向かって航行する。
２代・F・S	船橋中央ふ頭南岸壁及び船橋中央ふ頭北岸壁のＥからＭ岸壁に向かって航行する。
２代・F・N	船橋中央ふ頭北岸壁北東端から日の出水門まで引いた線以西の葛南区の係留施設に向かって航行する。
２代・I・W	塩浜三角点（12メートル）（北緯35度40分10秒東経139度56分49秒）から334度30分420メートルの地点から341度580メートルの地点まで引いた線以西の係留施設に向かって航行する。
２代・I・E	塩浜三角点から66度30分610メートルの地点から72度30分510メートルの地点まで引いた線以北の係留施設に向かって航行する。

7　京浜港

信　　号		信　　　　文
東京区	２代・L	15号地西側又は北側の係留施設に向かって航行する。
	２代・M	10号地その１、11号地建材ふ頭、辰巳ふ頭、Ｍ１、Ｍ２ドルフィンバース又は12号地木材投下泊地ブイバースに向かって航行する。
	２代・V	10号地その２又はお台場ライナーふ頭に向かって航行する。
	２代・H	晴海信号所から芝浦ふ頭南端まで引いた線以北の係留施設に向かって航行する。
	２代・T	晴海信号所から豊洲ふ頭北西端まで引いた線以東の係留施設に向かって航行する。
	２代・A	有明ふ頭又は台場官庁船桟橋に向かって航行する。
	２代・S	品川ふ頭に向かって航行する。
	２代・R	東京国際クルーズふ頭桟橋又は青海コンテナふ頭に向かって航行する。
	２代・O	ＪＥＲＡ大井火力発電所桟橋、大井コンテナふ頭、大井水産ふ頭、大井食品ふ頭又は大井食品ふ頭南端から大井ふ頭その２北端まで引いた線以西の係留施設に向かって航行する。
	２代・C	中央防波堤内側埋立地の係留施設に向かって航行する。
	２代・CW	中央防波堤外側埋立地西側の係留施設に向かって航行する。
	１代・E	京浜運河東口に向かって航行し、京浜運河を通過又は出航する。

川崎区	１代・W	京浜運河西口に向かって航行し、京浜運河を通過又は出航する。
	２代・S・U	境運河の係留施設に向かって航行する。
	２代・T・U	田辺運河の係留施設に向かって航行する。
	２代・I・U	池上運河の係留施設に向かって航行する。
	２代・S・G	塩浜運河の係留施設に向かって航行する。
	２代・D・U	大師運河の係留施設に向かって航行する。
	２代・O・K	第１区大川町南側岸壁に向かって航行する。
	２代・O・T	第１区扇町南側岸壁に向かって航行する。
	２代・M・E	第１区水江町南側岸壁に向かって航行する。
	２代・T・D	第１区千鳥町南側岸壁に向かって航行する。
	２代・U・S	第１区浮島町京浜運河側岸壁に向かって航行する。
	２代・H・O	第１区京浜運河側東扇島岸壁に向かって航行する。
	２代・O・G	第１区扇島北側岸壁に向かって航行する。
横浜区	１代・E	京浜運河東口に向かって航行し、京浜運河を通過又は出航する。
	１代・W	京浜運河西口に向かって航行し、京浜運河を通過又は出航する。
	２代・H・M	横浜本牧防波堤灯台から307度1,720メートルの地点まで引いた線以南の係留施設に向かって航行する。
	２代・Y	横浜東水堤北端から100度30分1,470メートルの地点まで引いた線以南の係留施設に向かって航行する。
	２代・O・S	横浜東水堤北端から横浜北水堤灯台まで引いた線以西の係留施設に向かって航行する。
	２代・D	横浜北水堤灯台から横浜大黒ふ頭船だまり波除堤灯台まで引いた線以北の係留施設に向かって航行する。
	２代・D・S	横浜北水堤灯台から横浜大黒防波堤西灯台まで引いた線以北の大黒ふ頭の係留施設に向かって航行する。
	２代・D・E	横浜大黒防波堤東灯台から大黒ふ頭北東端まで引いた線以西の係留施設に向かって航行する。
	２代・D・N	第３区の大黒ふ頭北東端から末広町１丁目南東端まで引いた線以西の係留施設に向かって航行する。
	２代・S・H	第４区の末広町１丁目南東端から末広町２丁目南西端まで引いた線以北の係留施設に向かって航行する。
	２代・K	第３区のＪＦＥスチール東日本製鉄所岸壁に向かって航行する。
	２代・A・Z	第４区の安善町２丁目南側岸壁に向かって航行する。
	２代・O・N	第４区の扇島北側岸壁に向かって航行する。
	２代・A・U	旭運河の係留施設に向かって航行する。
	２代・S・U	境運河の係留施設に向かって航行する。

8　新潟港

信号	信文
２代・W	西区信濃川の西側の係留施設に向かって航行する。
２代・W・B	西区信濃川の東側の万代島ふ頭の係留施設に向かって航行する。
２代・W・D	西区信濃川の東側の導流堤の東側の係留施設に向かって航行する。
２代・W・T	西区信濃川東岸の通船川沿いの係留施設又は山の下ふ頭北側岸壁に向かって航行する。
２代・W・R	西区臨港ふ頭の係留施設に向かって航行する。
２代・E	東区東側の係留施設に向かって航行する。
２代・E・W	東区西側の係留施設に向かって航行する。

9　名古屋港

信　　号	信　　文
1代・E	東航路を航行して出港する。
1代・W	西航路を航行して出港する。
2代・E・1	北浜ふ頭西側の係留施設（Ｊ２からＧ１桟橋）又は高潮防波堤東信号所から89度1,270メートルの地点を中心とする半径300メートルの円内海面の危険物船錨地に向かって航行する。
2代・E・2	東海元浜ふ頭南側、北浜ふ頭北側の係留施設（Ｇ６からＧ４桟橋）又は横須賀ふ頭に向かって航行する。
2代・E・3	東海元浜ふ頭西側の係留施設に向かって航行する。
2代・E・4	東海元浜ふ頭北側の係留施設に向かって航行する。
2代・E・5	新宝ふ頭の係留施設に向かって航行する。
2代・B・1	潮見ふ頭南側の係留施設（ＢＬ、ＢＫ桟橋）又は潮見ふ頭南西端から180度400メートルの地点まで引いた線、同地点から83度430メートルの地点まで引いた線、同地点から０度に引いた線及び陸岸により囲まれた海面の危険物船錨地に向かって航行する。
2代・B・2	潮見ふ頭東側の係留施設（ＢＨ２からＢＹ桟橋）に向かって航行する。
2代・B・3	潮見ふ頭北側の係留施設（Ｑ１からＢ３桟橋）に向かって航行する。
2代・B・4	潮見ふ頭西側の係留施設（Ｂ４からＢＪ桟橋）に向かって航行する。
2代・N・1	昭和ふ頭又は船見ふ頭の係留施設に向かって航行する。
2代・N・2	ガーデンふ頭、大手ふ頭、築地東ふ頭又は大江ふ頭の係留施設に向かって航行する。
2代・N・3	一洲町の桟橋、稲永ふ頭又は潮凪ふ頭の係留施設に向かって航行する。
2代・N・4	空見ふ頭東側の係留施設に向かって航行する。
2代・K・1	金城ふ頭52から57号岸壁に向かって航行する。
2代・K・2	金城ふ頭58から62号岸壁に向かって航行する。
2代・K・3	金城ふ頭76から85号岸壁に向かって航行する。
2代・W・1	金城ふ頭71から75号岸壁、空見ふ頭西側又は木場金岡ふ頭東側の係留施設に向かって航行する。
2代・W・2	飛島ふ頭東側の係留施設に向かって航行する。
2代・W・3	飛島ふ頭南側の係留施設に向かって航行する。
2代・W・4	飛島ふ頭西側、弥富ふ頭東側の係留施設又は第４区の係船浮標に向かって航行する。
2代・W・5	弥富ふ頭南側又は鍋田ふ頭の係留施設に向かって航行する。
2代・P・1	高潮防波堤東信号所から22度2,010メートルの地点を中心とする半径350メートルの円内海面の危険物船錨地に向かって航行する。
2代・S・1	南浜ふ頭の係留施設又は高潮防波堤東信号所から144度30分820メートルの地点（以下Ａ地点という。）から214度800メートルの地点まで引いた線、同地点から128度250メートルの地点まで引いた線、同地点から66度30分460メートルの地点まで引いた線、同地点から34度400メートルの地点まで引いた線、同地点からＡ地点まで引いた線により囲まれた海面の危険物船錨地に向かって航行する。

10　四日市港

信　　号	信　　文
1代・1	第１航路を航行して出港する。
1代・U	午起航路から第１航路を航行して出港する。
1代・2	第２航路を航行して出港する。

2代・I・S	石原産業から昭和四日市石油に至る間の係留施設に向かって航行する。
2代・D・M	コスモ石油塩浜桟橋、三菱ケミカル第１から第３桟橋又は東邦石炭ふ頭に向かって航行する。
2代・C・E	千歳町第１、第２又は第３ふ頭の係留施設（第１から第１４号岸壁）に向かって航行する。
2代・C・W	千歳町第２、第３ふ頭の係留施設（第１５号岸壁から小型船桟橋）、日本板硝子又は太平洋セメントの係留施設に向かって航行する。
2代・T	コスモ石油四日市桟橋に向かって航行する。
2代・U	コスモ石油午起桟橋又はＪＥＲＡ四日市火力発電所の係留施設に向かって航行する。
2代・K・W	霞１丁目西側の係留施設に向かって航行する。
2代・K・S	霞１丁目南側の係留施設に向かって航行する。
2代・K・E	霞１丁目東側の係留施設に向かって航行する。
2代・S・N	霞ヶ浦南ふ頭北側若しくは東側又は霞ヶ浦北ふ頭南側の係留施設に向かって航行する。
2代・S・W	霞ヶ浦南ふ頭西側の係留施設に向かって航行する。
2代・F	富双１、２丁目又は富田浜町の係留施設に向かって航行する。
2代・A	谷口石油精製桟橋に向かって航行する。
2代・E	ＪＥＲＡ川越火力発電所の係留施設に向かって航行する。
2代・W	四日市港東防波堤南灯台から285度200メートルの地点まで引いた線、同地点から334度1,080メートルの地点まで引いた線、同地点から17度520メートルの地点まで引いた線、同地点から四日市港東防波堤北西端まで引いた線及び四日市港東防波堤により囲まれた海面の錨地に向かって航行する。

11　阪神港

信号		信文
大阪区	2代・H	第１区の係留施設に向かって航行する。
	2代・2・T	第２区天保山大橋以西の係留施設に向かって航行する。
	2代・2・A	第２区天保山大橋以東の係留施設に向かって航行する。
	2代・3・W	第３区港大橋以西の係留施設に向かって航行する。
	2代・3・E	第３区港大橋以東の第５から第８号岸壁、尻無川又は大正内港の係留施設に向かって航行する。
	2代・3・C	第３区港大橋以東の南港コンテナ埠頭、Ｉ岸壁又はＧ岸壁に向かって航行する。
	2代・3・K	第３区港大橋以東の係留施設（第５から第８号岸壁、尻無川若しくは大正内港の係留施設、南港コンテナ埠頭、Ｉ岸壁又はＧ岸壁を除く。）に向かって航行する。
	2代・4・N	第４区南港北防波堤灯台と南港信号所を結んだ線以北の係留施設に向かって航行する。
	2代・4・S	第４区の係留施設（南港北防波堤灯台と南港信号所を結んだ線以北の係留施設を除く。）に向かって航行する。
	2代・5	第５区の係留施設に向かって航行する。
堺泉北区	2代・1	第１区の係留施設に向かって航行する。
	2代・2	第２区の係留施設に向かって航行する。
	2代・3	第３区の係留施設に向かって航行する。
神戸区	2代・K	第１区の三菱重工業神戸造船所から川崎造船神戸工場に至る間の係留施設に向かって航行する。
	2代・T	第１区の高浜岸壁に向かって航行する。
	2代・N	第１区の中突堤に向かって航行する。

神戸区	２代・S・W	第１区の新港第１突堤西側から新港第４突堤西側に至る間の係留施設に向かって航行する。
	２代・P・W	第１区のポートアイランド西側の係留施設に向かって航行する。
	２代・P・２	第２区のポートアイランド第二期埋立地東側の係留施設に向かって航行する。
	２代・P・E	第２区のポートアイランド東側の係留施設又はドルフィンバース９番に向かって航行する。
	２代・P・N	第２区のポートアイランド北側の係留施設に向かって航行する。
	２代・S・E	第２区の新港第４突堤東側から新港東ふ頭東側に至る間の係留施設に向かって航行する。
	２代・M・W	第２区の摩耶ふ頭西側の係留施設又はドルフィンバース１番に向かって航行する。
	２代・M	第２区の摩耶ふ頭南側の係留施設、摩耶ふ頭東側の係留施設又はドルフィンバース２番から８番に向かって航行する。
	２代・A	第２区の灘ふ頭に向かって航行する。
	２代・E・１	第２区の東部第１工区の係留施設に向かって航行する。
	２代・E・２	第２区及び第３区の東部第２工区の係留施設に向かって航行する。
	２代・R・N	第２区の六甲アイランド北側の係留施設に向かって航行する。
	２代・R・W	第２区の六甲アイランド西側の係留施設に向かって航行する。
	２代・R・S	第３区の六甲アイランド南側の係留施設に向かって航行する。
	２代・R・E	第３区の六甲アイランド東側の係留施設に向かって航行する。
	２代・R	第３区の六甲アイランド北側の係留施設に向かって航行する。
	２代・E・３	第３区の東部第３工区の係留施設に向かって航行する。
	２代・F	第３区の東神戸フェリーふ頭の係留施設に向かって航行する。
	２代・E・４	第３区の東部第４工区の係留施設に向かって航行する。

12　水島港

信　　号	信　　　　文
１代・M	上水島以東から出港する。 （港内航路を航行して出港し、これと接続する水島航路に入った時に海上交通安全法第７条の規定により「１代・P」を表示しなければならない船舶にあっては「１代・M」に代えて「１代・P」を表示することができる。）
１代・T	上水島以西から出港する。
２代・A	西公共（－）２．６ｍ物揚場からＥＮＥＯＳ水島製油所Ａ工場岸壁に至る間の係留施設に向かって航行する。
２代・B	東公共物揚場からＥＮＥＯＳ水島製油所Ｂ工場桟橋に至る間又は呼松水路の係留施設に向かって航行する。
２代・C	旭化成Ｃ７桟橋から太平洋セメント桟橋に至る間の係留施設に向かって航行する。
２代・D	ＪＦＥ倉敷Ａ岸壁からＪＦＥ倉敷コークス積出桟橋に至る間の係留施設に向かって航行する。
２代・T・H	高梁川水路又は乙島の係留施設に向かって航行する。
２代・T・S	玉島地区（乙島を除く。）の係留施設に向かって航行する。
２代・F・M	ＪＦＥ南側海域（ＡからＥ錨地）に向かって航行する。
２代・F・T	玉島人工島南側海域（ＦからＰ錨地）に向かって航行する。

13　関門港

信　　号	信　　　　文
１代・E	東口に向かって航行し、関門港（響新港区、新門司区を除く。）を通過又は出港する。

区	信号	進路
	１代・W・M	西口の六連島東方に向かって航行し、関門港（響新港区、新門司区を除く。）を通過又は出港する。
	１代・W・S	西口の馬島西方から白州・白島南方に向かって航行し、関門港（響新港区、新門司区を除く。）を通過又は出港する。
	１代・W・A	西口の馬島西方から藍島東方に向かって航行し、関門港（響新港区、新門司区を除く。）を通過又は出港する。
田野浦区	２代・T	田野浦区の係留施設（太刀浦係船岸壁及び太刀浦１号物揚場を除く。）に向かって航行する。
	２代・U・W	太刀浦係船岸壁１号から６号に向かって航行する。
	２代・U	太刀浦係船岸壁７号から８号に向かって航行する。
	２代・U・S	太刀浦係船岸壁９号から29号に向かって航行する。
	２代・U・E	太刀浦係船岸壁30号から42号及び太刀浦１号物揚場に向かって航行する。
門司区	２代・M	門司区の係留施設に向かって航行する。
下関区	２代・S	下関区の係留施設に向かって航行する。
西山区	２代・N	西山区の係留施設（福浦湾の係留施設を除く。）に向かって航行する。
	２代・N・F	西山区の福浦湾の係留施設に向かって航行する。
小倉区	２代・K・A	高浜船だまり、砂津兼松油槽小倉油槽所オイル・ＬＰＧ共用桟橋又はオイル専用桟橋に向かって航行する。
	２代・K・S	砂津泊地又は紫川泊地の係留施設に向かって航行する。
	２代・K・H	日明泊地又は日明北泊地の係留施設に向かって航行する。
	２代・R	ジャパンオイルネットワーク㈱小倉油槽所Ｂ桟橋から堺川九州電力桟橋に至る間の係留施設又は若松区第５区九州化学工業桟橋から日鉄ケミカルマテリアル㈱戸畑１号岸壁に至る間の係留施設に向かって航行する。
	２代・R・S	日鉄高炉セメントの１設、３設桟橋、原料船岸壁又は若松区第５区日鉄ケミカルマテリアル㈱製品払出岸壁から堺川公共岸壁に至る間の係留施設に向かって航行する。
若松区	２代・Y・O	第１区の東京製鉄専用桟橋、五島商店岸壁、北九州市環境局江川中継所桟橋、堀川公共岸壁又は三菱マテリアル桟橋に向かって航行する。
	２代・Y・R	第１区の三菱ケミカル無機１号埠頭から三菱ケミカル合成４号桟橋に至る間の係留施設に向かって航行する。
	２代・Y・K	第１区の二島岸壁又は三菱ケミカル化工品１号桟橋から三菱ケミカル硝酸１号桟橋に至る間の係留施設に向かって航行する。
	２代・Y・D	第１区の太平洋セメント岸壁、黒崎公共岸壁又は黒崎泊地内の係留施設に向かって航行する。
	２代・Y・B	第１区の若松高架鉄道桟橋、八幡製鉄西八幡鉄くず岸壁、妙見泊地内の係留施設又は第２区の洞岡北岸壁に向かって航行する。
	２代・Y	第２区の八幡泊地内の係留施設（AGC岸壁を除く。）に向かって航行する。
	２代・Y・E	第２区のAGC岸壁に向かって航行する。
	２代・Y・W	第２区の岬ノ山岸壁又は第３区の係留施設に向かって航行する。
	２代・Y・N	第４区の製鉄戸畑内浦岸壁、川代岸壁、戸畑商港岸壁又は戸畑漁港岸壁に向かって航行する。
	２代・Y・X	第４区の㈱J―オイルミルズ若松工場岸壁、日立金属東岸壁、㈱トーカイ岸壁又は北湊泊地内の係留施設に向かって航行する。
	２代・Y・H	第４区安瀬南第１泊地内の係留施設、第５区の響灘ドルフィン、響灘南岸壁、ひびきコールセンター第１岸壁、戸畑共同火力重油桟橋又は第５区内の錨地に向かって航行する。

	２代・Ｚ	第５区製鉄戸畑泊地内又は焼結船だまりの係留施設に向かって航行する。
	２代・Ａ	第６区安瀬泊地内の係留施設又は錨地に向かって航行する。
六連島区	２代・Ｊ・Ｂ	大東タンクターミナル株式会社六連油槽所の係留施設に向かって航行する。
	２代・Ｊ・Ｃ	新港ふ頭多目的国際ターミナルの係留施設に向かって航行する。
長府区	２代・Ｃ	長府区の係留施設に向かって航行する。

14　博多港

信　号	信　文
２代・Ｃ	第１区東浜ふ頭４岸から須崎ふ頭４岸に至る間の係留施設に向かって航行する。ただし、北防波堤北端から箱崎防波堤南端まで引いた線を通過する場合を除く。
２代・Ｐ	第１区箱崎ふ頭から東浜ふ頭５岸に至る間の係留施設に向かって航行する。ただし、北防波堤北端から箱崎防波堤南端まで引いた線を通過する場合を除く。
２代・Ｓ	第１区須崎ふ頭北護岸から西公園下防波堤に至る間の係留施設に向かって航行する。ただし、北防波堤北端から箱崎防波堤南端まで引いた線を通過する場合を除く。
２代・Ｅ・１	北防波堤北端から箱崎防波堤南端まで引いた線を通過し、第１区の係留施設に向かって航行する。
２代・Ｅ・２	第２区の係留施設に向かって航行する。

15　長崎港

信　号	信　文
２代・Ｆ	長崎漁港の係留施設に向かって航行する。
２代・１・Ｅ	第１区東側の係留施設に向かって航行する。
２代・１・Ｗ	第１区西側の係留施設に向かって航行する。
２代・１・Ｂ	第１区の係船浮標に向かって航行する。
２代・２・Ｅ	第２区東側の係留施設に向かって航行する。
２代・２・Ｗ	第２区西側の係留施設に向かって航行する。
２代・３・Ｎ	第３区北側又は第５区の係留施設に向かって航行する。
２代・３・Ｅ	第３区東側、第４区小ヶ倉柳ふ頭又は土井首浦の係留施設に向かって航行する。
２代・４・Ｅ	第４区九州スチールセンターからナカタマックコーポレーションに至る間の係留施設に向かって航行する。
２代・４・Ｗ	第４区三菱重工造船所若しくは大島造船所の係留施設又は公共岸壁に向かって航行する。

16　那覇港

信　号	信　文
２代・Ｎ	那覇ふ頭又は那覇軍港の係留施設に向かって航行する。
２代・Ｔ	泊ふ頭の係留施設に向かって航行する。
２代・Ｓ	新港ふ頭の係留施設に向かって航行する。
２代・Ｕ	浦添ふ頭の係留施設に向かって航行する。
１代・Ｙ	倭口から出港する。
１代・Ｔ	唐口から出港する。

港則法施行規則の危険物の種類を定める告示

（昭和五十四年九月二十七日 運輸省告示第五百四十七号）

最近改正　平成二四年一二月二七日国土交通省告示第一四八八号
同　二六年　四月一六日同　第　五一二号
同　二六年一二月二二日同　第一一八四号
同　二八年一二月二八日同　第一四五〇号
同　三〇年一二月二六日同　第一三八七号
令和　二年一二月二八日同　第一五九〇号
同　四年一二月二八日同　第一三一〇号

港則法施行規則（昭和二十三年運輸省令第二十九号）第十二条の告示で定める危険物は、別表のとおりとする。

別表

一　爆発物

イ　火薬類　危険物船舶運送及び貯蔵規則（昭和三十二年運輸省令第三十号。以下「危規則」という。）第二条第一号イに定める火薬類

ロ　酸化性物質類（有機過酸化物）　危規則第二条第一号ホ(2)に定める有機過酸化物（船舶による危険物の運送基準等を定める告示（昭和五十四年運輸省告示第五百四十九号。以下「危険物告示」という。）別表第一の副次危険性等級の欄に掲げる副次危険性等級（以下単に「副次危険性等級」という。）が「1」のもの（危険物告示第十条第二号に定める少量危険物（以下単に「少量危険物」という。）及び同条第三号に定める微量危険物（以下単に「微量危険物」という。）を除く。）に限る。）

二　その他の危険物

イ　高圧ガス　危規則第二条第一号ロに定める高圧ガス（消火器、冷凍機器類、少量危険物及び微量危険物を除く。）

ロ　引火性液体類　危規則第二条第一号ハに定める引火性液体類（少量危険物及び微量危険物を除く。）及び危規則第二条第一号の二ロに定める液体化学薬品（アセトニトリル（低純度品）、アルカン（炭素数が六から九までのもの及びその混合物に限る。）、イソアルカン（炭素数が十及び十一のもの並びにその混合物に限る。）及びシクロアルカン（炭素数が十及び十一のもの並びにその混合物に限る。）並びにその混合物、イソアルカン（炭素数が十二以上のもの及びその混合物に限る。）及びシクロアルカン（炭素数が十二以上のもの及びその混合物に限る。）並びにその混合物、ノルマルアルカン（炭素数が九から十一までのもの及びその混合物に限る。）、アクリル酸アルキル及びビニルピリジンの共重合体（トルエン溶液）、アルキルベンゼン混合物（少なくとも五十質量パーセントのトルエンを含むものに限る。）、アルキルベンゼン（アルキル基の炭素数が三から四までのもの及びその混合物に限る。）、アルキルベンゼン（アルキル基の炭素数が三から十一までのものの混合物に限る。）並びにアクリレートポリマー及びフェノールホルムアルデヒドポリマーの混合物の混合物（アクリレートポリマー及びフェノールホルムアルデヒドポリマーの混合物の濃度が三十三質量パーセント以下のものに限る。）、アルキルアルコール及びシクロアルコール（いずれもアルコールの炭素数が四又は五のもの及びその混合物に限る。）の混合物、アルキルフェニルアミン（アルキル基の炭素数が八及び九のもの並びにその混合物に限る。）の芳香族溶媒溶液、硫化アンモニウム水溶液（濃度が四十五質量パーセント以下のものに限る。）、ノルマルペンチルアルコール、第一級ペンチルアルコール（ノルマルペンチルアルコール及びイソアミルアルコールを除く。）、第二級ペンチルアルコール、ターシャリーペンチルアルコール、ターシャリーペンチルエチルエーテル、ターシャリーペンチルメチルエーテル、航空用アルキレート（炭素数が八のパラフィンであって、沸点が九十五度以上百二十度以下のものに限る。）、エチルアルコール（植物由来のものに限る。）及びガソリンの混合物（エチルアルコールの体積が二十五パーセントを超え九十九パーセント未満のものに限る。）、ブテンオリゴマー、酪酸ブチル、メタクリル酸ブチル、メタクリル酸デシル、メタクリル酸セチル及びメタクリル酸エイコシルの混合物、ノルマルブチルエーテル、メタクリル酸ブチル、クロロヒドリン（粗製のものに限る。）、メタクロロトルエン、オルトクロロトルエン、パラクロロトルエン、コールタールナフサソルベント、1・3―シクロペンタジエン二量体（溶融状のものに限る。）、パラシメン、デセン、3・4―ジクロロ―1―ブテン、1・1―ジクロロプロパン、ジクロロプロパン及びジクロロプロペンの混合

物、ホスホン酸水素ジメチル、1・4―ジオキサン、ドデカン、エチレングリコールモノエチルエーテルアセタート、エチルアミン水溶液（濃度が七十二質量パーセント以下のものに限る。）、エチルターシャリーブチルエーテル、エチルシクロヘキサン、エチレングリコールモノアルキルエーテル、3―エトキシプロピオン酸エチル、エチリデンノルボルネン、N―エチルメチルアリルアミン、2―エチル―3―プロピルアクロレイン、エチルトルエン、ヘプタノール、ヘキセン、酢酸ヘキシル（酢酸メチルペンチルを除く。）、イソアミルアルコール、イソプロピルアミン水溶液（濃度が七十質量パーセント以下のものに限る。）、イソプロピルシクロヘキサン、メタクリル樹脂（1・2―ジクロロエタン溶液）、3―メトキシ―1―ブタノール、メチルアルコール、メチルペンチルアルコール、メチルブテノール、メチルブチルケトン、メチルブチノール（2―メチル―2―ヒドロキシ―3―ブチンを除く。）、メチルシクロペンタジエン二量体、2―メチル―2―ヒドロキシ―3―ブチン、2―メチルピリジン、3―メチルピリジン、4―メチルピリジン、3―メチルチオプロピオンアルデヒド、ミルセン、ニトロエタン及びニトロプロパンの混合物（ニトロエタンの濃度が八十質量パーセントのものに限る。）、ニトロエタン及び1―ニトロプロパンの混合物（それぞれの濃度が十五質量パーセント以上のものに限る。）、1―又は2―ニトロプロパン、ニトロエタン及びニトロプロパンの混合物（ニトロプロパンの濃度が六十質量パーセントのものに限る。）、ノネン、オクタメチルシクロテトラシロキサン、オクテン、海底及びその下における鉱物資源の探査及び採掘に伴い発生する廃水S（その廃水の排出による海洋の汚染に起因して人の健康に係る被害を生ずるおそれがあるものに限る。）、オレフィン混合物（炭素数が七から九までのものの混合物であって炭素数八のものを主成分とし安定化されたもの。）、オレフィン混合物（炭素数が五から七までのものの混合物に限る。）（アルファオレフィンであって、炭素数が六から七までのもののみから成る混合物を除く。）、オレフィン混合物（炭素数が五から十五までのものの混合物に限る。）（炭素数が五から七までのもののみから成るもの及びアルファオレフィンであって、炭素数が六から十五までのもののみから成る混合物を除く。）、アルファオレフィン混合物（炭素数が六から十八までのものの混合物に限る。）、パラアルデヒド及びアンモニアの反応生成物、1・3―ペンタジエン、1・3―ペンタジエン（濃度が五十質量パーセントを超えるものに限る。）、シクロペンテン及びそれらの異性体の混合物、プロピオン酸ノルマルペンチル、アルキル（アルキル基の炭素数が十二から十四までのものに限る。）アミン燐酸エステル、黄燐（白燐）、ベータピネン、ポリアクリル酸アルキル（アルキル基の炭素数が十八から二十二までのもの及びその混合物に限る。）及びキシレンの混合物、アルキルベンゼン（アルキル基の炭素数が二から四までのもの及びその混合物に限る。）及びポリオレフィンアミンの混合物、芳香族系溶剤及びポリオレフィンアミンの混合物、ポリシロキサン、プロピレングリコールメチルエーテルアセタート、プロピレングリコールモノアルキルエーテル、熱分解ガソリン（ベンゼンを含むものに限る。）、蒸留された樹脂油、ナトリウムメトキシド（濃度が二十一質量パーセント以上三十質量パーセント以下のメチルアルコール溶液に限る。）、1・3・5―トリオキサン、ホワイトスピリット（芳香族系成分の濃度が十五質量パーセント以上であって、二十質量パーセント以下のものに限る。）、キシレン及びエチルベンゼンの混合物（エチルベンゼンの濃度が十質量パーセント以上のものに限る。）及びその他の液体化学薬品（この表の危険性の欄が「P」となる物質のみの混合物並びに当該混合物及び海洋汚染等及び海上災害の防止に関する法律施行令（昭和四十六年政令第二百一号）別表第一の二に掲げる物質との混合物（以下これらを「P混合物」という。）であって、引火点が六十度以下のものに限る。）に限る。）

ハ　可燃性物質類（可燃性物質）　危規則第二条第一号ニ(1)に定める可燃性物質（危険物告示別表第一の項目の欄に掲げる項目が可燃性物質のものであって、同表の容器等級の欄に掲げる容器等級が「Ⅲ」のもの（可燃性物質（固体）（酸化性のもの）、ナフタレン（溶融状のもの）、硫黄（溶融状のもの）及び副次危険性等級が「3」のものを除く。）、植物繊維（乾性のもの）、乾草類、パラホルムアルデヒド、少量危険物及び微量危険物を除く。）

ニ　可燃性物質類（自然発火性物質）　危規則第

二条第一号ニ(2)に定める自然発火性物質（危険物告示別表第一の項目の欄に掲げる項目が自然発火性物質のものであつて、同表の容器等級の欄に掲げる容器等級が「Ⅲ」のもの（自然発火性物質（固体）（酸化性のもの）を除く。）、コプラ、綿廃屑、綿花、切削鉄屑又は切削鋼屑、ぼろきれ類、シードケーキ、少量危険物及び微量危険物を除く。）

ホ　可燃性物質類（水反応可燃性物質）　危規則第二条第一号ニ(3)に定める水反応可燃性物質（危険物告示別表第一の項目の欄に掲げる項目が水反応可燃性物質のものであつて、同表の容器等級の欄に掲げる容器等級が「Ⅲ」のもの（水反応可燃性物質（固体）（酸化性のもの）及び有機金属化合物（液体）（水反応性かつ引火性のもの）を除く。）、少量危険物及び微量危険物を除く。）

ヘ　酸化性物質類（酸化性物質）　危規則第二条第一号ホ(1)に定める酸化性物質（少量危険物及び微量危険物を除く。）

ト　酸化性物質類（有機過酸化物）　危規則第二条第一号ホ(2)に定める有機過酸化物（前号ロに掲げる爆発物、少量危険物及び微量危険物を除く。）

チ　毒物類（毒物）　危規則第二条第一号ヘ(1)に定める毒物（危険物告示別表第一の項目の欄に掲げる項目が毒物のものであつて、同表の容器等級の欄に掲げる容器等級（以下チにおいて単に「容器等級」という。）が「Ⅲ」のもの（副次危険性等級が「3」のものを除く。）、2―アミノ―4―クロロフェノール、アミノピリジン、ヒ酸アンモニウム、ジニトロオルトクレゾールアンモニウム塩（固体）、メタバナジン酸アンモニウム、ポリバナジン酸アンモニウム、ヒ素、ヒ酸（固体）、ヒ素粉末、三臭化ヒ素、五酸化ヒ素、三酸化ヒ素、ベンジジン、ベンゾキノン、ヨウ化ベンジル（固体）、ベリリウム化合物（他に品名が明示されているものを除く。）、ベリリウム粉末、カコジル酸、ヒ酸カルシウム、ヒ酸カルシウムと亜ヒ酸カルシウムの混合物（固体）、クロロ酢酸（固体）、クロロアセトフェノン（固体）、クロロアニリン（固体）、クロロクレゾール（固体）、クロロジニトロベンゼン（固体）、クロロニトロベンゼン（固体）、アセト亜ヒ酸銅、亜ヒ酸銅、シアン化銅、クレゾール（固体）、1・3―ジクロロアセトン、ジクロロアニリン（固体）、ジクロロフェニルイソシアネート、ジニトロベンゼン（固体）、ジニトロオルトクレゾール、ジニトロトルエン（固体）、消毒剤（固体）（毒性のもの）（他に品名が明示されているものを除く。）（容器等級が「Ⅱ」のもの）、染料又は染料中間物（固体）（毒性のもの）（他に品名が明示されているものを除く。）（容器等級が「Ⅱ」のもの）、ヒ酸第二鉄、亜ヒ酸第二鉄、ヒ酸第一鉄、ヒ酸鉛、亜ヒ酸鉛、シアン化鉛、ロンドンパープル、ヒ酸マグネシウム、マロノニトリル、医薬品（固体）、ヒ酸第二水銀、塩化第二水銀、酢酸水銀、塩化第二水銀アンモニウム、安息香酸第二水銀、臭化水銀、シアン化第二水銀、グルコン酸第二水銀、ヨウ化第二水銀、核酸水銀、オレイン酸第二水銀（固体）、酸化第二水銀、ヨウ化第二水銀カリウム、サリチル酸第一水銀、硫酸水銀類又は硫酸水素水銀類、チオシアン酸第二水銀、ベータナフチルアミン（固体）、ナフチルチオ尿素、ナフチル尿素、シアン化ニッケル、ニコチン塩酸塩（固体）、ニコチンサリチル酸塩、ニコチン硫酸塩（固体）、ニコチン酒石酸塩、ニトロアニリン、トリフルオロメチルニトロベンゼン（固体）、ニトロトルエン（固体）、ニトロキシレン（固体）、ペンタクロロフェノール、殺虫殺菌剤類（固体で容器等級が「Ⅱ」のもの）、臭化フェナシル、フェノール（固体）、フェニルヒドラジン（結晶）、酢酸フェニル第二水銀、水酸化フェニル第二水銀、硝酸フェニル第二水銀、ヒ酸二水素カリウム、メタ亜ヒ酸カリウム、シアン化銅カリウム、メタバナジン酸カリウム、二硫化セレン、亜ヒ酸銀、シアン化銀、バナジン酸アンモニウムナトリウム、ヒ酸ナトリウム、メタ亜ヒ酸ナトリウム（固体）、カコジル酸ナトリウム、ペンタクロロフェノールナトリウム塩、固体（毒性を有する液体（容器等級が「Ⅰ」のものを除く。）を含有するもの）、亜ヒ酸ストロンチウム、タリウム化合物、トルイジン（固体）、五酸化バナジウム粉末、酸化硫酸バナジウム、キシレノール（固体）、キシリジン（固体）、ヒ酸亜鉛、メタ亜ヒ酸亜鉛、ヒ酸亜鉛とメタ亜ヒ酸亜鉛の混合物、セレン化合物（固体）（他に品名が明示されているものを除く。）（容器等級が「Ⅱ」のもの）、臭化キシリル（固体）、3―クロロ―4―メチルフェニルイソシアネート（固体）、ヘキサフルオロアセトン（固体）、ニトリル類（毒性のもの）（固体）（他に品名が明示されている

ものを除く。）（容器等級が「Ⅱ」のもの）、トキシン類（固体）（生体から抽出されたものに限る。ただし、危険物告示別表第一の備考の欄の規定により当該危険物に該当しないもの及び他に品名が明示されているものを除く。）（容器等級が「Ⅱ」のもの）、有機リン化合物（固体）（他に品名が明示されているもの及び殺虫殺菌剤類を除く。）（容器等級が「Ⅱ」のもの）、有機ヒ素化合物（固体）（他に品名が明示されているものを除く。）（容器等級が「Ⅱ」のもの）、金属カルボニル類（固体）（他に品名が明示されているものを除く。）（容器等級が「Ⅱ」のもの）、有機金属化合物（毒性）（固体）（他に品名が明示されているものを除く。）（容器等級が「Ⅱ」のもの）、その他の毒物（固体）（引火性のもの）（無機物のもの）（他に品名が明示されているものを除く。）（容器等級が「Ⅱ」のもの）、少量危険物及び微量危険物を除く。）及び危規則第二条第一号の二ロに定める液体化学薬品（アルキルトルエンスルホン酸（アルキル基の炭素数が十八から二十八までのもの及びその混合物に限る。）、石炭酸油、クレゾール、フェノール及びキシレノールの混合物、クレゾール（フェノールを含まないものに限る。）、クレゾールナトリウム塩水溶液、2・6—ジアミノヘキサン酸燐酸塩水溶液、2・4—ジクロロフェノール、2・4—ジクロロフェノキシ酢酸ジメチルアミン塩水溶液（濃度が七十質量パーセント以下のものに限る。）、ジシクロペンタジエン及びその二量体の混合物（ジシクロペンタジエンの濃度が八十一質量パーセントから八十九質量パーセントまでのものに限る。）、ジフェニルメタンジイソシアナート、長鎖（炭素数が十六以上のもの及びその混合物に限る。）アルコキシアルキルアミンのエトキシ化物、エトキシ化タローアミン（濃度が九十五質量パーセントを超えるものに限る。）、フルフラール、グルタルアルデヒド水溶液（濃度が五十質量パーセント以下のものに限る。）、ヘキサヒドロ—1・3・5—トリエタノール—1・3・5—トリアジン水溶液、ヘキサヒドロ—1・3・5—トリメチル—1・3・5—トリアジン水溶液（濃度が四十五質量パーセント以下のものに限る。）、ラクトニトリル水溶液（濃度が八十質量パーセント以下のものに限る。）、1—フェニルエタノール及びアセトフェノンの混合物（アセトフェノンの濃度が十五質量パーセント以下のものに限る。）、メチルシクロペンタジエニルマンガントリカルボニル、2—メチルグルタロニトリル及び2—エチルブタンジニトリルの混合物（2—エチルブタンジニトリルの濃度が十二質量パーセント以下のものに限る。）、ベータプロピオラクトン、重クロム酸ナトリウム水溶液（濃度が七十質量パーセント以下のものに限る。）及び硫化ナトリウム水溶液（濃度が十五質量パーセント以下のものに限る。）に限る。）

リ　放射性物質等　危規則第二条第一号トに定める放射性物質等

ヌ　腐食性物質　危規則第二条第一号チに定める腐食性物質（危険物告示別表第一の分類の欄に掲げる分類が腐食性物質のものであつて、同表の容器等級の欄に掲げる容器等級が「Ⅲ」のもの（副次危険性等級が「3」のもの、ヘキサメチレンジアミン（溶融状のもの）、無水マレイン酸（溶融状のもの）及び無水フタル酸（溶融状のもの）を除く。）、アルキルスルホン酸（固体）（遊離硫酸の含有率が五質量パーセントを超えるもの）、アリールスルホン酸（固体）（遊離硫酸の含有率が五質量パーセントを超えるもの）、臭化アルミニウム（無水物）、塩化アルミニウム（無水物）、二フッ化水素アンモニウム（固体）、硫酸水素アンモニウム、三塩化アンチモン（固体）、三フッ化ホウ素と酢酸の錯化合物（固体）、三フッ化ホウ素とプロピオン酸の錯化合物（固体）、ブロモ酢酸（固体）、水酸化セシウム（固体）、フッ化クロム（固体）、臭化ジフェニルメチル、染料又は染料中間物（固体）（腐食性のもの）（他に品名が明示されているものを除く。）（容器等級が「Ⅱ」のもの）、フッ化水素化合物（他に品名が明示されているものを除く。）、硫酸鉛（固体）、水酸化リチウム（固体）、ニトロベンゼンスルホン酸、硫酸水素ニトロシル（固体）、オキシ臭化リン、五臭化リン、五塩化リン、五酸化リン、フッ化水素カリウム（固体）、硫酸水素カリウム、水酸化カリウム（固体）、酸化カリウム、硫化カリウム（水和物）、水酸化ルビジウム、フッ化水素ナトリウム、硫化水素ナトリウム（固体）、水酸化ナトリウム（固体）、酸化ナトリウム、硫化ナトリウム（水和物）、固体（腐食性を有する液体（容器等級が「Ⅰ」のものを除く。）を含有するもの）、水酸化テトラメチルアンモニウム（固体）、三塩化チタン混合物、トリクロロ酢酸（固体）、一塩化ヨウ素（固

体）（容器等級が「Ⅱ」のもの）、少量危険物及び微量危険物を除く。）及び危規則第二条第一号の二ロに定める液体化学薬品（アルキルジメチルアミン（アルキル基の炭素数が十二以上のもの及びその混合物に限る。）、アルキルプロポキシアミンエトキシラート（アルキル基の炭素数が十二から十六までのもの及びその混合物に限る。）、塩化アルミニウム及び塩酸の混合水溶液、水酸化アルミニウム、水酸化ナトリウム及び炭酸ナトリウムの混合水溶液（濃度が四十質量パーセント以下のものに限る。）、アミノエチルエタノールアミン及びアミノエチルジエタノールアミンの混合水溶液、アミノエチルエタノールアミン、水酸化コリン溶液、2・2—ジクロロプロピオン酸、N・N—ジメチルドデシルアミン、N—エチルシクロヘキシルアミン、脂肪酸（炭素数が八から十までのもの及びその混合物に限る。）、硝酸及び硝酸第二鉄の混合水溶液、グリコール酸水溶液（濃度が七十質量パーセント以下のものに限る。）、ノルマルヘプタン酸、過酸化水素水溶液（濃度が六十質量パーセントを超え七十質量パーセント以下のものに限る。）、アクリル酸2—ヒドロキシエチル、イソプロパノールアミン、N・N'—メチレンビス（5—メチルオキサゾリジン）、発煙硫酸、オレイルアミン、吉草酸、吉草酸及び2—メチル酪酸の混合物（吉草酸の濃度が六十四質量パーセントのものに限る。）、ノルマルプロパノールアミン、1—（フェニルメチル）—ピリジニウムアルキル誘導体塩化物（濃度が三十質量パーセント以下のものに限る。）並びにノニルフェノールエトキシラート（濃度が十質量パーセント以下のものに限る。）のイソプロパノール（濃度が十五質量パーセント以下のものに限る。）を溶媒とする溶液及びメタノール溶液（濃度が三質量パーセント以下のものに限る。）の混合溶液、水素化ほう素ナトリウム及び水酸化ナトリウムの混合水溶液（水素化ほう素ナトリウムの濃度が十五質量パーセント以下のものに限る。）、硫化アンモニウム及び硫化水素ナトリウムの混合水溶液、けい酸ナトリウム水溶液及びトール油のナトリウム塩（粗製のものに限る。）に限る。）

ル　その他　危規則第二条第一号の二ロに定める液体化学薬品（化学廃液、その他の液体化学薬品（P混合物を除く。）に限る。）

備考

一　第一号及び第二号に掲げた危険物の品名は、危険物告示別表第一に掲げられた日本語名による。

二　第一号及び第二号に規定したものは、運送及び貯蔵の形態の如何にかかわらず、危険物とする。

附　則（平成二六年国土交通省告示第五一二号）

この告示は、公布の日から施行する。

附　則（平成二八年国土交通省告示第一四五〇号）

この告示は、平成二十九年一月一日から施行する。

前　文（平成三〇年国土交通省告示第一三八七号）

平成三十一年一月一日から施行する。

前　文（令和二年国土交通省告示第一五九〇号）

令和三年一月一日から適用する。

前　文（令和四年国土交通省告示第一三一〇号）

令和五年一月一日から施行する。

附　　録

これより附録として次の法令条文を収録しています。条文が縦組のため最終ページよりご覧ください。

- □　港則法
- □　港則法施行令（別表省略）
- □　港則法施行規則（別表省略）
- □　港則法施行規則第８条の２の規定による指示の方法等を定める告示
- □　港則法施行規則第11条第１項の規定による進路を他の船舶に知らせるために船舶自動識別装置の目的地に関する情報として送信する記号
- □　港則法施行規則第11条第２項の港を航行するときの進路を表示する信号
- □　港則法施行規則の危険物の種類を定める告示

ISBN978-4-303-37613-0

港則法の解説

昭和56年12月5日 初版発行　　© 1981
令和6年6月15日 第18版発行

検印省略

監　修　海上保安庁
編　者　海上交通法令研究会
発行者　岡田雄希
発行所　海文堂出版株式会社
本　社　東京都文京区水道2－5－4（〒112-0005）
電話 03(3815)3291㈹　FAX 03(3815)3953
https://www.kaibundo.jp/
支　社　神戸市中央区元町通3－5－10（〒650-0022）

日本書籍出版協会会員・工学書協会会員・自然科学書協会会員

PRINTED IN JAPAN　　印刷　ディグ／製本　ブロケード